U0170964

国家出版基金项目
NATIONAL PUBLICATION FOUNDATION

"十三五"国家重点出版物出版规划项目·重大出版工程

高超声速出版工程

临近空间高超声速飞行器计算空气动力学

艾邦成 著

科学出版社

北 京

内 容 简 介

临近空间高超声速飞行器的研制具有十分重大的战略意义,本书以典型复杂外形高超声速飞行器为背景,采用计算空气动力学方法研究相关空气动力问题。本书共分为 8 章:第 1 章为绪论,介绍了临近空间与临近空间飞行器的基本概念及其流动特征;第 2 章为计算空气动力学数值模拟基础;第 3 章为高超声速飞行器动态特性计算方法;第 4 章为反作用控制系统喷流干扰计算方法;第 5 章为高超声速飞行器热环境计算方法;第 6 章为高温气体效应计算方法;第 7 章为高超声速稀薄气体效应及其计算技术;第 8 章为高温边界层流场与烧蚀耦合计算方法。

本书可供从事高超声速流体力学的研究人员阅读,也可作为航空航天气动、防热等相关领域工程设计人员的工具书和参考书。

图书在版编目(CIP)数据

临近空间高超声速飞行器计算空气动力学 / 艾邦成著.
—北京:科学出版社,2020.1
"十三五"国家重点出版物出版规划项目·重大出版工程 高超声速出版工程 国家出版基金项目
ISBN 978-7-03-062273-0

Ⅰ.①临… Ⅱ.①艾… Ⅲ.①高超音速飞行器—计算空气动力学 Ⅳ.①V47

中国版本图书馆 CIP 数据核字(2019)第 201938 号

责任编辑:徐杨峰 / 责任校对:谭宏宇
责任印制:黄晓鸣 / 封面设计:殷 靓

科学出版社 出版
北京东黄城根北街 16 号
邮政编码:100717
http://www.sciencep.com

南京展望文化发展有限公司排版
广东虎彩云印刷有限公司印刷
科学出版社发行 各地新华书店经销

*

2020 年 1 月第 一 版 开本:B5(720×1000)
2024 年 11 月第九次印刷 印张:17 1/2 插页:7
字数:320 000

定价:140.00 元
(如有印装质量问题,我社负责调换)

高超声速出版工程

专家委员会

顾　问

王礼恒　张履谦

主任委员

包为民

副主任委员

杜善义　吕跃广

委　员

（按姓名汉语拼音排序）

艾邦成	包为民	陈连忠	陈伟芳	陈小前
邓小刚	杜善义	李小平	李仲平	吕跃广
孟松鹤	闵昌万	沈　清	谭永华	汤国建
王晓军	尤延铖	张正平	朱广生	朱恒伟

丛书序

飞得更快一直是人类飞行发展的主旋律。

1903年12月17日,莱特兄弟发明的飞机腾空而起,虽然飞得摇摇晃晃,犹如蹒跚学步的婴儿,但拉开了人类翱翔天空的华丽大幕;1949年2月24日,Bumper-WAC从美国新墨西哥州白沙发射场发射升空,上面级飞行速度超越马赫数5,实现人类历史上第一次高超声速飞行。从学会飞行,到跨入高超声速,人类用了不到五十年,蹒跚学步的婴儿似乎长成了大人,但实际上,迄今人类还没有实现真正意义的商业高超声速飞行,我们还不得不忍受洲际旅行需要十多个小时甚至更长飞行时间的煎熬。试想一下,如果我们将来可以在两小时内抵达全球任意城市的时候,这个世界将会变成什么样? 这并不是遥不可及的梦!

今天,人类进入高超声速领域已经快70年了,无数科研人员为之奋斗了终生。从空气动力学、控制、材料、防隔热到动力、测控、系统集成等众多与高超声速飞行相关的学术和工程领域内,一代又一代科研和工程技术人员传承创新,为人类的进步努力奋斗,共同致力于推动人类飞得更快这一目标。量变导致质变,仿佛是天亮前的那一瞬,又好像是蝶即将破茧而出,几代人的奋斗把高超声速推到了嬗变前的临界点上,相信高超声速飞行的商业应用已为期不远!

高超声速飞行的应用和普及必将颠覆人类现在的生活方式,极大地拓展人类文明,并有力地促进人类社会、经济、科技和文化的发展。这一伟大的事业,需要更多的同行者和参与者!

书是人类进步的阶梯。

实现可靠的长时间高超声速飞行堪称人类在求知探索的路上最为艰苦卓绝的一次前行,将披荆斩棘走过的路夯实、巩固成阶梯,以便于后来者跟进、攀登,意义深远。

以一套丛书,将高超声速基础研究和工程技术方面取得阶段性成果和宝贵经验固化下来,建立基础研究与高超声速技术应用的桥梁,为广大研究人员和工程技术人员提供一套科学、系统、全面的高超声速技术参考书,可以起到为人类文明探索、前进构建阶梯的作用。

2016年,科学出版社就精心策划并着手启动了"高超声速出版工程"这一非常符合时宜的事业。我们围绕"高超声速"这一主题,邀请国内优势高校和主要科研院所,组织国内各领域知名专家,结合基础研究的学术成果和工程研究实践,系统梳理和总结,共同编写了"高超声速出版工程"丛书,丛书突出高超声速特色,体现学科交叉融合,确保了丛书的系统性、前瞻性、原创性、专业性、学术性、实用性和创新性。

丛书记载和传承了我国半个多世纪尤其是近十几年高超声速技术发展的科技成果,凝结了航天航空领域众多专家学者的智慧,既可为相关专业人员提供学习和参考,又可作为工具指导书。期望本套丛书能够为高超声速领域的人才培养、工程研制和基础研究提供有益的指导和帮助,更期望本套丛书能够吸引更多的新生力量关注高超声速技术的发展,并投身于这一领域,为我国高超声速事业的蓬勃发展做出力所能及的贡献。

是为序!

2017 年 10 月

序

临近空间是地球大气层中距海平面 20 千米至数百千米之间的一段广泛的空域。通常,临近空间高超声速飞行器滑翔与机动飞行的空域介于 20 千米和 80 千米之间,不仅类似于常规飞行器能够充分利用空气动力,而且还具有更好的隐蔽性、更强的突防能力等优势。因此,在国防安全中,研制临近空间高超声速飞行器的战略意义十分重大。

作为在大气层中飞行的新型飞行器,临近空间高超声速飞行器同样面临着复杂的空气动力学问题。一方面,激波、分离、旋涡,以及转捩与湍流等一般性流体动力学过程依然存在;另一方面,还会出现剧烈的离解、电离、烧蚀等高温真实气体现象和显著的由空气稀薄引起的低密度、低雷诺数效应。许多时候,这些因素会相互耦合,呈现出非定常、非稳定、非线性、非平衡、多物理、强干扰的特征,对其进行预测与分析极其困难。尽管如此,为了实现临近空间高超声速飞行器的精细设计与有效控制,对其面临的复杂空气动力学问题进行准确的预测与分析是非常迫切和必要的。其中,计算空气动力学发挥着越来越突出的作用。

临近空间高超声速飞行器计算空气动力学面临的挑战是多方面的。首先是适用性,传统数值方法与模型需要重新评估,向临近空间极端条件进行有效推广;其次是创新性,基于对临近空间飞行环境物理及化学动力学机制的全新认识,发展新的数值技术与分析方法;然后是可靠性,破解计算结果亟待对比验证与临近空间地面实验及飞行试验数据不完整之间的矛盾;最后且最为重要的是应用性,既要根据实际设计需求准确地提出并解决关键科学问题,又要具有处理和攻克现有及未来临近空间高超声速飞行器工程应用难点的能力。尽管国内外相关研究已持续开展多年,但是大多较为粗浅和分散,远未成熟。

艾邦成研究员从博士研究生阶段开始,就一直以先进航空航天飞行器为主要应用背景,致力于高超声速空气动力学与气动热防护的研究,承担完成了多个国家基础研究项目及重要工程型号课题,持之以恒,成绩斐然。这本学术专著阐述了临近空间高超声速飞行器计算空气动力学概念,是他及其研究团队长期从事相关研究所取得的系列成果的一次难得的全面总结与系统论述。本书的研究内容均为临近空间高超声速飞行器计算空气动力学的热点问题,将理论与应用有机地结合到了一起,主要包括数值方法、物理模型,以及飞行动态特性、反作用喷流控制、复杂干扰热环境、高温气体与稀薄气体效应、高温烧蚀与流固耦合等,具有很强的启发性和参考性。

希望本书的编撰出版能够推进临近空间高超声速飞行器计算空气动力学的发展与完善,并对相关理论分析和实验研究起到有益的借鉴作用。

2019 年 6 月

前　言

　　临近空间是近年来得到广泛关注并利用的一段特殊空域,因在其高度范围内空气从大气层稠密区逐渐过渡到近地轨道稀薄区,使得在这一空间长时间飞行的高超声速飞行器有着显著不同的特征。临近空间高超声速飞行器一般采用以高升阻比为代表的先进气动外形,追求精细化低冗余度设计,从而对空气动力研究提出了很多富有挑战性的课题,如激波/边界层干扰、湍流/转捩、非定常效应以及多物理场耦合等。同时,高超声速飞行还会带来包括高温化学反应、壁面催化、气体辐射和材料烧蚀等诸多复杂物理现象。在研究这一类飞行器的流动特性并开展设计过程中,受制于地面试验条件,计算空气动力学发挥着巨大的作用。

　　计算空气动力学的发展已经超过了半个世纪。在数学模型方面,求解的控制方程由简化的位势流方程、边界层方程逐渐发展为可描述复杂流动的 Euler 方程、Navier-Stokes 方程以及 Boltzmann 方程。在求解方法方面,也从早期的保角变换、面元叠加、小扰动线化等简化方法逐渐发展到目前的有限差分、有限体积、有限元等高精度数值方法。近年来,伴随着模型算法的不断成熟和高性能计算机的快速发展,计算空气动力学技术已成为型号研制过程中不可或缺的关键工具之一。

　　本书以典型复杂外形高超声速飞行器为背景,采用计算空气动力学方法研究相关的空气动力问题,涉及数值模拟方法、动导数与分离特性、喷流特性、热环境特性、高温物理效应、稀薄气体效应、边界层与烧蚀等技术专题。本书的核心内容来源于我国大量型号研制过程中实际面临的不同空气动力学问题,在总结不同解决途径的基础上进一步凝练和升华,因此具有较高的学术价值与应用价

值。同时,书中各章节基本涵盖了高超声速飞行器设计所关心的各种力热环境
问题,因此本书也是一本难得的工程设计人员参考书籍。需要指出的是,在学习
本书前应该具备一定的计算流体力学(特别是计算空气动力学)的相关知识,限
于篇幅,书中对数值算法基础并未做过多的介绍,对此方面有需求的读者可参阅
相关技术专著。

参与本书编写的人员较多,他们大都在这一领域有着丰富的工程应用经验。
包括:杨武兵、张亮、杨云军、刘耀峰、苗文博、黄飞、俞继军等。在本书编写过程
中,也得到了马汉东、董新德、王强、程晓丽和陈伟芳的悉心指导,得到了包为民
院士、王晓军秘书长的大力帮助与关心。正因为大家的齐心协力,本书才得以完
善和出版,对上述人员的贡献和帮助,我们一并表示衷心的感谢和崇高的敬意。

作　者

2019 年 7 月于北京云岗

高超声速出版工程

目　录

第3章　高超声速飞行器动态特性计算方法

第4章　反作用控制系统喷流干扰计算方法

第 5 章　高超声速飞行器热环境计算方法

104

第 6 章　高温气体效应计算方法

134

彩　图

第1章

绪　　论

1.1　临近空间与临近空间飞行器

在众所周知的常规飞机和低轨卫星运行区之间有一毗邻空间的区域,可称为临近空间。临近空间的空域有多种设定,美国军方将其设定在距海平面 20~300 km[1],国际航空联盟将其设定在距海平面 20~100 km,国内普遍采用第二种设定。

相应地,将可在临近空间进行长久持续飞行的大气飞行器统称为临近空间飞行器。临近空间飞行器具有广阔的民用前景,它在科学探索、国土与海洋监测、防灾减灾、中继通信、洲际客运和航天运载等领域能够发挥重要作用。不言而喻,军事应用是研发这类飞行器的重要推动力。同低空大气飞行平台相比,临近空间飞行器的高超声速飞行提高了武器的生存能力;同自由空间航行平台相比,临进空间飞行器更灵活便捷、反应迅速、费效比低,易于定点投放和回收维护,执行任务更为有效。因此,临近空间武器日益受到军方的青睐。2005 年,美国空军太空司令部(Air Force Space Command)在其 Schriever Ⅲ系列太空军事演习中,首次考虑了临近空间平台。目前,用于侦察、监视、通信、打击的临近空间飞行器已成为作战体系中的重要组成部分,成员也日益宽泛,包括气球、飞艇、无人机和高超声速飞行器,目前的研究热点主要在高超声速飞行。

目前,主要的临近空间高超声速飞行器包括吸气式高超声速巡航飞行器(如美国的 X-43A[2])、滑翔再入高超声速飞行器(如美国的 HTV[3-7])、低轨再入飞行器(如美国的 X-37B[8-11])、离地入轨飞行器(如英国的"云霄塔[12-15]")及空天飞机与高超声速飞机。这些飞行器在临近空间长时间驻留,其设计必然要受临近空间中压力和密度等环境因素[16]的约束。临近空间大气压力随高度的增加而快速下降,20 km 处最大压力约为海平面的 7.2%,在 20~35 km 的高度上,高度每增加 4.6 km 压力约下降 50%;大气密度的变化与压力类似,20 km 处最大密度同样约为海平面的 7.2%,到 37 km 处约降为海平面的 0.5%,到 67 km 处降至海平面的 0.01%。这种环境变化[16]对高超声速飞行器的气动布局、防热、航迹规划、控制策略、推进系统等均具有重要影响,使得不同类型的临近空间高超声速飞行器呈现出各不相同的鲜明特点。

1.1.1 吸气式高超声速巡航飞行器

自有飞行记录以来,速度是飞行器永恒的追求。在 1928 年,德国人 Sanger 就已经提出高超声速概念;1946 年,钱学森推导了高超声速流动的相似律,从理论上提出以马赫数 5 作为下限来定义高超声速飞行;到 1949 年,美国通过火箭动力首次实现高超声速飞行,马赫数达到 6.7;到 1961 年,苏联通过火箭将人送入地球轨道,返回舱以马赫数 25 再入。火箭的问题是它需要同时携带燃料和氧化剂,因此人们开始考虑利用空气中的氧气,虽然临近空间大气密度随高度的增加而减小,但是,经过进气道压缩后大气中的氧气仍能满足燃烧需要,在这种考虑下,基于亚声速冲压发动机的研究认识,20 世纪 50 年代提出了超声速燃烧概念,并从 20 世纪 60 年代开始研制吸气式超燃冲压发动机。由于不需要携带氧化剂,吸气式超燃冲压发动机的比冲要高于火箭发动机,因此其性能更好。吸气式超燃冲压发动机这种优势可扩展到高马赫数飞行,在马赫数 8 以下一般采用碳氢燃料,但当马赫数更高时,就需要使用冷却能力更高、反应速度更快的氢作为燃料。吸气式超燃冲压发动机研制过程和历史可参见《冲压喷气推进技术百年进展》。

2002 年和 2004 年,美国 X-43A[2]飞行试验取得成功,飞行速度先后达到了马赫数 7 和马赫数 10,这是有史以来第一次以超燃冲压发动机驱动的大气层内的高超声速飞行,验证了超燃冲压发动机的可行性。2010 年,X-51A[17,18]飞行试验取得成功,实现动力飞行 200 s,飞行马赫数达到 5.1。作为后续,美国国防高级研究计划局(defense advanced research projects agency,DARPA)启动了"高超声速吸气式武器概念"(hypersonic air-breathing weapon concept,HAWC)项目,旨在集成验证战术级空射高超声速巡航导弹涉及的气动布局、推进、结构、热管理、制造、精确制导和战斗部等关键技术。同时,在超燃冲压发动机技术基础上又衍生出以吸气式动力和火箭组合的推进方案。

以 X-51A 为例,可以管窥吸气式高超声速巡航飞行器的特点。X-51A 由巡航体、级间段、助推器组成(图 1.1),外形上采用气动-推进一体化设计,兼顾进气道压缩性能和升阻比性能;前体采用乘波体外形,以实现高升阻比飞行;飞行

器由 B-52H 带飞至 15 km 高度，
飞行速度达到马赫数 0.8 时释放，
然后自由下落 4 s，助推器开始工
作，30 s 后分离，巡航体飞行速度
为马赫数 4.85，达到超燃冲压发
动机点火工作条件；最后在超燃
冲压发动机工作下加速飞行，最
大飞行速度达到马赫数 5.1，如图
1.2 所示。

图 1.1 X-51A 结构组成

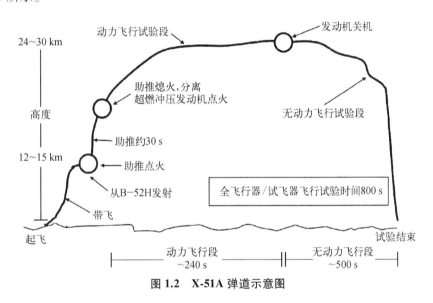

图 1.2 X-51A 弹道示意图

1.1.2 滑翔再入高超声速飞行器

滑翔再入主要基于能量平衡概念，先以火箭助推方式将飞行器送入近地轨
道，再入后在大气层内利用自身特殊的气动外形提供升力并进行无动力远距离
滑翔飞行，从而可用于执行全球快速打击等任务。该类飞行器有两类弹道，分别
是滑翔-跳跃式的"桑格尔弹道"和助推-再入式的"钱学森弹道"。

由美国研发的 HTV[3] 系列是这一类飞行器的典型代表，HTV-2 最大射程为
16 668 km，横向机动距离为 5 556 km，最大飞行速度达到马赫数 20，可 1h 内实
现全球到达。2014 年，DARPA 和美国空军联合启动了"战术助推滑翔"（Tactical
Boost Glide，TBG）项目，以推动相关技术研发。2016 年，俄罗斯完成了 Yu-71 弹

道滑翔的第 5 次飞行试验,首次取得完全成功,同年 10 月,再次成功地进行了飞行试验,在100 km高空实现了马赫数 15 的飞行。目前,针对滑翔再入飞行器,各军事大国对其控制特性、动力学特性、轨迹优化、热防护及跟踪等问题进行了大量研究。

　　HTV-2 采用尖前缘大后掠外形设计(图 1.3)。其前缘为尖薄的低曲率多片式壳体,这种设计通过将激波后的高压气流限制在飞行器的下表面,不允许绕过前缘边泄漏到飞行器上表面,从而在设计状态下获得比普通外形高得多的升阻比。高升阻比外形设计使飞行器在姿态控制系统的作用下,一方面可按需要形成特有的跳跃滑翔轨迹,由于飞行器全程受控飞行,防御方难以预测目标弹道;另一方面使飞

图 1.3　HTV-2

行器倾斜转弯后横向机动能力更强,机动范围更大,能按需要避开关键区域,提高生存和攻击能力。

　　HTV-2 的弹道如图 1.4 所示。助推段,是指 HTV-2 从发射到与助推火箭分离的整个过程,主要是助推火箭凭其强大的推力将 HTV-2 送至指定高度,达到指定速度并稳定分离,在此过程中 HTV-2 主要受推力的作用。惯性段是指 HTV-2 与助推火箭分离后飞行器在外大气层做惯性抛物运动的过程,相当于弹道导弹的中段,飞行速度为马赫数 5~25。这两个阶段的飞行器目标特性与弹道导弹的相似,主要区别在于飞行器速度更快。再入拉起段主要是指飞行器再入大气层后借助气动作用改俯冲为上升的过程,由于飞行器的高升阻比外形设计,姿态控制系统通过控制飞行器攻角,可以调整升力的大小,使升力持续大于重力,实现第一次拉起机动,也间接影响后续跳跃滑翔的高度。跳跃滑翔段是指被拉起后,姿态控制系统通过不断调整飞行器攻角,使飞行器所受重力和升力关系不断变化,形成特有的跳跃滑翔弹道的过程。整个再入拉起和跳跃滑翔段的特征为突防能力强、临近空间飞行、跳跃时间长。末段下压段弹道特性与弹道导弹相似,此外,飞行器采用的倾斜转弯技术可实现横向大范围机动:姿态控制系统把飞行器的最大升力面转到理想的机动方向,同时俯仰控制系统控制攻角使飞行器在最大升力面内产生机动所需的机动加速度,飞行器的过载能力为 $2g$~$4g$。无动力跳跃滑翔飞行器目标特性主要表现在:飞行速度快、机动能力强、跳跃滑翔高度主要在临近空间、跳跃滑翔时间长等。因此,复杂的滑翔轨迹对气动特性设计提出了新的挑战。

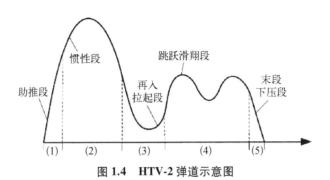

图 1.4　HTV-2 弹道示意图

1.1.3　低轨再入飞行器

以 X-37B[8] 为代表的低轨再入飞行器继承了航天飞机 30 年飞行实践取得的技术成果，在外形上甚至称为迷你版航天飞机（图 1.5）。人们希望通过此类

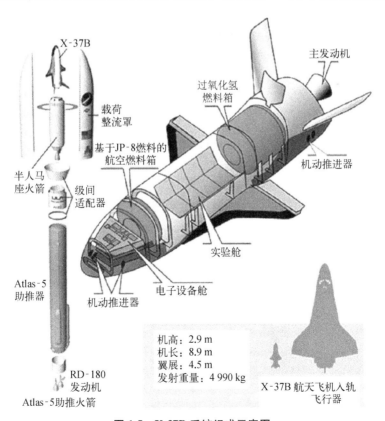

图 1.5　X-37B 系统组成示意图

飞行器的小型、无人、可重复使用特点来解决航天飞机的高成本和高风险问题。它以垂直方式快速发射至地球近地轨道,可以长期滞留轨道并执行指定任务,结束任务后以再入方式返回,并以水平方式着陆,整个过程如图 1.6 所示。其在轨和返回地球的速度超过马赫数 20。美国研制的 X-37B 是世界上第一架低轨再入飞行器,它曾创造了单次在轨试验长达 718 天的记录,在轨时间总长超 2 000 天。

X-37B 的气动外形源自航天飞机的升力体设计方案,尺寸约为航天飞机的四分之一,二者具有相近的升阻比。它机长约 8.9 m,翼展 4.5 m,机高 2.9 m,发射重量约 4 990 kg。试验货舱长 2.13 m,直径 1.22 m,可容纳 227 kg 的试验设备,装有 1 台大型火箭发动机,能以 1 126 km/h 的速度进行显著的变速和离轨机动。它的轨道飞行高度为 202~925 km,从 120 km 高空以马赫数 20 再入,在临近空间也有较长的巡飞时间,因此本书也将其归为临近空间高超声速飞行器。

图 1.6　X-37B 垂直发射、大气再入、水平着陆

1.1.4　离地入轨飞行器

离地入轨飞行器指具有水平起降能力的运载系统,其核心是有效利用临近空间环境和高超声速飞行来降低运载成本,如英国的"云霄塔",期望将每千克载荷的入轨价格由目前的 15 000 英镑降到 650 英镑。

"云霄塔[12]"外形如图 1.7 所示,机身细长,三角翼位于机身中部,在翼梢处装置发动机短舱。机翼中置及发动机短舱布局,可以使压心和重心得到很好的匹配;无平尾,有立尾,利于偏航运动;发动机短舱与机翼组合使空重时的重心前移,利于飞行稳定和控制;载荷舱安排在机翼处也是力求靠近重心;为了对鸭翼控制有利,采用移动重心设计;再入时即使攻角到 70°,鸭翼也能很好地实施配平和控制;鸭翼控制力臂长,鸭翼阻力小,为总阻力的 1%;设计倾向于飞行器速度为马赫数 5 时是中性配平。

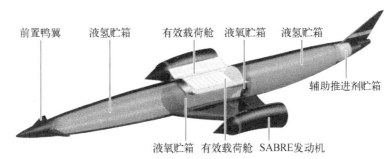

图 1.7 "云霄塔"外形

1.1.5 空天飞机与高超声速飞机

未来,人们还将发展空天飞机。空天飞机是将飞机功能与航天飞机功能合二为一的飞行器,是以飞机作战的方式实现太空作战,目前仅是一个设想,它与常规飞机一样从机场起飞,以高超声速在临近空间飞行,再以常规飞机着陆的方式返回机场。这种飞行器在进行高超声速飞行时,可以在小型火箭发动机的推动下达到第一宇宙速度,从而灵活地进入太空并从太空返回大气层。这是人们追求的航空航天技术标杆目标,其技术实质是航空航天技术的融合发展。

美国无人高超声速飞机 SR-72[19-22](图 1.8)是在 SR-71[23-25]、HTV-3X[26] 等有人/无人亚声速和超声速侦察平台基础上拓展而成的。其采用翼身和发动机高度一体化外形;双发腹部进气保证飞行器宽高比较大,从而可获得较大升阻比;大后掠梯形翼面减阻降热流的同时,保证了飞行器的操稳特性;单垂尾布局,

图 1.8 SR-72 概念图

提供航向静稳定性,保证在发动机推力不对称等条件下飞行器的稳定性。

1.2 临近空间高超声速飞行器流动特征

临近空间高超声速飞行器涉及的速域和空域范围大,几乎遇到了所有空气动力学难题,并且随飞行器外形和飞行轨迹的变化,这些气动问题的重要程度也随之改变,有时甚至会成为飞行器设计的主要技术瓶颈。与传统亚声速、跨声速及低超声速飞行器相比,临近空间高超声速飞行器面临包括真实气体效应、稀薄气体效应、激波/边界层干扰、流动/材料烧蚀耦合等特殊基础流动问题。认识这些典型流动是分析临近空间高超声速飞行器特性的前提。

1.2.1 强压缩高温流动

根据斜激波理论,对于给定的流动偏转角,来流马赫数越高激波越强,从而波后密度增量越大,因过激波后的质量流不变,密度增大意味着这些质量流所需

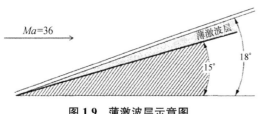

图1.9 薄激波层示意图

流动通道减小,即激波和物面之间的距离会变小。激波与物面之间的流场称为激波层,对于高超声速流动,激波层很薄。图1.9所示为一个来流马赫数为36、流过半顶角为15°的绕楔流动,假设运动流体为量热完全气体,则其比热比为1.4,按照斜激波理论,其激波角仅为18°。如果考虑高温和化学反应的影响,则激波角会更小。

薄激波层是高超声速流动的一个基本特征。变薄的激波层会浸没于逐渐发展的黏性边界层,从而因其物理特性的复杂化带来分析上的困难,并会随着流动雷诺数的降低而更加凸显。对于高超声速高雷诺数流动问题,激波层可认为无黏,由于"薄",所以可运用薄激波层理论进行较为可靠的近似分析。耐人寻味的是,在足够高的来流马赫数条件下,由牛顿于1687年提出的曾一度被认为简明但不太正确的流动撞击模型可用于此类问题的分析。

钝前缘区域的激波层在高超声速来流条件下也很薄,它所诱发的脱体激波与物面之间的脱体距离很小。在钝前缘附近,激波强烈弯曲,但在下游的激波面曲率迅速减小。穿越激波的流线熵值增加,且激波越强,熵增越大。穿越钝前缘

区域接近正激波部分的流线具有最大的熵增,而穿越激波其他位置处的流线熵增较小。因此,在钝前缘区域,穿越激波不同位置的流线之间存在强熵梯度的熵层,熵层向下游发展,会影响到距头部很远的流场(图 1.10)。如 Crocco 理论[27]所揭示,熵层内涡的强度较大,边界层的发展与熵层的扩展交织在一起,使基于标准的边界层计算方法因其外缘难以确定而难以实施。

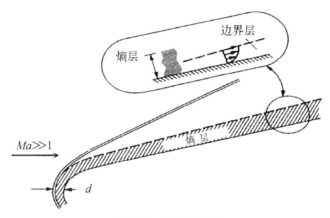

图 1.10　熵层示意图

考虑高超声速绕流下的平板边界层,高速运动的流体微团具有巨大动能,边界层内的黏性作用使其耗散为气体的内能,从而导致边界层内温度急剧升高,边界层内温度型剖面如图 1.11 所示。

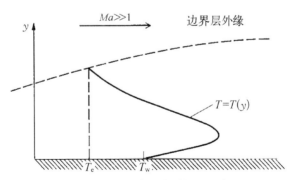

图 1.11　边界层内温度型剖面示意图

高超声速边界层特性受温升主导,如黏性系数随温度的升高而增大,这会增加边界层的厚度;边界层内,法向压力梯度近似为零,即压力沿法向不变,由气体状态方程可知,温度的增加导致密度降低;为了满足质量连续方程,边界层厚度需增加。这些因素共同决定了高超声速边界层厚度增加远较低速时快。可压缩

边界层厚度 δ 的变化符合以下规律：

$$\delta \propto \frac{Ma^2}{\sqrt{Re_x}} \tag{1.1}$$

其中，Ma 为来流马赫数；Re_x 为当地雷诺数。由式(1.1)可以清楚地看出：边界层的厚度正比于来流马赫数的平方，在高超声速条件下其值会变得特别大。厚边界层会对外部无黏流具有明显的"外推"作用，此时，无黏流与边界层之间存在强烈的相互干扰，增厚的边界层改变了无黏流动，而无黏流动的改变又反过来作用于边界层，称为"黏性干扰"[28]。黏性干扰显著改变了物面的压力分布，如图1.12所示，进而影响高超声速飞行器的升阻特性及稳定性，同时，黏性干扰还会增强壁面摩擦和传热。

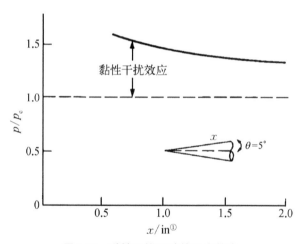

图1.12　黏性干扰导致的压力偏离

当外部激波入射到边界层时，二者之间发生相互干扰，称为激波/边界层干扰。激波/边界层干扰不属于典型的黏性干扰，但就其本质而言，也是外部无黏流与黏性主导的边界层之间的相互干扰。激波/边界层干扰以激波诱导边界层分离形成多种尺度的涡结构为主要特征，其形成机理是：激波入射到边界层并在其流向造成逆压梯度，边界层内流动发生分离，产生分离涡和分离激波，如图1.13所示。激波的入射将导致物体表面出现局部气动加热峰值，在高超声速条件下，这些峰值会极高，从而使飞行器局部表面因烧蚀而产生孔洞，这可能会对

①   1 in = 2.54 cm。

飞行器造成致命损害;另外,入射激波会诱发边界层分离,使得飞行器阻力剧增、升力降低。

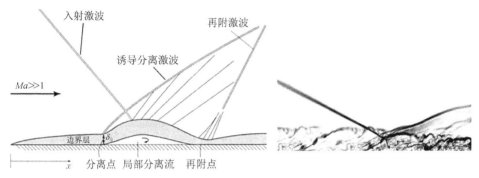

图 1.13　激波入射引起的激波/边界层干扰

　　在高超声速边界层内,可观的动能因摩擦被耗散为内能,致使气体温度急剧升高。高温激发了气体分子内部的振动能,进而促发气体的分解乃至电离。若高超声速飞行器采用烧蚀热防护方案,则烧蚀气体产物会引射进入边界层,这将使飞行器表面浸没在化学反应边界层中。另外,高超声速绕流流场中的高温区并不仅限于边界层,头部附近的弓形激波接近正激波,穿过此强激波的气体温度会变得极高。高速再入体的绕流流场高温区如图 1.14 所示。

　　以 Apollo 的再入为例,其飞行马赫数高达 36,在考虑化学反应的影响后其头部区域温度可达 11 000 K,

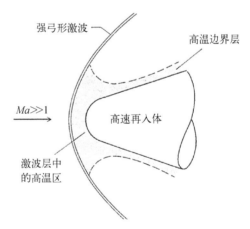

**图 1.14　高速再入体的绕流流场
高温区示意图**

若依据量热完全气体模型,则相应温度值高得不合理。在极高速条件下,只有正确考虑化学反应才能获得可靠的流场温度值。可以认为高超声速飞行器绕流流场中的整个激波层皆被高温化学反应流动所支配。

　　随着飞行速度的增加,绕流气体的行为越来越偏离量热完全气体模型,比热比也不再是常数。对空气来说,当温度超过 800 K 时,振动能被激发,比定压热容和比定容热容都变成了温度的函数。随着温度的进一步升高,空气组分间化学反应的发生不可避免,这些现象称为高温效应。若振动能激发和化学反应快于流体微团流在流场中流过的速度,则可以认为振动能与化学反应平衡,反之流动处于非平衡状态,对这类流动问题的分析会变得更复杂。高温化学反应流动会影响高超声速飞行器的升力、阻力、力矩。业已证实,这种影响对航天飞机再入时所需控制面配平偏转角进行预估起重要作用。高温流动带来的最主要影响体现在向飞行器壁面的高传热率,妥善处理气动加热问题决定了所有高超声速飞行器的设计。

1.2.2　高空低密度流动

低密度流动与连续流流动的区分可用 Kn 作为判定依据, $Kn = \lambda / l$,即分子平均自由程 λ 与特征参考长度 l 之比。$\lambda / l \gg 1$ 对应自由分子流区;$\lambda / l \ll 1$ 对应连续流区;处于二者之间的区域统称为稀薄过渡流区。

随着高超声速飞行器的发展,人们对自由分子流区和连续流区之间的稀薄过渡流区进行了大量的研究。Probstein 和 Kemp[29] 通过研究指出,可将稀薄过渡流区进一步划分为 7 个子区,即边界层区、旋涡干扰区、黏性层区、初始混合层区、完全混合层区、一阶碰撞理论区和自由分子区。同时,他们指出,在工程应用中,可采用 Navier-Stokes(N-S)方程计算充分混合发展的稀薄过渡流区(即边界层区、旋涡干扰区、黏性层区)。对此,本书通过对轴对称驻点附近的流动分析予以说明。

欲证明 N-S 方程适用,即需证明在其所用范围内 $\lambda / l \ll 1$ 。在轴对称驻点附近, λ 取激波层内分子平均自由程 λ_{SL} , l 取激波层厚度 Δ 。令 λ_{SL} 的最大值出现在紧贴激波的波后区域,为 λ_s 。 由分子动力学知

$$\lambda_s \sim \frac{\mu_s}{\rho_s a_s}, \frac{\mu_s}{\mu_\infty} \sim \frac{a_s}{a_\infty} \sim \sqrt{\frac{T_s}{T_\infty}} \tag{1.2}$$

其中, μ_s 、 ρ_s 、 a_s 、 T_s 分别为正激波后气体的黏性系数、密度、声速、温度; μ_∞ 、 a_∞ 、 T_∞ 分别为来流气体的黏性系数、声速、温度。定义雷诺数为

$$Re = \frac{\rho_\infty u_\infty \Delta}{\mu_\infty} \tag{1.3}$$

其中, u_∞ 为来流速度。联立式(1.2)、式(1.3)可得

$$Re = \frac{\rho_\infty u_\infty \Delta}{\mu_\infty} = Ma_\infty \frac{\rho_s a_s \Delta}{\mu_s} \frac{\rho_\infty}{\rho_s} \frac{a_\infty}{a_s} \frac{\mu_s}{\mu_\infty} \tag{1.4}$$

即

$$\frac{Ma_\infty}{Re} \sim \frac{\lambda_s}{\Delta} \frac{\rho_s}{\rho_\infty} \tag{1.5}$$

易知 $\rho_s/\rho_\infty > 1$，故

$$\frac{\lambda_{sL}}{\Delta} < \frac{\lambda_s}{\Delta} < \frac{Ma_\infty}{Re} \tag{1.6}$$

对于临近空间高超声速飞行器的绕流流动问题，在轴对称头部区域，$Ma_\infty/Re \ll 1$ 一般易满足，即 $\lambda_s/\Delta \ll 1$，说明 N-S 方程适用。

临近空间高超声速飞行器穿梭于距海平面 20 ~ 100 km 的空域，当它飞行在临近空间的上边界时会涉及低密度流动问题。在低密度流动情况下，飞行器表面速度不为零，而是一个有限值，称为速度滑移条件。类似地，相应的温度值也会发生间断，称为温度滑移条件。当滑移作用初现时，除了边界条件变为滑移边界外，仍可用基于连续介质假定的流动控制方程。

随着飞行高度继续上升，连续介质假设逐渐失效，此时需运用分子运动论的方法来预测其流动特征。应当指出，低密度效应就其本质而言并不是高超声速流动的基本特征，但实际的高超声速飞行器通常会穿越整个大气层，因此会或多或少地受到低密度效应的影响。

另外，当临近空间高超声速飞行器处于高空时，来流动压因空气稀薄而急剧减小，翼舵等控制面无法提供足够的气动力距对飞行器实施有效控制。反作用控制系统(reaction control system, RCS)是一种利用发动机产生直接力，以快速改变飞行器飞行姿态的气动控制技术，具有响应快、效率高、不受来流动压影响等特点。当飞行器采用 RCS 喷流控制时，喷流和飞行器周围气流发生相互作用，在喷口周围及其上、下游流场形成复杂的激波/边界层干扰流动。流场中包含一系列流动的分离与再附、激波、膨胀波、弓形激波、马赫盘、剪切层等涡系和波系结构。来流、动边界喷流、气动控制面等相互作用，所形成的复杂干扰流场涉及激波/激波干扰、激波/边界层干扰、大范围流动分离与再附、强剪切等复杂流动物理现象，同时存在热喷效应、非定常效应等复杂气体物理效应，这给数值模拟研究带来了很大挑战。

1.2.3 流动/材料烧蚀耦合
临近空间高超声速飞行器在大气层内以高超声速飞行时将承受严酷的

气动加热。为保障飞行器结构不会因过热而被破坏,一般需要采取特殊的热防护措施。

第一代再入端头曾采用热沉式防热技术。它是利用金属材料铜的比热大、熔化吸热多的优点,通过热容和熔化吸热来达到热防护的目的。美国早期的"宇宙神""大力神-I""雷神"导弹就采用这一方法解决了端头的防热问题。但随着再入速度的增加,热沉式防热不再满足要求,甚至出现弹头在再入过程中被烧穿而使飞行试验失败的事例。为了解决高热流的"热障"问题,1958 年美国科学家 Adams[30] 等首次提出烧蚀热防护的概念,即以牺牲材料的质量达到保护弹头不被烧坏的目的。烧蚀热防护概念的提出及其相应理论的建立,成为解决高速飞行器防热问题的重要里程碑事件。自 20 世纪 50~60 年代起,在美国高超声速飞行器迅速发展的背景下,材料气动加热烧蚀预测技术得到了迅速的发展,建立了包括树脂基[31]、碳化烧蚀材料、硅基、碳基等[32-34] 多种热解烧蚀材料的热响应分析手段,有力支撑了早期高超声速飞行器的研制。

初期的高超声速飞行器由于防热设计余量较大,一般可将气动加热预测与材料烧蚀进行解耦,即在计算材料烧蚀后退过程时不考虑材料烧蚀形变对外部流动的影响。为进一步实现精细化的防热设计,后续逐渐发展了可考虑材料烧蚀形变的流动/烧蚀耦合预测技术。

受限于计算能力,早期的气动加热一般采用基于准定常边界层理论的工程方法进行预测,即按时间把弹道离散成若干弹道点,在每一弹道点上,固定来流条件和烧蚀外形,并假设在微小时间间隔 Δt 内流场为准定常状态。在具体实现过程中,首先基于 t_i 时刻的外形和来流条件用定常方法计算表面压力分布、热流及烧蚀速度,然后通过求解形变方程得出 t_{i+1} 时刻的新的烧蚀外形,如此循环直至计算结束,计算流程如图 1.15 所示。

在上述求解过程中,若材料烧蚀形变较大,气动外形的解析性就有所降低,对外形的描述变得十分困难甚至难以实现,因此形变方程的适用性存在疑问。同时,基于边界层理论和修正牛顿理论、内伏流牛顿理论等解析计算模型的气动加热计算精度难以保证。为解决上述问题,可采用计算空气动力学手段结合动网格技术实现气动加热和材料烧蚀形变的准确预测。数值模拟技术对气动外形的解析性和飞行姿态无任何要求,因此该方法是流动/材料烧蚀耦合高精度预测的重要技术手段。

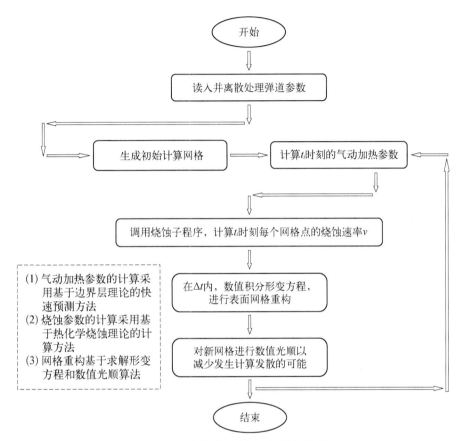

图 1.15　烧蚀外形预测理论计算流程

参考文献

［1］ Dinerman T. Near space: a new area of operations or a new pentagon buzzword? The Space Review, 2004-09-20, 2004.

［2］ Harsha P, Keel L, Castrogiovanni A, et al. X-43A vehicle design and manufacture. Hampton: AIAA/CIRA 13th International Space Planes and Hypersonics Systems and Technologies Conference, 2005: 3334.

［3］ Sasaki H, Imada T, Takata S. Development plan for future mission from HTV system. Transactions of the Japan Society for Aeronautical and Space Sciences, Space Technology, 2009, 7(26): 77-82.

［4］ Miki Y, Abe N, MatsuyaMa K, et al. Development of the H-II transfer vehicle(HTV). Mitsubishi Heavy Industries Technical Review, 2010, 47(1): 58.

［5］ Walker S, Sherk J, Shell D, et al. The DARPA/AF falcon program: the hypersonic technology vehicle 2(HTV-2) flight demonstration phase. Dayton: 15th AIAA International

Space Planes and Hypersonic Systems and Technologies Conference，2008：2539.

[6] 甄华萍，蒋崇文.高超声速技术验证飞行器 HTV-2 综述.飞航导弹，2013(6)：7-13.

[7] 李清源，史俊红.高超音速技术发展概述.强度与环境，2012(5)：55-64.

[8] Grantz A. X-37B orbital test vehicle and derivatives. Long Beach：AIAA SPACE 2011 Conference & Exposition，2011：7315.

[9] 孙宗祥，唐志共，陈喜兰，等.X-37B 的发展现状及空气动力技术综述.实验流体力学，2014,29(1)：1-14.

[10] 宋博，李高峰.美国 X-37B 轨道试验飞行器的发展及分析.飞航导弹，2012(12)：3-9.

[11] 许红英，侯丹，陈杰，等.美空军发射 X-37B 飞行器简析.中国航天，2010(6)：21-25.

[12] Varvill R，Bond A. The skylon spaceplane. Journal of the British Interplanetary Society，2004，57：22-32.

[13] Longstaff R，Bond A. The skylon project. San Francisco：17th AIAA International Space Planes and Hypersonic Systems and Technologies Conference，2011：2244.

[14] 康开华.英国"云霄塔"空天飞机的最新进展.国际太空，2014(7)：42-50.

[15] 单文杰，惠俊鹏，黄世勇.英国"云霄塔"空天飞机揭秘.国际太空，2012(1)：6-12.

[16] 程晓丽，苗文博，王强.面向持续战域感知的近空间飞行器技术.气体物理，2007，2(3)：191-201.

[17] Rondeau C M，Jorris T R. X-51A scramjet demonstrator program：waverider ground and flight test. Virginia：Armed Services Technical Information Agency Documents，2013.

[18] 张海林，周林，高少杰，等.美国 X-51A 飞行器发展分析.飞航导弹，2014(9)：35-38.

[19] 马娜.SR-72 高超声速飞机研制分析.飞航导弹，2017(1)：14-20.

[20] 孟令扬.SR-72 无人机的研制进展.航空发动机，2013(6)：12-12.

[21] 刘鹏，宁国栋，王晓峰，等.从 SR-72 项目看美国高超声速平台研究现状.飞航导弹，2013(12)：3-9.

[22] 姚源，陈萱.美国发布 SR-72 高超声速飞机概念.中国航天，2013(12)：39-41.

[23] 潘杰.高空间谍——美国 SR-71"黑鸟"战略侦察机.现代兵器，2003(12)：13-17.

[24] 阿顿.最先进的侦察机 SR-71"黑鸟"侦察机.小火炬，2005(5)：33.

[25] 马丁."黑鸟"SR-71——高空侦察机模型.模型世界，2008(5)：104-107.

[26] Walker S，Tang M，Morris S，et al. Falcon HTV-3X-A reusable hypersonic test bed. Dayton：15th AIAA International Space Planes and Hypersonic Systems and Technologies Conference，2008：2544.

[27] Anderson J D. Modern compressible flow：with historical perspective. New York：McGraw-Hill Book Co，1982.

[28] Anderson J D. Hypersonic and high temperature gas dynamics. New York：McGraw-Hill Book Co，1989.

[29] Probstein R F，Kemp N H. Viscous aerodynamic characteristics in hypersonic rarefied gas flow. Journal of the Aerospace Sciences，1960，27(3)：174-192.

[30] Adams M C. Recent advances in ablation. J.A.R.S，1959，29(9)：621-625.

[31] Munson T R，Spindler R J. Transient thermal behavior of decomposing materials. Part 1. general theory and application to convective heating. Avco Corp Wilmington *Ma* Research and

Advanced Development Div, 1961.

[32] Moyer C B, Rindal R A. An analysis of the coupled chemically reacting boundary layer and charring ablator. NASA Manned Spacecraft Center, 1965.

[33] Anderson L W, Bartlett E P, Kendall R M. User's manual, Volume 1, boundary layer integral matrix procedure (blimp). Aerotherm Corp Mountain View Ca, 1970.

[34] Anderson L W, Kendall R M. User's manual, Volume 2, boundary layer integral matrix procedure(blimp). Aerotherm Corp Mountain View Ca, 1970.

第 2 章

计算空气动力学数值模拟基础

计算空气动力学是一门通过数值求解流动控制方程从而获得空气动力学问题近似解的交叉学科。在过去的五六十年中,得益于计算机硬件能力的快速提升,计算空气动力学中网格生成、物理模型、数值算法等关键技术得到了快速全面的发展。在实际工程应用中,计算空气动力学具有周期短、成本低、适用范围广等优点,成功弥补了理论分析和地面试验的不足,大幅提升了解决复杂空气动力学问题的能力。在航空航天领域,计算空气动力学已经发展成飞行器设计不可缺少的部分,且成为新概念、新产品设计中的常规工具。

本章主要介绍计算空气动力学涉及的流动控制方程、数值离散方法及湍流模型等内容,这些内容是本书大部分章节的基础。

2.1 流动控制方程

流体运动所遵循的规律是由物理学三大守恒定律,即质量守恒定律、动量守恒定律和能量守恒定律所规定的。这三大守恒定律对流体运动的数学描述构成了流体力学的基本方程组——N-S 方程组。

三维非定常可压缩 N-S 方程组微分形式如下:

$$\frac{\partial \boldsymbol{Q}}{\partial t} + \nabla \cdot \boldsymbol{F} = \nabla \cdot \boldsymbol{G} \tag{2.1}$$

其中, $\boldsymbol{Q}$ 为守恒变量; $\boldsymbol{F}$ 为对流通量张量; $\boldsymbol{G}$ 为黏性通量张量。在笛卡儿坐标系下,其具体表达式为

$$\boldsymbol{Q} = \begin{bmatrix} \rho & \rho u & \rho v & \rho w & \rho E \end{bmatrix}^{\mathrm{T}} \tag{2.2}$$

$$\boldsymbol{F} = \begin{bmatrix} \rho u & \rho u^2 + p & \rho uv & \rho uw & \rho uh \\ \rho v & \rho uv & \rho v^2 + p & \rho vw & \rho vh \\ \rho w & \rho uw & \rho vw & \rho w^2 + p & \rho wh \end{bmatrix} \tag{2.3}$$

$$\boldsymbol{G} = \begin{bmatrix} 0 & \tau_{xx} & \tau_{xy} & \tau_{xz} & \phi_x \\ 0 & \tau_{xy} & \tau_{yy} & \tau_{yz} & \phi_y \\ 0 & \tau_{xz} & \tau_{yz} & \tau_{zz} & \phi_z \end{bmatrix} \tag{2.4}$$

$$\begin{aligned} \phi_x &= u\tau_{xx} + v\tau_{xy} + w\tau_{xz} + \kappa \frac{\partial T}{\partial x} \\ \phi_y &= u\tau_{xy} + v\tau_{yy} + w\tau_{yz} + \kappa \frac{\partial T}{\partial y} \\ \phi_z &= u\tau_{xz} + v\tau_{yz} + w\tau_{zz} + \kappa \frac{\partial T}{\partial z} \end{aligned} \tag{2.5}$$

其中, ρ 为密度; u、v、w 分别为 x、y、z 三个方向上的速度分量; p 为压强; T 为温度; $E = e + \frac{1}{2}(u^2 + v^2 + w^2)$ 为单位质量的总能量; e 为单位质量的内能; $h = E + \frac{p}{\rho}$ 为单位质量的焓; $\kappa = \mu \frac{c_p}{Pr}$ 为热传导系数, Pr 为普朗特数, c_p 为比定压热容; μ 为黏性系数。

黏性应力项由牛顿流体和斯托克斯假设导出, 即

$$\begin{aligned} \tau_{xx} &= 2\mu \frac{\partial u}{\partial x} - \frac{2}{3}\mu\left(\frac{\partial u}{\partial x} + \frac{\partial v}{\partial y} + \frac{\partial w}{\partial z}\right), \quad \tau_{xy} = \tau_{yx} = \mu\left(\frac{\partial u}{\partial y} + \frac{\partial v}{\partial x}\right) \\ \tau_{yy} &= 2\mu \frac{\partial v}{\partial y} - \frac{2}{3}\mu\left(\frac{\partial u}{\partial x} + \frac{\partial v}{\partial y} + \frac{\partial w}{\partial z}\right), \quad \tau_{yz} = \tau_{zy} = \mu\left(\frac{\partial v}{\partial z} + \frac{\partial w}{\partial y}\right) \\ \tau_{zz} &= 2\mu \frac{\partial w}{\partial z} - \frac{2}{3}\mu\left(\frac{\partial u}{\partial x} + \frac{\partial v}{\partial y} + \frac{\partial w}{\partial z}\right), \quad \tau_{zx} = \tau_{xz} = \mu\left(\frac{\partial w}{\partial x} + \frac{\partial u}{\partial z}\right) \end{aligned} \tag{2.6}$$

对于量热完全气体, 热力学参数间的关系可由状态方程确定, 即

$$p = \rho RT, \quad e = \frac{1}{\gamma - 1}\frac{p}{\rho}, \quad c_p = \frac{\gamma}{\gamma - 1}R \tag{2.7}$$

$$R \approx 287 \text{ J/(kg} \cdot \text{K)}, \quad \gamma \approx 1.4, \quad Pr \approx 0.72$$

湍流状态下的黏性系数 μ 由湍流模型计算得到, 层流情况下由 Sutherland

公式给出,为

$$\frac{\mu}{\mu_{\mathrm{ref}}} = \left(\frac{T}{T_{\mathrm{ref}}}\right)^{1.5} \frac{T_{\mathrm{ref}} + C}{T + C} \tag{2.8}$$

其中,$\mu_{\mathrm{ref}} = 1.789\,4 \times 10^{-5}$ kg/(m·s);T_{ref} 为参考温度,取为 288.15 K;$C = 110.4$ K。

2.2　数值离散方法

在绝大多数情况下,N-S 方程无法得到精确解,计算空气动力学就是利用数值离散方法得到这些方程的近似解。目前,主要的数值离散方法包括有限差分法和有限体积法。有限差分法从控制方程的微分形式出发,将求解域划分为差分网格,用有限个网格节点代替连续的求解域,将偏微分方程中的微分项用差商代替,从而将微分方程转为代数形式的差分方程进行求解。

有限体积法则从控制方程的积分形式出发,它同样将求解域划分为有限个网格,围绕每个网格节点构造一系列控制体,并在每个控制体上对流动守恒律进行积分,从而获得流动在每一控制体中的近似解。有限体积法相对于有限差分法具有适应性强、守恒性好的优点,在解决复杂工程问题中得到了更为广泛的应用,因此本书主要介绍有限体积法。

2.2.1　有限体积离散

对计算域 Ω 进行网格划分,形成网格单元集合 $\cup T_j$。在网格单元 T_j 上对控制方程进行积分得

$$\mid T_j \mid \frac{\partial \boldsymbol{Q}_j}{\partial t} + \int_{\partial T_j} \boldsymbol{F} \cdot \boldsymbol{n} \mathrm{de} = \int_{\partial T_j} \boldsymbol{G} \cdot \boldsymbol{n} \mathrm{de} \tag{2.9}$$

其中,$\mid T_j \mid$ 为网格单元体积;$\boldsymbol{Q}_j = \dfrac{1}{\mid T_j \mid} \int_{T_j} \boldsymbol{Q} \mathrm{d}V$ 为守恒变量单元平均值;∂T_j 为单元边界;$\boldsymbol{n} = [\,n_x \quad n_y \quad n_z\,]^{\mathrm{T}}$ 为单元界面外法向向量。

写为半离散形式,即

$$\mid T_j \mid \frac{\partial \boldsymbol{Q}_j}{\partial t} + \sum_{\forall e_{jk} \in \partial T_j} (\hat{\boldsymbol{F}}_{jk} \mid e_{jk} \mid) = \sum_{\forall e_{jk} \in \partial T_j} (\hat{\boldsymbol{G}}_{jk} \mid e_{jk} \mid) \tag{2.10}$$

其中，e_{jk} 为网格单元 T_j 与其相邻单元 T_k 之间的界面；$| \, e_{jk} \, |$ 为 e_{jk} 的面积；$\hat{\boldsymbol{F}}_{jk}$ 和
$\hat{\boldsymbol{G}}_{jk}$ 分别为界面处沿界面外法向向量 $\boldsymbol{n}_{jk}$ 的对流通量和黏性通量，在数学上表征
为通量张量在给定方向上的投影，即

$$\hat{\boldsymbol{F}} = \boldsymbol{F} \cdot \boldsymbol{n} \tag{2.11}$$
$$\hat{\boldsymbol{G}} = \boldsymbol{G} \cdot \boldsymbol{n}$$

有限体积法的核心归结于求解界面处的对流通量 $\hat{\boldsymbol{F}}_{jk}$ 和黏性通量 $\hat{\boldsymbol{G}}_{jk}$。

2.2.2　对流通量计算

为保证数值精度和稳定性，需要合理设计对流格式以确定界面处的对流通量。长期以来，对流格式一直是计算空气动力学的核心技术，在计算空气动力学的发展历程中大量的基础性研究工作均是针对对流格式开展的。根据数值黏性构造方式的不同，目前的对流格式主要可分为迎风格式和中心格式两大类。

迎风格式基于对流波的传播特性构造数值通量。其在构造时已考虑物理过程，因此其数值格式中自动包含必要的数值黏性。迎风格式代表了数值格式研究的主要方向，出现了包括以精确黎曼解为基础的 Godunov 格式[1]，以近似黎曼解为基础的 Roe 格式[2]、HLL 格式[3]，以通量分裂为基础的 van Leer 格式[4]，以总变差减小为目标的 TVD(total variation diminishing)格式[5]，以及将对流波与压力波区别处理的 AUSM(advection upstream splitting method)类格式[6]等众多数值格式。

中心格式采用简单的适用于耗散波模拟的平均格式作为基本格式。在此基础上，通过显式添加数值黏性的方式保证数值格式的稳定性。该类格式中最具代表性的是 Jameson 等[7]的有限体积中心格式。后来，Jameson 进一步根据AUSM 类格式的构造思路，在构造人工黏性时引入迎风机制，形成了 CUSP(convective upwind and split pressure)类格式[8,9]。

相比较而言，迎风格式具有更低的耗散特性和更强的鲁棒性，因此在高超声速流动模拟中得到了更为广泛的应用。然而由于高超声速问题的复杂性，不同的对流格式在捕捉强间断及高梯度流动时出现了激波稳定性及网格敏感性的问题[10,11]，该类问题严重影响了对于真实物理流动的准确模拟。为解决这类问题，针对不同对流格式开展了大量的研究工作，研究重点多集中于压力耗散项的改进[12,13]及熵相容性的保证[14-16]。虽然改进后的对流格式对于特定算例取得了一定的效果，但其仍未能实现广泛的适用性[11]。而这一问题在使用非结构四

面体网格进行气动加热模拟时表现得更为突出[17]。为从根本上解决这一问题，建立真正意义上的多维迎风格式是一种有效的解决途径[18]。针对这一方向，目前开展了大量的研究工作，提出了包括旋转黎曼格式[19-22]、多维通量重构[23,24]及多维迎风残差分布（residual distribution）格式[25-28]等不同技术。该类方法通量构造不严格依赖网格方向，因此在一定程度上降低了数值格式的网格依赖性。但由于非线性多维双曲系统数学理论上的不完备，目前的多维迎风格式距离实际工程应用仍存在较大差距。

本章对目前得到广泛应用的几类对流格式进行详细介绍，对其他对流格式感兴趣的读者可以参考相应的文献资料。

对流通量的统一形式一般可表示为

$$\hat{\boldsymbol{F}}_{jk} \approx \tilde{\boldsymbol{F}}(\boldsymbol{Q}_L, \boldsymbol{Q}_R, \boldsymbol{n}_{jk}) \tag{2.12}$$

其中，下标 L、R 分别表示在网格单元 T_j 和 T_k 内重构获得的界面 e_{jk} 处的变量值。不同对流格式之间的差异在于对流函数 $\tilde{\boldsymbol{F}}$ 的构造方式不同。

1. Lax-Friedrichs 格式

按照 Lax-Friedrichs 格式的构造方法，有

$$\tilde{\boldsymbol{F}}(\boldsymbol{Q}_L, \boldsymbol{Q}_R, \boldsymbol{n}) = \frac{1}{2} \big[\hat{\boldsymbol{F}}(\boldsymbol{Q}_L, \boldsymbol{n}) + \hat{\boldsymbol{F}}(\boldsymbol{Q}_R, \boldsymbol{n}) - \lambda_{\max}(\boldsymbol{Q}_R - \boldsymbol{Q}_L) \big]$$

$$\tag{2.13}$$

其中，$\lambda_{\max}$ 为界面两侧邻域内通量雅可比矩阵 $\boldsymbol{J} = \dfrac{\partial \hat{\boldsymbol{F}}}{\partial \boldsymbol{Q}}$ 的最大特征值。在一般计算中可采用当地形式，即

$$\lambda_{\max} = \max(|U_L| + c_L, |U_R| + c_R) \tag{2.14}$$

其中，$U = \boldsymbol{V} \cdot \boldsymbol{n}$ 为法向速度；$\boldsymbol{V} = [u \quad v \quad w]^{\mathrm{T}}$ 为速度向量；$c = \sqrt{\gamma \dfrac{p}{\rho}}$ 为当地声速。

该格式具有较大的数值耗散，一般不适于实际工程问题的数值模拟。但其格式构造简单，计算量小，因此在数值方法的理论研究中得到了广泛的应用。

2. Roe 格式

按照 Roe 格式的构造方法[2]，有

$$\tilde{F}(\boldsymbol{Q}_L, \boldsymbol{Q}_R, \boldsymbol{n}) = \frac{1}{2} \left[\hat{\boldsymbol{F}}(\boldsymbol{Q}_L, \boldsymbol{n}) + \hat{\boldsymbol{F}}(\boldsymbol{Q}_R, \boldsymbol{n}) - |\bar{\boldsymbol{J}}| (\boldsymbol{Q}_R - \boldsymbol{Q}_L) \right]$$

$$(2.15)$$

其中, $\bar{\boldsymbol{J}} = \boldsymbol{J}(\bar{\boldsymbol{Q}}, \boldsymbol{n})$, $\bar{\boldsymbol{Q}}$ 表示采用 Roe 平均方法计算得到的守恒变量值

$$\bar{\rho} = \sqrt{\rho_L \rho_R}$$

$$\bar{u} = u_L \left(\frac{1}{1 + r_\rho} \right) + u_R \left(\frac{r_\rho}{1 + r_\rho} \right)$$

$$\bar{v} = v_L \left(\frac{1}{1 + r_\rho} \right) + v_R \left(\frac{r_\rho}{1 + r_\rho} \right)$$

$$\bar{w} = w_L \left(\frac{1}{1 + r_\rho} \right) + w_R \left(\frac{r_\rho}{1 + r_\rho} \right) \tag{2.16}$$

$$\bar{h} = h_L \left(\frac{1}{1 + r_\rho} \right) + h_R \left(\frac{r_\rho}{1 + r_\rho} \right)$$

$$r_\rho = \sqrt{\rho_R / \rho_L}$$

$|\bar{\boldsymbol{J}}| = \bar{\boldsymbol{R}} |\overline{\boldsymbol{\Lambda}}| \bar{\boldsymbol{L}}$, $|\overline{\boldsymbol{\Lambda}}| = \mathrm{diag}\{|\bar{U} - \bar{c}|, |\bar{U}|, |\bar{U}|, |\bar{U}|, |\bar{U} + \bar{c}|\}$; $\bar{\boldsymbol{L}}$ 和 $\bar{\boldsymbol{R}}$ 分别为 $\bar{\boldsymbol{J}}$ 的左特征矩阵和右特征矩阵, 即满足 $\bar{\boldsymbol{L}}\bar{\boldsymbol{J}}\bar{\boldsymbol{R}} = \overline{\boldsymbol{\Lambda}} = \mathrm{diag}\{\bar{U} - \bar{c}, \bar{U}, \bar{U}, \bar{U}, \bar{U} + \bar{c}\}$。

　　Roe 格式具有优异的激波及接触间断分辨率, 因此在高超声速黏性流动的模拟中得到了广泛的应用。但其本质上采用线性化方法求解非线性黎曼问题, 在特征值较小的情况下, Roe 格式无法满足熵条件, 因此一般需要采用熵修正技术以避免得到非物理解。

　　常用的熵修正形式为

$$|\lambda| = \begin{cases} |\lambda|, & |\lambda| \geq \varepsilon \\ \dfrac{\lambda^2 + \varepsilon^2}{2\varepsilon}, & |\lambda| < \varepsilon \end{cases} \tag{2.17}$$

其中, λ 为 $\bar{\boldsymbol{J}}$ 矩阵的特征值; ε 的取值一般为 0~1。目前, 存在多种确定 ε 的方法, 但不同方法均存在一定的适用范围, 感兴趣的读者可以参考相关文献[5,29,30]。

　　3. van Leer 格式

　　按照通量向量分裂(flux vector splitting, FVS)类格式的构造方式, 界面对流

通量可以分解为正负通量之和,即

$$\tilde{F} = \tilde{F}^+ + \tilde{F}^- \tag{2.18}$$

van Leer[4]给出了一种光滑可微的马赫数分裂函数。但其能量分裂不能满足总焓守恒,这会对边界层内温度梯度产生较大影响,因此这里对能量方程分裂采用 Hanel[31] 提出的修正。下面给出具体的马赫数分裂方式。

定义法向马赫数:$M = \dfrac{U}{c}$。 当 $M \geqslant 1$ 时, 有

$$\tilde{F}^+ = \tilde{F}_L^+, \quad \tilde{F}^- = 0 \tag{2.19}$$

当 $M \leqslant -1$ 时, 有

$$\tilde{F}^+ = 0, \quad \tilde{F}^- = \tilde{F}_R^- \tag{2.20}$$

当 $|M| \leqslant 1$ 时, 有

$$\tilde{F}^\pm = \left\{ \begin{array}{l} f_{mass}^\pm \\ f_{mass}^\pm [n_x(-U \pm 2c)/\gamma + u] \\ f_{mass}^\pm [n_y(-U \pm 2c)/\gamma + v] \\ f_{mass}^\pm [n_z(-U \pm 2c)/\gamma + w] \\ f_{energy}^\pm \end{array} \right\} \tag{2.21}$$

其中,

$$f_{mass}^\pm = \pm \rho c (M \pm 1)^2/4 \tag{2.22}$$

$$f_{energy}^\pm = f_{mass}^\pm h = f_{mass}^\pm \left[\frac{c^2}{\gamma - 1} + \frac{u^2 + v^2 + w^2}{2} \right] \tag{2.23}$$

van Leer 格式具有良好的激波稳定性和激波分辨能力,在无黏流动中得到了广泛的应用。但其无法精确捕捉剪切层,因此对于黏性边界层的模拟精度不高。

4. AUSM+格式

AUSM 类格式认为流场中对流波和压力波是两类不同的物理过程,因此在数值格式的构造中将其区别对待。根据 AUSM+格式构造方法[32],数值通量可以写为

$$\tilde{F} = m_f \cdot \psi + p_f \cdot g \tag{2.24}$$

其中，$m_{\mathrm{f}} = \rho U$；$\psi = [\,1,\ u,\ v,\ w,\ h\,]^{\mathrm{T}}$；$\boldsymbol{g} = [\,0,\ n_x,\ n_y,\ n_z,\ 0\,]^{\mathrm{T}}$。定义单元界面马赫数、压力及声速分别为

$$M_{\mathrm{f}} = M_{(4)}^{+}(M_L) + M_{(4)}^{-}(M_R) \tag{2.25}$$

$$p_{\mathrm{f}} = p_{(5)}^{+}(M_L)p_L + p_{(5)}^{-}(M_R)p_R \tag{2.26}$$

$$c_{\mathrm{f}} = \min(\tilde{c}_L, \tilde{c}_R),\ \tilde{c} = \frac{(c^*)^2}{\max(c^*, |U|)},\ (c^*)^2 = \frac{2(\gamma - 1)}{\gamma + 1}h \tag{2.27}$$

其中，

$$M_{L/R} = \frac{U_{L/R}}{c_{\mathrm{f}}} \tag{2.28}$$

$$M_{(1)}^{\pm}(M) = \frac{1}{2}(M \pm |M|) \tag{2.29}$$

$$M_{(2)}^{\pm}(M) = \pm\frac{1}{4}(M \pm 1)^2 \tag{2.30}$$

$$M_{(4)}^{\pm}(M) = \begin{cases} M_{(1)}^{\pm}(M), & |M| \geqslant 1 \\ M_{(2)}^{\pm}(M) \cdot [\,1 \mp 16\beta \cdot M_{(2)}^{\mp}(M)\,], & |M| < 1 \end{cases} \tag{2.31}$$

$$p_{(5)}^{\pm}(M) = \begin{cases} \dfrac{1}{M}M_{(1)}^{\pm}(M), & |M| \geqslant 1 \\ M_{(2)}^{\pm}(M) \cdot [\,(\pm 2 - M) \mp 16\alpha M \cdot M_{(2)}^{\mp}(M)\,], & |M| < 1 \end{cases}$$
$$\tag{2.32}$$

其中，$\alpha = 3/16$；$\beta = 1/8$。则界面数值通量可表示为

$$\tilde{\boldsymbol{F}} = \begin{cases} c_{\mathrm{f}}M_{\mathrm{f}}\rho_L\psi_L + p_{\mathrm{f}}\boldsymbol{g}, & M_{\mathrm{f}} \geqslant 0 \\ c_{\mathrm{f}}M_{\mathrm{f}}\rho_R\psi_R + p_{\mathrm{f}}\boldsymbol{g}, & M_{\mathrm{f}} < 0 \end{cases} \tag{2.33}$$

AUSM+格式同时具有通量差分分裂(flux difference splitting，FDS)类格式的间断分辨率及 FVS 类格式的计算效率。同时，由于将质量流量和压力项单独处理，所以该格式易于扩展到其他双曲系统。

5. AUSMPW 格式

AUSM+格式由于其优异的性能在高超声速流动模拟中得到了广泛的应用，但其存在壁面压力振荡及激波过冲的缺点。为了改进 AUSM+格式，Kim 等[33]

通过引入压力加权函数提出了 AUSMPW 格式。

根据 AUSMPW 格式构造方法,数值通量可以写为

$$\tilde{\boldsymbol{F}} = M_L^+ c_{\mathrm{f}} \cdot \boldsymbol{\psi}_L + M_R^- c_{\mathrm{f}} \cdot \boldsymbol{\psi}_R + p_{\mathrm{f}} \cdot \boldsymbol{g} \tag{2.34}$$

其中,

$$\begin{cases} M_L^+ = M_{\mathrm{f}} - M_{(4)}^-(M_R)\omega(1 + f_R) + f_L M_{(4)}^+(M_L) + f_R M_{(4)}^-(M_R) \\ M_R^- = M_{(4)}^-(M_R)\omega(1 + f_R) \end{cases}, \quad M_{\mathrm{f}} \geqslant 0$$

$$\begin{cases} M_L^+ = M_{(4)}^+(M_L)\omega(1 + f_L) \\ M_R^- = M_{\mathrm{f}} - M_{(4)}^+(M_L)\omega(1 + f_L) + f_L M_{(4)}^+(M_L) + f_R M_{(4)}^-(M_R) \end{cases}, \quad M_{\mathrm{f}} < 0 \tag{2.35}$$

$$\omega = 1 - \min\left(\frac{p_L}{p_R}, \frac{p_R}{p_L}\right)^3 \tag{2.36}$$

$$f_{L/R} = \begin{cases} \left(\dfrac{p_{L/R}}{p_{\mathrm{f}}} - 1\right) p_l(p_{L/R}, p_{R/L}) \mid M_{(2)}^{\pm}(M_{L/R}) \mid \min\left[1, \left(\dfrac{\mid V_{L/R} \mid}{c_{\mathrm{f}}}\right)^{0.25}\right], & M_{L/R} \leqslant 1 \\ 0, & M_{L/R} > 1 \end{cases} \tag{2.37}$$

$$p_l(x, y) = \begin{cases} 4\min\left(\dfrac{x}{y}, \dfrac{y}{x}\right) - 3, & \dfrac{3}{4} \leqslant \min\left(\dfrac{x}{y}, \dfrac{y}{x}\right) < 1 \\ 0, & 0 \leqslant \min\left(\dfrac{x}{y}, \dfrac{y}{x}\right) < \dfrac{3}{4} \end{cases} \tag{2.38}$$

AUSMPW 格式通过函数 $f_{L/R}$ 解决壁面压力振荡的问题,通过函数 ω 消除激波过冲现象。大量的数值试验表明,该格式在高超声速流动模拟中具有良好的计算精度和鲁棒性。

6. HLL 格式

HLL 格式[3]为双波模型,通过合理确定左侧波速和右侧波速可以得到界面数值通量。HLL 格式的变量定义为

$$\boldsymbol{Q} = \begin{cases} \boldsymbol{Q}_{\mathrm{L}}, & S_{\mathrm{L}} > 0 \\ \boldsymbol{Q}^*, & S_{\mathrm{L}} \leqslant 0 \leqslant S_{\mathrm{R}} \\ \boldsymbol{Q}_{\mathrm{R}}, & S_{\mathrm{R}} < 0 \end{cases} \tag{2.39}$$

相应的 HLL 格式的通量为

$$\tilde{F}(Q_{\mathrm{L}}, Q_{\mathrm{R}}, n) = \begin{cases} \hat{F}(Q_{\mathrm{L}}, n), & S_{\mathrm{L}} > 0 \\ F^*, & S_{\mathrm{L}} \leqslant 0 \leqslant S_{\mathrm{R}} \\ \hat{F}(Q_{\mathrm{R}}, n), & S_{\mathrm{R}} < 0 \end{cases} \qquad (2.40)$$

其中, S_{L} 为左侧波速; S_{R} 为右侧波速。左侧波和右侧波满足 Rankine-Hugoniot 关系式:

$$F^* - \hat{F}(Q_{\mathrm{L/R}}, n) = S_{\mathrm{L/R}}(Q^* - Q_{\mathrm{L/R}}) \qquad (2.41)$$

整理可得

$$Q^* = \frac{S_{\mathrm{R}} Q_{\mathrm{R}} - S_{\mathrm{L}} Q_{\mathrm{L}} - \left[\hat{F}(Q_{\mathrm{R}}, n) - \hat{F}(Q_{\mathrm{L}}, n) \right]}{S_{\mathrm{R}} - S_{\mathrm{L}}} \qquad (2.42)$$

$$F^* = \frac{S_{\mathrm{R}} \hat{F}(Q_{\mathrm{L}}, n) - S_{\mathrm{L}} \hat{F}(Q_{\mathrm{R}}, n) + S_{\mathrm{L}} S_{\mathrm{R}} (Q_{\mathrm{R}} - Q_{\mathrm{L}})}{S_{\mathrm{R}} - S_{\mathrm{L}}} \qquad (2.43)$$

其中,中间状态 Q^* 为积分平均值,因此 $F^* \neq \hat{F}(Q^*, n)$。

波速的确定可采用不同的近似方法,一般可采用 Einfeldt 等[34] 的波速格式以实现对孤立激波的精确捕捉,即

$$\begin{aligned} S_{\mathrm{L}} &= \min(U_{\mathrm{L}} - c_{\mathrm{L}}, \bar{U} - \bar{c}) \\ S_{\mathrm{R}} &= \max(U_{\mathrm{R}} + c_{\mathrm{R}}, \bar{U} + \bar{c}) \end{aligned} \qquad (2.44)$$

HLL 格式构造简单,可以精确地捕捉孤立激波且具有较强的鲁棒性。但其并未考虑线性波,因此无法准确捕捉接触间断及边界层强剪切流动。

7. HLLC 格式

为改进 HLL 格式无法准确模拟接触间断的缺点,Toro 等[35] 通过引入三波模型建立了 HLLC 格式。HLLC 格式的变量定义为

$$Q = \begin{cases} Q_{\mathrm{L}}, & S_{\mathrm{L}} > 0 \\ Q_{\mathrm{L}}^*, & S_{\mathrm{L}} \leqslant 0 < S_{\mathrm{M}} \\ Q_{\mathrm{R}}^*, & S_{\mathrm{M}} \leqslant 0 \leqslant S_{\mathrm{R}} \\ Q_{\mathrm{R}}, & S_{\mathrm{R}} < 0 \end{cases} \qquad (2.45)$$

相应的 HLLC 格式的通量为

$$\tilde{\pmb{F}}(\pmb{Q}_{\mathrm{L}}, \pmb{Q}_{\mathrm{R}}, \pmb{n}) = \begin{cases} \hat{\pmb{F}}(\pmb{Q}_{\mathrm{L}}, \pmb{n}), & S_{\mathrm{L}} > 0 \\ \hat{\pmb{F}}(\pmb{Q}_{\mathrm{L}}^{*}, \pmb{n}), & S_{\mathrm{L}} \leqslant 0 < S_{\mathrm{M}} \\ \hat{\pmb{F}}(\pmb{Q}_{\mathrm{R}}^{*}, \pmb{n}), & S_{\mathrm{M}} \leqslant 0 \leqslant S_{\mathrm{R}} \\ \hat{\pmb{F}}(\pmb{Q}_{\mathrm{R}}, \pmb{n}), & S_{\mathrm{R}} < 0 \end{cases} \tag{2.46}$$

其中,新引进的 S_{M} 为中间波速,是准确模拟接触间断的关键参数[36]。左侧波和右侧波满足 Rankine-Hugoniot 关系式,即

$$\hat{\pmb{F}}(\pmb{Q}_{\mathrm{L/R}}^{*}, \pmb{n}) - \hat{\pmb{F}}(\pmb{Q}_{\mathrm{L/R}}, \pmb{n}) = S_{\mathrm{L/R}}(\pmb{Q}_{\mathrm{L/R}}^{*} - \pmb{Q}_{\mathrm{L/R}}) \tag{2.47}$$

通过假设中间波满足接触间断关系,即

$$U_{\mathrm{L}}^{*} = U_{\mathrm{R}}^{*} = U^{*} = S_{\mathrm{M}}$$
$$p_{\mathrm{L}}^{*} = p_{\mathrm{R}}^{*} = p^{*} \tag{2.48}$$

整理可得

$$S_{\mathrm{M}} = \frac{\rho_{\mathrm{R}} U_{\mathrm{R}}(S_{\mathrm{R}} - U_{\mathrm{R}}) - \rho_{\mathrm{L}} U_{\mathrm{L}}(S_{\mathrm{L}} - U_{\mathrm{L}}) + p_{\mathrm{L}} - p_{\mathrm{R}}}{\rho_{\mathrm{R}}(S_{\mathrm{R}} - U_{\mathrm{R}}) - \rho_{\mathrm{L}}(S_{\mathrm{L}} - U_{\mathrm{L}})} \tag{2.49}$$

$$\begin{bmatrix} \rho_{\mathrm{L/R}}^{*} \\ u_{\mathrm{L/R}}^{*} \\ v_{\mathrm{L/R}}^{*} \\ w_{\mathrm{L/R}}^{*} \\ p_{\mathrm{L/R}}^{*} \end{bmatrix} = \begin{bmatrix} \rho_{\mathrm{L/R}}(S_{\mathrm{L/R}} - U_{\mathrm{L/R}})/(S_{\mathrm{L/R}} - S_{\mathrm{M}}) \\ u_{\mathrm{L/R}} + (S_{\mathrm{M}} - U_{\mathrm{L/R}})n_{x} \\ v_{\mathrm{L/R}} + (S_{\mathrm{M}} - U_{\mathrm{L/R}})n_{y} \\ w_{\mathrm{L/R}} + (S_{\mathrm{M}} - U_{\mathrm{L/R}})n_{z} \\ \rho_{\mathrm{L/R}}(U_{\mathrm{L/R}} - S_{\mathrm{L/R}})(U_{\mathrm{L/R}} - S_{\mathrm{M}}) + p_{\mathrm{L/R}} \end{bmatrix} \tag{2.50}$$

HLLC 格式可准确捕捉孤立激波和接触间断,因此对于高超声速黏性流动具有较高的模拟精度。但同其他高分辨率格式类似,HLLC 格式在模拟强激波时也易产生激波稳定性问题。

2.2.3 变量重构和限制器

当在界面 e_{jk} 处计算对流通量时,需要确定界面两侧的变量值 $\pmb{Q}_{\mathrm{L}}$ 和 $\pmb{Q}_{\mathrm{R}}$。若采用 1 阶格式,则可直接取为相应内侧单元的格心值:

$$\pmb{Q}_{\mathrm{L}} = \pmb{Q}_{j}$$
$$\pmb{Q}_{\mathrm{R}} = \pmb{Q}_{k} \tag{2.51}$$

在大多数情况下,1 阶格式无法满足计算精度要求。为了获得空间 2 阶计算精度,一般可采用 MUSCL 方法[37]对单元内变量进行线性重构。以单元 T_j 为例,有

$$q = q_j + \nabla q \mid_j \cdot (\boldsymbol{r} - \boldsymbol{r}_j) \tag{2.52}$$

其中,q 为重构变量,可以选择为原始变量、守恒变量或特征变量;$\boldsymbol{r}$ 为重构点的位置向量;$\boldsymbol{r}_j$ 为单元 T_j 格心处的位置向量;$\nabla q \mid_j$ 为单元 T_j 的变量梯度,$\nabla q \mid_j$ 一般可通过 Green-Gauss 法或最小二乘法进行计算。

对于 Green-Gauss 法,有

$$\nabla q \mid_j = \frac{1}{\mid T_j \mid} \sum_{\forall e_{jk} \in \partial T_j} (\bar{q}_{jk} \mid e_{jk} \mid \boldsymbol{n}_{jk}) \tag{2.53}$$

其中,$\bar{q}_{jk}$ 为界面 e_{jk} 上的变量平均值,一般可采用加权平均法计算,即

$$\bar{q}_{jk} = \frac{\omega_j q_j + \omega_k q_k}{\omega_j + \omega_k} \tag{2.54}$$

其中,$\omega_{j/k} = 1 / \mid \boldsymbol{r}_{jk} - \boldsymbol{r}_{j/k} \mid$,$\boldsymbol{r}_{jk}$ 为界面 e_{jk} 面心处的位置矢量。

对于最小二乘法,有

$$\nabla q \mid_j \cdot (\boldsymbol{r}_k - \boldsymbol{r}_j) = q_k - q_j, \ \forall e_{jk} \in \partial T_j \tag{2.55}$$

采用式(2.55)重构得到的梯度往往受计算网格影响较大,因此在实际计算中一般采用基于距离加权的最小二乘法[38]:

$$\omega_{jk} \ \nabla q \mid_j \cdot (\boldsymbol{r}_k - \boldsymbol{r}_j) = \omega_{jk}(q_k - q_j), \ \forall e_{jk} \in \partial T_j \tag{2.56}$$

其中,$\omega_{jk} = 1 / \mid \boldsymbol{r}_k - \boldsymbol{r}_j \mid$。

在获得单元梯度后,利用式(2.52)即可得到界面左、右两侧的变量值。但在实际计算中,简单的线性重构往往无法保证格式的单调性,一般需要对单元梯度进行一定程度的限制以实现对数值振荡的抑制。

$$q = q_j + \phi_j \ \nabla q \mid_j \cdot (\boldsymbol{r} - \boldsymbol{r}_j) \tag{2.57}$$

其中,ϕ_j 为单元 T_j 的限制器。

对于高超声速流动的数值模拟,限制器是一项极其关键的技术。理想的限制器技术能够在抑制间断区域非物理振荡的同时,保证光滑区域具有足够高的精度。过去数十年中,针对限制器技术开展了大量的研究工作。但由于非线性

守恒方程的高度复杂性,限制器技术的发展远未成熟,目前其仍是高超声速复杂流动数值精确模拟的瓶颈。

限制器概念的引入源于 20 世纪 70~80 年代高分辨数值格式的发展,其基本思想是通过对耗散较高的低阶格式添加"限制的"负耗散以实现数值格式在保证稳定的前提下最大限度地降低耗散水平,提高格式精度。在 Harten[5] 提出 TVD 概念以后,Sweby[39] 通过理论分析将限制器构造技术统一化,建立了经典的 TVD 限制器构造准则,成为目前不同限制器研究的重要理论基础。包括 van Leer、minmod、superbee 及 van Albada 等在内的多种经典限制器[40~43] 均可纳入这一理论框架之下,其间的差异性仅体现在不同的耗散水平及限制函数的光滑性。虽然这一理论框架仅适用于一维条件,但由于结构网格具有天然的维度分解特性,在每一维度上分别应用该限制器技术可有效实现多维流动的稳定准确模拟。因此,TVD 限制器在结构网格数值模拟领域取得了巨大的成功。

对于非结构网格,网格的无序性导致并不存在显著的维度分解方向,一维 TVD 限制器技术无法得以应用,所以需要建立严格的多维限制器技术以保障数值模拟的精度和稳定性。Goodman 和 Leveque[44] 证明,在多维情况下 TVD 格式仅能达到 1 阶精度。同时,Jameson[8] 也展示了在多维情况下 TV 条件无法表征实际的数值振荡水平。因此,TVD 概念并不适用于非结构网格限制器的构造。Spekreijse[45] 通过重新定义单调概念提出了一种多维限制器构造方法。虽然该方法是针对结构网格提出的,但其控制数值振荡的思想可拓展至非结构网格。Barth 和 Jespersen[46]、Venkatakrishnan[47] 分别以该思想为基础提出了不同的多维限制器函数,在非结构网格领域得到了广泛的应用。Hubbard[48]、Park 等[49]、Park 和 Kim[50] 及 Kim[51] 更进一步针对模板选择和限制策略开展了优化工作,建立了 LCD、MLG、MLP 等多种新型多维限制器。

由于结构网格和非结构网格在限制器构造方面存在较大差异,本章分别进行介绍。

1. 结构网格限制器

如前面所述,一维 TVD 限制器发展得较为成熟。由于结构网格易于进行维度分解,长期以来结构网格一般并不直接采用式(2.57)进行多维重构,而是分别在多个维度上采用一维 TVD 限制器进行重构。

考虑一维网格系统,网格单元 T_j 右侧界面值 $q_{j+\frac{1}{2}}^-$ 和左侧界面值 $q_{j-\frac{1}{2}}^+$ 可表示为

$$q^-_{j+\frac{1}{2}} = q_j + \frac{1}{2}\phi(r_j)\Delta_-$$

$$q^+_{j-\frac{1}{2}} = q_j - \frac{1}{2}\phi\left(\frac{1}{r_j}\right)\Delta_+ \qquad (2.58)$$

其中,

$$r_j = \frac{\Delta_+}{\Delta_-}, \ \Delta_- = q_j - q_{j-1}, \ \Delta_+ = q_{j+1} - q_j \qquad (2.59)$$

常用的一维 TVD 限制器有

1) minmod 限制器

$$\phi(r) = \min(1, r) \qquad (2.60)$$

2) van Albada 限制器

$$\phi(r) = \frac{r + r^2}{1 + r^2} \qquad (2.61)$$

3) van Leer 限制器

$$\phi(r) = \frac{2r}{1 + r} \qquad (2.62)$$

4) superbee 限制器

$$\phi(r) = \max\left[\min(2r, 1), \ \min(r, 2)\right] \qquad (2.63)$$

上述 4 种限制器的限制曲线如图 2.1 所示。其中,minmod 限制器耗散性最大;superbee 限制器耗散最小;van Albada 限制器和 van Leer 限制器耗散居中。在高超声速计算中,由于流场存在较强的激波、接触间断等强梯度区域,一般选择耗散相对较高的限制器以保证数值计算的稳定性。

2. 非结构网格限制器

TVD 限制器在多维条件下不再有效,因此非结构网格限制器一般基于极值原理构造以保证数值稳定性。在非结构网格中得到广泛应用的限制器有 Barth 限制器和 Venkatakrishnan 限制器。

1) Barth 限制器

在单元 T_j 内定义

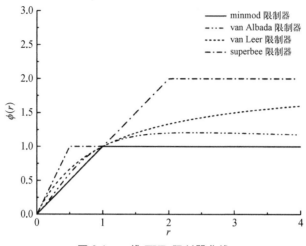

图 2.1 一维 TVD 限制器曲线

$$\phi_j = \min_{\forall\, e_{jk} \in \partial T_j} (\phi_{jk}) \tag{2.64}$$

其中,

$$\phi_{jk} = \min(1, r_{jk}) \tag{2.65}$$

$$r_{jk} = \frac{\Delta_+}{\Delta_-}, \ \Delta_- = \nabla q\,|_j \cdot (r_{jk} - r_j),\ \Delta_+ = \begin{cases} q_j^{\max} - q_j, & \Delta_- > 0 \\ q_j^{\min} - q_j, & \Delta_- < 0 \end{cases} \tag{2.66}$$

单元 T_j 内局部极值定义为

$$q_j^{\max} = \max_{\forall\, e_{jk} \in \partial T_j} (q_j, q_k) \tag{2.67}$$

$$q_j^{\min} = \min_{\forall\, e_{jk} \in \partial T_j} (q_j, q_k)$$

2）Venkatakrishnan 限制器

Barth 限制器使用最大函数和最小函数严格保证了在变量重构过程中局部不会产生新的极值。但由于最大函数和最小函数光滑性较差,在实际应用中对于非线性较为严重的问题,计算残差在下降 1~2 个数量级后会趋于停滞。为改进 Barth 限制器的不足,Venkatakrishnan 提出了新的可微函数以取代式(2.65):

$$\phi_{jk} = \frac{r_{jk}^2 + 2r_{jk}}{r_{jk}^2 + r_{jk} + 2} = \frac{\Delta_+^2 + 2\Delta_- \Delta_+}{\Delta_+^2 + 2\Delta_-^2 + \Delta_- \Delta_+} \tag{2.68}$$

在实际应用中,为改善近常值区域的收敛性,可将式(2.68)进行进一步修正为

$$\phi_{jk} = \frac{\Delta_+^2 + 2\Delta_- \Delta_+ + \varepsilon^2}{\Delta_+^2 + 2\Delta_-^2 + \Delta_- \Delta_+ + \varepsilon^2} \tag{2.69}$$

参数 ε 取为

$$\varepsilon^2 = (K\bar{\Delta})^3 \tag{2.70}$$

其中,$\bar{\Delta}$ 为当地网格的平均尺度;K 为限制器激活区域控制因子。对于高超声速流动一般取 $K = 0.1 \sim 0.3$。

2.2.4 黏性通量计算

在计算空气动力学的发展历程中,对流格式一直处于核心发展地位,而针对黏性通量离散的耗散格式长期以来并未得到足够的重视。近年来,随着精细化数值模拟需求(气动加热、摩擦阻力及分离流高精度模拟)的不断提升,耗散格式逐渐成为重要的研究方向。

在传统数值模拟框架内,构造耗散格式的核心在于确定通量积分界面处的流动梯度。由于黏性项天然的椭圆特性,耗散格式构造需要满足离散极值原理以避免"奇偶失联"及数值稳定性问题[52,53]。对于结构网格,由于其规则的方向特性,一般可基于当地计算坐标系直接采用中心格式计算界面梯度[54]。而对于非结构网格,由于计算网格的无序性,中心型耗散格式难以应用,常用的处理方法是借鉴结构网格中的"薄层"简化思想[55],将界面梯度沿主方向和次方向进行分解,对不同方向的梯度采用不同方法进行计算[56-62]。

与传统耗散格式构造方法不同,Nishikawa[63]基于一维双曲系统提出了一类新型耗散格式——alpha-damping 格式,并证明了包括 Edge-Normal 格式和 Face-Tangent 格式的多种耗散格式均可等价或近似等价于具有不同高频阻尼的 alpha-damping 格式。

这里给出几种计算界面梯度的常用耗散格式。

1) 单元平均格式

$$\nabla q \mid_{jk} = \overline{\nabla q} \mid_{jk} = \frac{\nabla q \mid_j + \nabla q \mid_k}{2} \tag{2.71}$$

2）Edge-Normal 格式[58]

$$\nabla q \mid_{jk} = \overline{\nabla q} \mid_{jk} + \left[-\left(\overline{\nabla q} \mid_{jk} \cdot \boldsymbol{e}_{jk} \right) + \frac{q_k - q_j}{\mid l_{jk} \mid} \right] \boldsymbol{e}_{jk} \tag{2.72}$$

其中，$\boldsymbol{l}_{jk} = \boldsymbol{r}_k - \boldsymbol{r}_j$；$\boldsymbol{e}_{jk} = \boldsymbol{l}_{jk} / \mid l_{jk} \mid$。

3）Face-Tangent 格式[59]

$$\nabla q \mid_{jk} = \overline{\nabla q} \mid_{jk} + \frac{1}{\boldsymbol{n}_{jk} \cdot \boldsymbol{e}_{jk}} \left[\left(- \overline{\nabla q} \mid_{jk} \cdot \boldsymbol{e}_{jk} \right) + \frac{\varphi_k - \varphi_j}{\mid l_{jk} \mid} \right] \boldsymbol{n}_{jk} \tag{2.73}$$

4）alpha-damping 格式[63]

$$\nabla q \mid_{jk} = \overline{\nabla q} \mid_{jk} + \frac{\alpha_D}{\boldsymbol{n}_{jk} \cdot \boldsymbol{e}_{jk}} \left[q_{jk}^{\mathrm{R}} - q_{jk}^{\mathrm{L}} \right] \boldsymbol{n}_{jk} \tag{2.74}$$

其中，q_{jk}^{L} 和 q_{jk}^{R} 分别为界面 e_{jk} 左右两侧通过式（2.52）重构获得的变量值；α_D 为高频阻尼因子，对于传统有限体积法，可取 $\alpha_D = 4/3$。

在实际应用中，单元平均格式虽然构造简单，符合黏性项的耗散本质，但在数值计算中易出现奇偶失联现象，因此 Edge-Normal 格式和 Face-Tangent 格式得到了更为广泛的应用。相比较而言，对于存在较大扭曲的计算网格，Face-Tangent 格式具有更好的数值稳定性[62]。新近提出的 alpha-damping 格式目前应用相对较少，但已有的针对不同耗散格式的数值试验表明，其具有较好的计算精度和数值稳定性[64]。

2.2.5　时间推进求解

记网格单元 T_j 的残差为

$$\boldsymbol{R}_j = - \left[\sum_{\forall e_{jk} \in \partial T_j} \left(\hat{\boldsymbol{F}} \mid e_{jk} \mid \right) - \sum_{\forall e_{jk} \in \partial T_j} \left(\hat{\boldsymbol{G}} \mid e_{jk} \mid \right) \right] \tag{2.75}$$

则式（2.10）可写为

$$\mid T_j \mid \frac{\partial \boldsymbol{Q}_j}{\partial t} = \boldsymbol{R}_j \tag{2.76}$$

式（2.76）可采用不同的时间推进方法进行求解。根据待求解变量的耦合关系可将时间推进方法分为显式方法和隐式方法。

1. 显式方法

在显式方法中,当前单元待求解变量仅与上一时刻已知变量相关,每一单元变量可进行独立求解。显式方法以多步 Runge-Kutta 方法为代表[7,65],其优点是,计算量和存储量较小、程序实现简单、可以构造较高的时间精度。其缺点是,时间步长受稳定性条件限制无法增大,从而导致计算时间过长、效率不高。

最简单的显式方法为 Euler 后差方法。其采用 1 阶后向差分离散时间项,时间精度为 1 阶。

$$\mid T_j \mid \frac{\Delta \boldsymbol{Q}_j^n}{\Delta t} = \boldsymbol{R}_j^n \tag{2.77}$$

其中, $\Delta \boldsymbol{Q}_j^n = \boldsymbol{Q}_j^{n+1} - \boldsymbol{Q}_j^n$,上标 n 代表上一时刻(已知量); Δt 为时间步长。

为提高时间精度,可采用多步 Runge-Kutta 方法,这里给出较为常用的两种具有 TVD 性质的 Runge-Kutta 方法[65]。

1) 时间 2 阶精度 Runge-Kutta 方法

$$\begin{aligned}
\boldsymbol{Q}^0 &= \boldsymbol{Q}^n \\
\boldsymbol{Q}^1 &= \boldsymbol{Q}^0 + \Delta t \boldsymbol{R}(\boldsymbol{Q}^0) \\
\boldsymbol{Q}^{n+1} &= \frac{1}{2}\boldsymbol{Q}^0 + \frac{1}{2}\boldsymbol{Q}^1 + \frac{1}{2}\Delta t \boldsymbol{R}(\boldsymbol{Q}^1)
\end{aligned} \tag{2.78}$$

2) 时间 3 阶精度 Runge-Kutta 方法

$$\begin{aligned}
\boldsymbol{Q}^0 &= \boldsymbol{Q}^n \\
\boldsymbol{Q}^1 &= \boldsymbol{Q}^0 + \Delta t \boldsymbol{R}(\boldsymbol{Q}^0) \\
\boldsymbol{Q}^2 &= \frac{3}{4}\boldsymbol{Q}^0 + \frac{1}{4}\boldsymbol{Q}^1 + \frac{1}{4}\Delta t \boldsymbol{R}(\boldsymbol{Q}^1) \\
\boldsymbol{Q}^{n+1} &= \frac{1}{3}\boldsymbol{Q}^0 + \frac{2}{3}\boldsymbol{Q}^2 + \frac{2}{3}\Delta t \boldsymbol{R}(\boldsymbol{Q}^2)
\end{aligned} \tag{2.79}$$

2. 隐式方法

与显式方法不同,在隐式方法中,当前单元待求解变量不仅与上一时刻已知变量相关,还与其他单元待求解变量相关,所有单元待求解变量必须联立进行求解。由于增强了不同单元的耦合关系,隐式方法的时间步长可以取得较大,数值稳定性有所改善,具有更高的计算效率。其缺点是在求解过程中需要计算各存储单元隐式雅可比矩阵及求解联立的线性方程组,因此单步计算量及存储量均有较大增加。在解决复杂工程问题的应用中,隐式方法具有显著的计算效率优势,因此得到了广泛的应用。目前,常用的隐式方法主要有 LU-SGS 方法[66] 及 Newton-Krylov 方法[67-69]。

1) LU-SGS 方法

对于式(2.76),左端时间项采用 1 阶 Euler 后差离散,右端残差 $\boldsymbol{R}_j$ 取为 $n+1$ 时间层,可得

$$| T_j | \frac{\Delta \boldsymbol{Q}_j^n}{\Delta t} = \boldsymbol{R}_j^{n+1} \tag{2.80}$$

将式(2.80)对所有网格单元联立,可写为矩阵形式:

$$\left(\frac{| T |}{\Delta t} \boldsymbol{I} \right) \Delta \boldsymbol{Q}^n = \boldsymbol{R}^{n+1} \tag{2.81}$$

其中,$\boldsymbol{I}$ 为单位矩阵。

将右端项在 n 时间层进行 1 阶 Taylor 展开为

$$\boldsymbol{R}^{n+1} \approx \boldsymbol{R}^n + \left(\frac{\partial \boldsymbol{R}}{\partial \boldsymbol{Q}} \right)^n \Delta \boldsymbol{Q}^n \tag{2.82}$$

式(2.82)代入式(2.81),整理可得

$$\left[\frac{| T |}{\Delta t} \boldsymbol{I} - \left(\frac{\partial \boldsymbol{R}}{\partial \boldsymbol{Q}} \right)^n \right] \Delta \boldsymbol{Q}^n = \boldsymbol{R}^n \tag{2.83}$$

记

$$\boldsymbol{A} = \frac{| T |}{\Delta t} \boldsymbol{I} - \left(\frac{\partial \boldsymbol{R}}{\partial \boldsymbol{Q}} \right)^n \tag{2.84}$$

则式(2.83)可写为标准线性方程组,即

$$\boldsymbol{A} \Delta \boldsymbol{Q}^n = \boldsymbol{R}^n \tag{2.85}$$

LU-SGS 方法采用近似 LU 分解方法求解式(2.85)。首先将系数矩阵 $\boldsymbol{A}$ 分解为对角矩阵 $\boldsymbol{D}$、下三角矩阵 $\boldsymbol{L}$ 和上三角矩阵 $\boldsymbol{U}$,即

$$(\boldsymbol{L} + \boldsymbol{D} + \boldsymbol{U}) \Delta \boldsymbol{Q}^n = \boldsymbol{R}^n \tag{2.86}$$

由近似 LU 分解可得

$$(\boldsymbol{D} + \boldsymbol{L}) \boldsymbol{D}^{-1} (\boldsymbol{D} + \boldsymbol{U}) \Delta \boldsymbol{Q}^n = \boldsymbol{R}^n \tag{2.87}$$

这样原方程可由下述两步格式进行求解。

$$\begin{cases} \Delta \boldsymbol{Q}^* = -\boldsymbol{D}^{-1}\boldsymbol{L}\Delta \boldsymbol{Q}^* + \boldsymbol{D}^{-1}\boldsymbol{R}^n \\ \Delta \boldsymbol{Q}^n = -\boldsymbol{D}^{-1}\boldsymbol{U}\Delta \boldsymbol{Q}^n + \Delta \boldsymbol{Q}^* \end{cases} \tag{2.88}$$

在实际计算过程中,为提高计算效率及保证线性方程组系数矩阵严格对角占优,一般对 $\boldsymbol{A}$ 进行近似求解。忽略黏性项的影响,对流通量计算采用基于最大特征值分裂的 1 阶精度对流格式:

$$\boldsymbol{R}_j^n \approx -\sum_{\forall e_{jk} \in \partial T_j} \widehat{\boldsymbol{F}}_{jk} \mid e_{jk} \mid \tag{2.89}$$

$$\widehat{\boldsymbol{F}}_{jk} = \widehat{\boldsymbol{F}}_{jk}^+ + \widehat{\boldsymbol{F}}_{jk}^- = \frac{1}{2}\big[\hat{\boldsymbol{F}}(\boldsymbol{Q}_j,\ \boldsymbol{n}_{jk}) + \lambda_{jk}^j \boldsymbol{Q}_j\big] + \frac{1}{2}\big[\hat{\boldsymbol{F}}(\boldsymbol{Q}_k,\ \boldsymbol{n}_{jk}) - \lambda_{jk}^k \boldsymbol{Q}_k\big]$$

$$\tag{2.90}$$

$$\lambda_{jk}^{j/k} = \mid \boldsymbol{V}_{j/k} \cdot \boldsymbol{n}_{jk} \mid + c_{j/k} \tag{2.91}$$

为提高黏性计算的数值稳定性,可对特征值进行黏性隐式修正为

$$\lambda_{jk}^{j/k} = \mid \boldsymbol{V}_{j/k} \cdot \boldsymbol{n}_{jk} \mid + c_{j/k} + \frac{1}{\mid \boldsymbol{n}_{jk} \cdot (\boldsymbol{r}_k - \boldsymbol{r}_j) \mid} \frac{2\mu_{j/k}}{\rho_{j/k}} \tag{2.92}$$

对于网格单元 T_j, 将式(2.89)代入式(2.83)可得

$$\mid T_j \mid \frac{\Delta \boldsymbol{Q}_j^n}{\Delta t} + \sum_{\forall e_{jk} \in \partial T_j} \left(\frac{\partial \widehat{\boldsymbol{F}}_{jk}}{\partial \boldsymbol{Q}_j} \Delta \boldsymbol{Q}_j^n + \frac{\partial \widehat{\boldsymbol{F}}_{jk}}{\partial \boldsymbol{Q}_k} \Delta \boldsymbol{Q}_k^n \right) \mid e_{jk} \mid = \boldsymbol{R}_j^n \tag{2.93}$$

对于采用的近似对流格式,式(2.90)有

$$\frac{\partial \widehat{\boldsymbol{F}}}{\partial \boldsymbol{Q}_j} = \frac{1}{2}\left[\frac{\partial \hat{\boldsymbol{F}}(\boldsymbol{Q}_j,\ \boldsymbol{n}_{jk})}{\partial \boldsymbol{Q}_j} + \lambda_{jk}^j \boldsymbol{I}\right] = \frac{1}{2}(\boldsymbol{J}_{jk}^j + \lambda_{jk}^j \boldsymbol{I})$$

$$\frac{\partial \widehat{\boldsymbol{F}}}{\partial \boldsymbol{Q}_k} = \frac{1}{2}\left[\frac{\partial \hat{\boldsymbol{F}}(\boldsymbol{Q}_k,\ \boldsymbol{n}_{jk})}{\partial \boldsymbol{Q}_k} - \lambda_{jk}^k \boldsymbol{I}\right] = \frac{1}{2}(\boldsymbol{J}_{jk}^k - \lambda_{jk}^k \boldsymbol{I}) \tag{2.94}$$

其中, $\boldsymbol{J}_{jk}^{j/k} = \boldsymbol{J}(\boldsymbol{Q}_{j/k},\ \boldsymbol{n}_{jk})$。 将式(2.94)代入式(2.93)可得

$$\left\{ \frac{\mid T_j \mid}{\Delta t} + \frac{1}{2}\sum_{\forall e_{jk} \in \partial T_j} \big[(\boldsymbol{J}_{jk}^j + \lambda_{jk}^j) \mid e_{jk} \mid\big] \right\} \Delta \boldsymbol{Q}_j^n$$

$$+ \frac{1}{2}\sum_{\forall e_{jk} \in \partial T_j} \big[(\boldsymbol{J}_{jk}^k - \lambda_{jk}^k) \mid e_{jk} \mid \Delta \boldsymbol{Q}_k^n\big] = \boldsymbol{R}_j^n \tag{2.95}$$

由于单元 T_j 为一封闭几何体,有

$$\sum_{\forall e_{jk} \in \partial T_j} (\boldsymbol{J}_{jk}^j \mid e_{jk} \mid) = 0 \tag{2.96}$$

所以可得

$$\left[\frac{\mid T_j \mid}{\Delta t} + \frac{1}{2} \sum_{\forall e_{jk} \in \partial T_j} (\lambda_{jk}^j \mid e_{jk} \mid) \right] \Delta \boldsymbol{Q}_j^n + \frac{1}{2} \sum_{\forall e_{jk} \in \partial T_j} \left[(\boldsymbol{J}_{jk}^k - \lambda_{jk}^k) \mid e_{jk} \mid \Delta \boldsymbol{Q}_k^n \right] = \boldsymbol{R}_j^n \tag{2.97}$$

因此式(2.88)中各矩阵的分量形式为

$$
\begin{aligned}
D_{j,j} &= \frac{\mid T_j \mid}{\Delta t} + \frac{1}{2} \sum_{\forall e_{jk} \in \partial T_j} (\lambda_{jk}^j \mid e_{jk} \mid) \\
L_{j,k} &= \begin{cases} (\boldsymbol{J}_{jk}^k - \lambda_{jk}^k) \mid e_{jk} \mid, & T_k \in S_j^{\mathrm{L}} \\ 0, & T_k \notin S_j^{\mathrm{L}} \end{cases} \\
U_{j,k} &= \begin{cases} (\boldsymbol{J}_{jk}^k - \lambda_{jk}^k) \mid e_{jk} \mid, & T_k \in S_j^{\mathrm{U}} \\ 0, & T_k \notin S_j^{\mathrm{U}} \end{cases}
\end{aligned} \tag{2.98}
$$

其中,S_j^{L} 代表单元 T_j 相邻单元中所有编号小于 j 的单元集合;S_j^{U} 代表单元 T_j 相邻单元中所有编号大于 j 的单元集合。

需要强调的是,式(2.89)所采用的简化仅用于方程式(2.85)左端项隐式化的处理,因此对于空间离散精度并无影响。由式(2.98)可以看到,在采用上述简化后,对角矩阵 $\boldsymbol{D}$ 的每一分量均为标量形式,因此极大地降低了存储需求,同时显著减少了式(2.88)中矩阵求逆的计算时间。

2) Newton-Krylov 方法

LU-SGS 方法具有存储量小、单步计算时间少及系数矩阵严格对角占优等优点,在高超声速复杂外形数值模拟中得到了广泛的应用。但其采用近似方法计算隐式化矩阵,同时近似 LU 分解仅等同于 1 次对称 Gauss-Sediel 迭代,因此该方法收敛速度较慢。

为提高收敛速度,可以采用 Krylov 子空间方法对线性方程组式(2.85)进行迭代求解。不同于 Jacobi、Gauss-Sediel、SOR 等古典迭代法,Krylov 子空间方法通过在 m 维 Krylov 子空间 $K_m(\boldsymbol{A}, \boldsymbol{r}_0)$ 内搜索最佳向量以逼近真实解。

Krylov 子空间 $K_m(\boldsymbol{A}, \boldsymbol{r}_0)$ 定义为

$$\mathrm{K}_m(\boldsymbol{A},\,\boldsymbol{r}_0)=\mathrm{span}\{\boldsymbol{r}_0,\,\boldsymbol{A}\boldsymbol{r}_0,\,\boldsymbol{A}^2\boldsymbol{r}_0,\,\cdots,\,\boldsymbol{A}^{m-1}\boldsymbol{r}_0\} \tag{2.99}$$

其中，$\boldsymbol{r}_0=\boldsymbol{R}^n-\boldsymbol{A}\Delta\boldsymbol{Q}_0^n$，$\Delta\boldsymbol{Q}_0^n$ 为 $\Delta\boldsymbol{Q}^n$ 的迭代初始值。线性方程组式(2.85)的解可表示为

$$\Delta\boldsymbol{Q}^n=\boldsymbol{A}^{-1}\boldsymbol{R}^n\approx\Delta\boldsymbol{Q}_0^n+q_{m-1}(\boldsymbol{A})\boldsymbol{R}^n \tag{2.100}$$

其中，q_{m-1} 是 $m-1$ 阶多项式函数。

为确定 q_{m-1} 的具体形式，可采用不同的构造方法，目前得到广泛应用的是 GMRES 方法[70]。该方法对于具有非对称、非正定系数矩阵的线性系统具有较好的求解能力。图 2.2 给出了该方法的计算流程。

在 GMRES 方法迭代过程中需要计算矩阵向量积 $\boldsymbol{A}\boldsymbol{v}_j$。

$$
\begin{aligned}
\boldsymbol{A}\boldsymbol{v}_j &= \left[\frac{|T|}{\Delta t}\boldsymbol{I}-\left(\frac{\partial\boldsymbol{R}}{\partial\boldsymbol{Q}}\right)^n\right]\boldsymbol{v}_j \\
&= \frac{|T|}{\Delta t}\boldsymbol{v}_j-\left(\frac{\partial\boldsymbol{R}}{\partial\boldsymbol{Q}}\right)^n\boldsymbol{v}_j
\end{aligned}
\tag{2.101}
$$

$$
\begin{aligned}
&\boldsymbol{r}_0=\boldsymbol{R}^n-\boldsymbol{A}\Delta\boldsymbol{Q}_0^n \\
&\beta=\|\boldsymbol{r}_0\|_2 \\
&\boldsymbol{v}_1=\boldsymbol{r}_0/\beta \\
&\bar{\boldsymbol{H}}_m=\{h_{i,j}\}_{1\leqslant i\leqslant m+1,\,1\leqslant j\leqslant m}=\boldsymbol{0} \\
&\text{For } j=1,\,m\ \text{Do} \\
&\quad \omega_j=\boldsymbol{A}\boldsymbol{v}_j \\
&\quad \text{For } i=1,\,j\ \text{Do} \\
&\qquad h_{i,j}=\omega_j\cdot\boldsymbol{v}_i \\
&\qquad \omega_j=\omega_j-h_{i,j}\boldsymbol{v}_i \\
&\quad \text{End}\ \ \text{Do} \\
&\quad h_{j+1,j}=\|\omega_j\|_2 \\
&\quad \boldsymbol{v}_{j+1}=\omega_j/h_{j+1,j} \\
&\text{End}\ \ \text{Do} \\
&\boldsymbol{y}_m=\{y_j\}_{1\leqslant j\leqslant m}=\min_{\boldsymbol{y}\in\mathbf{R}^m}\|\beta\boldsymbol{e}_1-\bar{\boldsymbol{H}}_m\boldsymbol{y}\|_2 \\
&\Delta\boldsymbol{Q}^n=\Delta\boldsymbol{Q}_0^n+\sum_{j=1,\,m}y_j\boldsymbol{v}_j
\end{aligned}
$$

图 2.2　GMRES 方法计算流程

在实际应用中，为避免存储残差雅可比矩阵 $\left(\dfrac{\partial\boldsymbol{R}}{\partial\boldsymbol{Q}}\right)^n$，可采用 Jacobian-Free 方法[68,69]以大幅节省内存开销：

$$\left(\frac{\partial\boldsymbol{R}}{\partial\boldsymbol{Q}}\right)^n\boldsymbol{v}_j=\frac{\boldsymbol{R}(\boldsymbol{Q}^n+\varepsilon\boldsymbol{v}_j)-\boldsymbol{R}(\boldsymbol{Q}^n)}{\varepsilon} \tag{2.102}$$

其中，ε 为接近于机器零的小量。

GMRES 方法迭代的收敛特性十分依赖系数矩阵 $\boldsymbol{A}$。为保证收敛效率，一般需要采用预处理技术降低矩阵 $\boldsymbol{A}$ 的条件数。在式(2.85)左端和右端同时乘以矩阵 $\boldsymbol{P}^{-1}$ 可得新的线性系统：

$$\hat{\boldsymbol{A}}\Delta\boldsymbol{Q}^n=\hat{\boldsymbol{R}}^n \tag{2.103}$$

其中，$\hat{\boldsymbol{A}}=\boldsymbol{P}^{-1}\boldsymbol{A}$；$\hat{\boldsymbol{R}}^n=\boldsymbol{P}^{-1}\boldsymbol{R}^n$。理想的预处理矩阵为 $\boldsymbol{P}=\boldsymbol{A}$。在实际计算过程

中,为避免矩阵求逆,可采用不同近似方法计算预处理矩阵。目前,常用的方法主要包括迭代法和矩阵近似分解法。

对于迭代法,可采用不同的迭代技术进行预处理。以 LU-SGS 预处理方法[67]为例,其预处理矩阵取为

$$P = (D + L) D^{-1} (D + U) \tag{2.104}$$

对于矩阵近似分解法,一般可采用 ILU 方法获得矩阵 A 不同程度的近似。由于该类预处理技术比较依赖实际应用问题,限于篇幅,这里不再详细介绍,感兴趣的读者可参考线性矩阵求解的相关资料[71,72]。

3) 非定常计算

显式方法一般具有较高的时间精度,因此可直接应用于非定常计算。而隐式方法涉及残差雅可比矩阵的近似计算,其时间精度往往不足 1 阶,因此无法满足非定常计算的精度要求。将隐式时间推进拓展到非定常计算最常用的方法是 Jameson[73] 提出的双时间步(dual time step)方法。双时间步方法通过在控制方程中引入虚拟时间导数项,从而可以充分利用针对定常计算所发展的各类方法,提高非定常计算的效率。

引入虚拟时间导数项,并将物理时间导数项采用 2 阶后向差分离散可得

$$| T_j | \frac{Q_j^{m+1} - Q_j^m}{\Delta \tau} + | T_j | \frac{3 Q_j^{m+1} - 4 Q_j^n + Q_j^{n-1}}{2\Delta t} = R_j^{m+1} \tag{2.105}$$

其中,$\Delta \tau$ 为虚拟时间步长;上标 m 表示虚拟迭代时刻。采用与定常计算相同的技术,可以获得如下的线性方程组:

$$A \Delta Q^m = \hat{R}^m \tag{2.106}$$

其中,

$$A = \left(\frac{| T |}{\Delta \tau} + \frac{3 | T |}{2\Delta t} \right) I + \left(\frac{\partial R}{\partial Q} \right)^m \tag{2.107}$$

$$\hat{R}^m = R^m - | T | \frac{3 Q^m - 4 Q^n + Q^{n-1}}{2\Delta t} \tag{2.108}$$

式(2.106)可以采用前述的 LU-SGS 方法或 Newton-Krylov 方法进行求解。当方程式(2.105)收敛时,虚拟时间的收敛解即为下一物理时间步长的解。

$$Q^{n+1} = Q^{m+1}_{m \to \infty} \tag{2.109}$$

4）时间步长

在求解定常流动问题时，可以采用当地时间步长技术，以加速定常解的收敛。对于单元 T_j，可取当地时间步长为

$$\Delta t_j = \text{CFL} \cdot \frac{|T_j|}{\sum_{\forall e_{jk} \in \partial T_j} (\lambda^j_{jk} | e_{jk} |)} \tag{2.110}$$

其中，CFL 表示稳定条件数。对于显式方法一般要求 CFL < 1；对于隐式方法可取较大的 CFL 值。

在求解非定常流动问题时，时间步长可根据物理问题自由设定，但其值应不大于所有网格中当地时间步长的最小值，即

$$\Delta t \leqslant \min_{\cup T_j} (\Delta t_j) \tag{2.111}$$

2.2.6　边界条件

正确的计算流体动力学（computational fluid dynamics，CFD）求解需要恰当和合乎物理的边界条件。边界条件不能随意给定，要求在数学上满足适定性，在物理上具有明确的意义，如果处理不当，往往导致数值振荡甚至发散，同时边界条件的处理对流场精度有非常重要的影响。

高超声速飞行器数值模拟中重要的边界条件主要包括远场边界条件和壁面边界条件。对于边界面 e_{jk}，定义 n_{jk} 为其外法线方向，下面给出不同边界的处理方法。

1. 远场边界条件

远场边界条件一般采用基于局部一维黎曼不变量的无反射边界条件。根据特征理论，当地出射和入射黎曼不变量分别为

$$
\begin{aligned}
R^+ &= U_j + \frac{2c_j}{\gamma - 1} \\
R^- &= U_\infty - \frac{2c_\infty}{\gamma - 1}
\end{aligned}
\tag{2.112}
$$

其中，$U_{j/\infty} = V_{j/\infty} \cdot n_{jk}$；下标 ∞ 表示自由来流。边界面处外法向速度、声速及马赫数可通过以下方式获得。

$$U_f = \frac{R^+ + R^-}{2}$$

$$c_f = \frac{\gamma - 1}{4}(R^+ - R^-) \tag{2.113}$$

$$M_f = \frac{U_f}{c_f}$$

对于超声速入流边界（$U_f < 0, |M_f| > 1$），边界面变量值取自由来流值，即

$$\boldsymbol{Q}_f = \boldsymbol{Q}_\infty \tag{2.114}$$

对于超声速出流边界（$U_f \geqslant 0, |M_f| > 1$），边界面变量值取左侧网格单元值，即

$$\boldsymbol{Q}_f = \boldsymbol{Q}_j \tag{2.115}$$

对于亚声速边界（$|M_f| \leqslant 1$），边界面速度分量通过切向和法向速度的分解得到，密度和压力则通过熵条件得到为

$$\begin{aligned}
\rho_f &= \left(\frac{c_f^2}{\gamma s_{ref}}\right)^{\frac{1}{\gamma-1}} \\
u_f &= u_{ref} + n_x(U_f - U_{ref}) \\
v_f &= v_{ref} + n_y(U_f - U_{ref}) \\
w_f &= w_{ref} + n_z(U_f - U_{ref}) \\
p_f &= \frac{\rho_f c_f^2}{\gamma}
\end{aligned} \tag{2.116}$$

其中，下标 ref 表示用于计算的参考值。对于亚声速入流边界（$U_f < 0$），参考值取边界外部的值，即 ref $= \infty$；对于亚声速出流边界（$U_f \geqslant 0$），参考值取边界内部的值，即 ref $= j$。

熵则通过式（2.117）计算为

$$s = \frac{p}{\rho^\gamma} \tag{2.117}$$

2. 壁面边界条件

对于黏性连续流，壁面一般采用无滑移边界条件。

$$V_f = 0 \tag{2.118}$$

在绝热条件下,壁面温度满足法向梯度为 0。

$$\frac{\partial T}{\partial n} = 0 \tag{2.119}$$

当采用等温壁时,壁面温度直接给定为

$$T_f = T_{wall} \tag{2.120}$$

根据边界层理论,壁面压力一般满足法向梯度为 0。

$$\frac{\partial p}{\partial n} = 0 \tag{2.121}$$

当气体较稀薄,流动区域出现滑移流区时,连续介质方程仍可使用,但需要考虑物面处和间断处的速度滑移和温度跳跃现象。通过应用滑移壁面边界条件,可以有效地扩展连续流数值模拟的应用范围。

采用经典的 Maxwell 滑移边界条件:

$$U^t = \frac{2 - \sigma}{\sigma} \Lambda_f \left(\frac{\partial U^t}{\partial n} \right)_f \tag{2.122}$$

其中, U^t 为边界处流体的切向速度; Λ_f 为边界处分子的平均自由程; $\frac{\partial U^t}{\partial n}$ 为切向速度的法向梯度; σ 为切向动量适应系数,一般取 1。分子的平均自由程 Λ 定义为

$$\Lambda = \frac{\mu}{\rho} \sqrt{\frac{\pi}{2RT}} \tag{2.123}$$

对于等温壁面的黏性滑移边界,其边界处温度跳跃为

$$T_f - T_{wall} = \frac{15}{8} \frac{2 - \alpha}{\alpha} \Lambda_f \left(\frac{\partial T}{\partial n} \right)_f \tag{2.124}$$

其中, α 为热适应系数,通常取 1。

2.3　湍流模型

临近空间高超声速飞行器在中低空飞行时,飞行器流场一般处于湍流状态。

目前,对于湍流流动的数值模拟主要有三类方法:直接数值模拟(direct numerical simulation,DNS)模拟、大涡模拟(large eddy simulation,LES)和雷诺平均 N-S(Reynolds averaged Navier-Stokes,RANS)方程方法。DNS 模拟不用湍流模型可以直接求解三维非定常 N-S 方程,是研究湍流机理的有效手段,但现有计算资源尚不能满足高雷诺数模拟需要;LES 模拟基于湍动能传输机制,直接计算大尺度涡的运动,小尺度涡运动对大尺度涡的影响则通过建立模型体现,计算量较大,但比 DNS 小,比 RANS 计算更精确。DNS 方法和 LES 方法目前仅适用于空间尺度较小的中低雷诺数问题。RANS 方法根据理论、实验和 DNS 结果,对雷诺应力做出各种假设,通过建立湍流模型以模化湍流脉动对平均流动的影响,从而使湍流雷诺平均方程封闭,并大大降低计算需求,在复杂工程问题中得到了广泛的应用。本章主要介绍基于 RANS 方法的湍流模拟技术。

根据建模方式的不同,基于 RANS 方法的湍流模型一般可分为涡黏性模型(eddy viscosity model,EVM)和雷诺应力模型(Reynolds stress model,RSM)。

1. 涡黏性模型

涡黏性系数的概念由 Boussinesq 在 1877 年首次提出,用以假设平均流动与雷诺应力的本构关系。根据雷诺应力本构关系的不同,涡黏性模型又可分为线性涡黏性模型(linear eddy viscosity model,LEVM)和非线性涡黏性模型(non-linear eddy viscosity model,NLEVM)。

对于线性涡黏性模型,假设雷诺应力张量与平均应变率张量线性相关。在不同模型中,涡黏性系数通过附加的湍流变量(湍动能 k、耗散率 ε 和比耗散率 ω 等)进行模化。根据附加湍流变量的数量不同,常用的涡黏性模型可分为零方程模型、一方程模型和两方程模型。

零方程模型又称为代数模型,该类模型无须引入附加湍流变量,雷诺应力完全由当地平均流动参数的代数关系决定。常用的零方程模型包括 Cebeci-Smith (C-S)[74]模型和 Baldwin-Lomax(B-L)[75]模型。两种模型均是基于混合长度理论的两层模型,在内层和外层分别计算长度尺度。从理论上来说,零方程模型仅适用于经典湍流边界层的模拟,并不适用于分离流动及强干扰流动。

一方程模型通过求解 1 个附加的湍流变量微分方程获得涡黏性系数。常用的一方程模型包括 Baldwin-Barth(B-B)[76]模型和 Spalart-Allmaras(S-A)模型[77]。B-B 模型通过简化两方程 k-ε 模型得到,S-A 模型则是根据经验和量纲关系建立。相比较而言,S-A 模型对于附着边界层流动能够给出更好的计算结果,因此得到了更为广泛的应用。

两方程模型一般首先建立湍流脉动速度的输运方程。通过考虑湍流脉动的长度或时间尺度可建立附加方程,进而实现湍流模型的封闭。与零方程模型和一方程模型相比,两方程模型包含的湍流信息更为丰富。具有代表性的两方程模型有 k-ε 模型[78]和 k-ω 模型[79]。k-ε 模型通过求解湍动能 k 和耗散率 ε 的输运方程实现当地湍流长度尺度的模拟。该模型对于剪切流动具有较高的模拟精度,但对于壁面湍流,一般需要设计合理的计算网格及壁面函数以克服数值奇点问题。不同于 k-ε 模型,Kolmogorov 于 1942 年提出可通过湍动能 k 和比耗散率 ω 建立两方程模型,Wilcox[79]对其进行了持续的发展和完善。该类模型在壁面处不需引入壁面函数,因此具有较好的计算精度和数值稳定性。为综合 k-ε 模型的剪切流动模拟能力和 k-ω 模型的近壁流动模拟能力,Menter[80]发展了剪切应力输运(shear stress transport,SST)模型。该模型仍然以 k 和 ω 作为求解变量。在近壁处采用 Wilcox 的 k-ω 模型,在边界层边缘和剪切层采用变换为 k-ω 形式的 k-ε 模型,并通过混合函数实现两种模型的光滑过渡。该模型对于近壁湍流及剪切层均具有较高的模拟精度,因此在超声速、高超声速复杂流动湍流模拟中得到了非常广泛的应用。

对于简单的壁面湍流及剪切湍流,线性涡黏性模型一般可实现良好的模拟精度。但对于存在强逆压梯度、大分离及强干扰的复杂湍流流动,线性涡黏性假设一般不再适用,需要考虑涡黏性模型的非线性影响。在实际计算中,为了更好地描述雷诺应力张量而不引入附加的微分方程,可以在现有线性涡黏性模型的基础上添加非线性项以建立非线性雷诺应力本构关系,其中,非线性项一般可通过平均应变率和旋转率张量的高阶展开获得。典型的非线性湍流模型包括 Speziale[81]、Shih 和 Lumley[82]提出的非线性 k-ε 模型、Craft 等[83]提出的 3 阶 k-ε 模型,以及 Robinson 和 Hassan[84]提出的 k-ζ 模型等。国内学者[85,86]也提出了相应的非线性涡黏性模型并在典型算例中获得了良好的计算结果。这类模型大部分为 2 阶和 3 阶模型,其中,2 阶项反映流动的各向异性,3 阶项反映流线的曲率和旋转效应。非线性项的引入可以使得该类模型在模拟分离、逆压梯度、旋转和弯曲等复杂流动问题时具有更好的预测能力。同时,由于采用的是线性涡黏性模型的控制方程,非线性涡黏性模型相对雷诺应力模型具有较低的计算代价。

2. 雷诺应力模型

雷诺应力模型(又称 2 阶矩封闭模型)直接根据雷诺应力输运方程对 RANS 方程进行封闭,因此可以较好地反映雷诺应力随空间和时间的变化规律。雷诺应力模型控制方程包含 5 个平均流动守恒方程、6 个应力方程和 1 个长度尺度方程,长度尺度方程通常为 ε 或者 ω 方程。基于 ω 方程的雷诺应力模型有

Wilcox 2006 stress-ω 模型[87]和 Launder 等[88]标定的 LRR 2 阶矩模型。这类模型计算量大且数值稳定性较差，因此难以应用于复杂工程问题。

为了克服雷诺应力模型的不足，大量学者开展了模型简化工作。Rodi[89]对雷诺应力模型中包含雷诺应力梯度的对流项和扩散项进行模化，建立了具有代数形式的代数应力模型(algebraic stress model, ASM)。Gatski 和 Speziale[90]、Wallin 和 Johansson[91]等在 Pope[92]提出的显式求解雷诺应力思想的基础上，各自发展了适用于三维湍流模拟的显式代数雷诺应力模型(explicit algebraic Reynolds stress model, EASM 或 EARSM)。由于考虑了雷诺应力的非线性特征，该类模型在多类复杂湍流问题中给出了较好的模拟结果。

由于湍流问题的复杂性，目前并不存在可适用于任意流动特征的普适性湍流模型。理论上更为完备的湍流模型可能因为基本假设的局限性及数值稳定性问题而无法得到预期的预测结果。因此，在实际应用中，湍流模型的选择仍然具有较大的不确定性。本章给出几种常用湍流模型的基本数学形式，更多湍流模型及不同修正形式可参考 NASA 兰利研究中心设立的湍流模型网站[93]。

2.3.1 Spalart-Allmaras 湍流模型

Spalart-Allmaras 一方程湍流模型的控制方程为

$$
\begin{aligned}
\frac{\partial \hat{\nu}}{\partial t} + u_j \frac{\partial \hat{\nu}}{\partial x_j} &= c_{b1}(1 - f_{t2}) \tilde{S}\hat{\nu} - \left[c_{w1} f_w - \frac{c_{b1}}{\kappa^2} f_{t2} \right] \left[\frac{\hat{\nu}}{d} \right]^2 \\
&\quad + \frac{1}{\sigma} \left\{ \frac{\partial}{\partial x_j} \left[(\nu + \hat{\nu}) \frac{\partial \hat{\nu}}{\partial x_j} \right] + c_{b2} \left(\frac{\partial \hat{\nu}}{\partial x_i} \frac{\partial \hat{\nu}}{\partial x_i} \right) \right\}
\end{aligned}
\tag{2.125}
$$

其中，$\hat{\nu}$ 为等效运动黏性系数；d 为距离最近壁面的距离。湍流涡黏性系数由式(2.126)定义：

$$
\mu_t = \rho \hat{\nu} f_{v1}
\tag{2.126}
$$

其中，各函数形式为

$$
f_{v1} = \frac{\chi^3}{\chi^3 + c_{v1}^3}, \; \chi = \frac{\hat{\nu}}{\nu}, \; \nu = \frac{\mu}{\rho}, \; f_{v2} = 1 - \frac{\chi}{1 + \chi f_{v1}}
$$

$$
\tilde{S} = \Omega + \frac{\hat{\nu}}{\kappa^2 d^2} f_{v2}, \; \Omega = \sqrt{2 W_{ij} W_{ij}}, \; W_{ij} = \frac{1}{2} \left(\frac{\partial u_i}{\partial x_j} - \frac{\partial u_j}{\partial x_i} \right)
$$

$$
f_w = g \left[\frac{1 + c_{w3}^6}{g^6 + c_{w3}^6} \right]^{1/6}, \; g = r + c_{w2}(r^6 - r), \; r = \min \left(\frac{\hat{\nu}}{\tilde{S}\kappa^2 d^2}, 10 \right), \; f_{t2} = c_{t3} e^{-c_{t4} \chi^2}
$$

$$
\tag{2.127}
$$

其中,各常数的值为

$$c_{b1} = 0.135\,5,\ \sigma = 2/3,\ c_{b2} = 0.622,\ \kappa = 0.41,\ c_{v1} = 7.1,\ c_{t3} = 1.2,\ c_{t4} = 0.5$$

$$c_{w1} = \frac{c_{b1}}{\kappa^2} + \frac{1 + c_{b2}}{\sigma},\ c_{w2} = 0.3,\ c_{w3} = 2.0$$

壁面边界处 $\hat{\nu}_{\text{wall}} = 0$,远场边界 $\hat{\nu}_\infty = 3\nu_\infty \sim 5\nu_\infty$。

2.3.2　剪切应力输运模型

Menter 发展的剪切应力输运模型控制方程为

$$\frac{\partial(\rho k)}{\partial t} + \frac{\partial(\rho u_j k)}{\partial x_j} = P - \beta^* \rho \omega k + \frac{\partial}{\partial x_j}\left[(\mu + \sigma_k \mu_t)\frac{\partial k}{\partial x_j}\right] \quad (2.128)$$

$$\frac{\partial(\rho \omega)}{\partial t} + \frac{\partial(\rho u_j \omega)}{\partial x_j} = \frac{\rho\gamma}{\mu_t}P - \beta\rho\omega^2 + \frac{\partial}{\partial x_j}\left[(\mu + \sigma_\omega \mu_t)\frac{\partial \omega}{\partial x_j}\right]$$
$$+ 2(1 - F_1)\frac{\rho\sigma_{\omega 2}}{\omega}\frac{\partial k}{\partial x_j}\frac{\partial \omega}{\partial x_j}$$

湍动能生成源项为

$$P = \tau_{ij}\frac{\partial u_i}{\partial x_j},\ \tau_{ij} = \mu_t\left(2S_{ij} - \frac{2}{3}\frac{\partial u_k}{\partial x_k}\delta_{ij}\right) - \frac{2}{3}\rho k\delta_{ij},\ S_{ij} = \frac{1}{2}\left(\frac{\partial u_i}{\partial x_j} + \frac{\partial u_j}{\partial x_i}\right)$$
$$(2.129)$$

湍流涡黏性系数表示为

$$\mu_t = \frac{\rho a_1 k}{\max(a_1\omega,\ \Omega F_2)} \quad (2.130)$$

SST 模型是两层模型,模型中的常数需要将内层(下标 1)和外层(下标 2)的常数通过如下方式混合得到,即

$$\varphi = F_1\varphi_1 + (1 - F_1)\varphi_2 \quad (2.131)$$

其他函数为

$$F_1 = \tanh(\text{arg}_1^4),\quad \text{arg}_1 = \min\left(\max\left(\frac{\sqrt{k}}{\beta^*\omega d},\frac{500\mu}{\rho\omega d^2}\right),\frac{4\rho k\sigma_{\omega 2}}{CD_{k\omega}d^2}\right)$$

$$CD_{k\omega} = \max\left(\frac{2\rho\sigma_{\omega 2}}{\omega}\frac{\partial k}{\partial x_i}\frac{\partial \omega}{\partial x_i},10^{-20}\right) \quad (2.132)$$

$$F_2 = \tanh(\text{arg}_2^2),\quad \text{arg}_2 = \max\left(2\frac{\sqrt{k}}{\beta^*\omega d},\frac{500\mu}{\rho\omega d^2}\right)$$

模型中各常数为

$$\gamma_1 = \frac{\beta_1}{\beta^*} - \frac{\sigma_{\omega 1} \kappa^2}{\sqrt{\beta^*}}, \quad \gamma_2 = \frac{\beta_2}{\beta^*} - \frac{\sigma_{\omega 2} \kappa^2}{\sqrt{\beta^*}}$$

$$\sigma_{k1} = 0.85, \ \sigma_{\omega 1} = 0.5, \ \sigma_{k2} = 1.0, \ \sigma_{\omega 2} = 0.856, \ \beta_1 = 0.074\,7, \ \beta_2 = 0.082\,8$$

$$\beta^* = 0.09, \ \kappa = 0.41, \ \alpha_1 = 0.31$$

壁面和远场边界条件为

$$k_{\text{wall}} = 0, \ \omega_{\text{wall}} = \frac{60\nu}{\beta_1 (\Delta d_1)^2}$$

$$\frac{10^{-5} U_\infty^2}{Re_L} < k_\infty < \frac{10^{-1} U_\infty^2}{Re_L}, \ \frac{U_\infty}{L} < \omega_\infty < \frac{10 U_\infty}{L}$$

$$(2.133)$$

其中，Δd_1 为壁面第一层网格到壁面的距离；L 为计算域的近似长度。

2.3.3 显式代数雷诺应力模型

显式代数雷诺应力模型的控制方程为

$$
\begin{cases}
\dfrac{\partial \rho k}{\partial t} + \dfrac{\partial \rho u_j k}{\partial x_j} = P - \beta^* \rho \omega k + \dfrac{\partial}{\partial x_j} \left[(\mu + \sigma_k \mu_t) \dfrac{\partial k}{\partial x_j} \right] \\
\dfrac{\partial \rho \omega}{\partial t} + \dfrac{\partial \rho u_j \omega}{\partial x_j} = \dfrac{\gamma \omega}{k} P - \beta \rho \omega^2 + \dfrac{\partial}{\partial x_j} \left[(\mu + \sigma_\omega \mu_t) \dfrac{\partial \omega}{\partial x_j} \right] + \sigma_d \dfrac{\rho}{\omega} \max \left(\dfrac{\partial k}{\partial x_k} \dfrac{\partial \omega}{\partial x_k}, 0 \right)
\end{cases}
$$

$$(2.134)$$

湍流涡黏性系数表示为

$$\mu_t = \frac{C_\mu}{\beta^*} \frac{\rho k}{\omega}$$

$$(2.135)$$

相比于线性涡黏性模型，雷诺应力为

$$\tau_{ij}^t = 2\mu_t \left(S_{ij} - \frac{1}{3} \frac{\partial u_k}{\partial x_k} \delta_{ij} \right) - \frac{2}{3} \rho k \delta_{ij} - a_{ij}^{(ex)} \rho k$$

$$(2.136)$$

非线性项系数 $a_{ij}^{(ex)}$ 由无量纲处理过的应变率、旋转率张量关系确定：

$$a_{ij}^{(ex)} = \beta_3 \left(W_{ik}^* W_{kj}^* - \frac{1}{3} \, \text{II}_{\Omega} \delta_{ij} \right) + \beta_3 (S_{ik}^* W_{kj}^* - W_{ik}^* S_{kj}^*)$$

$$+ \beta_6 (S_{ik}^* W_{kl}^* W_{lj}^* + W_{ik}^* W_{kl}^* S_{lj}^* - \text{II}_{\Omega} S_{ij}^* - \frac{2}{3} \text{IV} \delta_{ij}) \qquad (2.137)$$

$$+ \beta_9 (W_{ik}^* S_{kl}^* W_{lm}^* W_{mj}^* - W_{ik}^* W_{kl}^* S_{lm}^* W_{mj}^*)$$

湍动能生成源项为

$$P = \tau_{ij}^t \frac{\partial u_i}{\partial x_j} \qquad (2.138)$$

相关模型系数为

$$S_{ij}^* = \frac{\tau}{2} \left(\frac{\partial u_i}{\partial x_j} + \frac{\partial u_j}{\partial x_i} \right), \quad W_{ij}^* = \frac{\tau}{2} \left(\frac{\partial u_i}{\partial x_j} - \frac{\partial u_j}{\partial x_i} \right), \quad \tau = \frac{1}{\beta^* \omega} \qquad (2.139)$$

用以确定 μ_t 的系数为

$$C_{\mu} = -\frac{1}{2} (\beta_1 + \text{II}_{\Omega} \beta_6) \qquad (2.140)$$

其中,

$$\beta_1 = -\frac{N(2N^2 - 7\text{II}_{\Omega})}{Q}, \quad \beta_3 = -\frac{12(\text{IV})}{Q}$$

$$\beta_4 = -\frac{2(N^2 - 2\text{II}_{\Omega})}{Q}, \quad \beta_6 = -\frac{6N}{Q}, \quad \beta_9 = \frac{6}{Q} \qquad (2.141)$$

$$Q = \frac{5}{6} (N^2 - 2\text{II}_{\Omega})(2N^2 - \text{II}_{\Omega})$$

$$\text{II}_{\Omega} = W_{kl}^* W_{lk}^*, \quad \text{IV} = S_{kl}^* W_{lm}^* W_{mk}^*$$

N 由以下方程决定:

$$\begin{cases} N = \dfrac{A_3'}{3} + (P_1 + \sqrt{P_2})^{\frac{1}{3}} + \text{sign}(P_1 - \sqrt{P_2}) \mid P_1 - \sqrt{P_2} \mid, & P_2 \geqslant 0 \\[3mm] N = \dfrac{A_3'}{3} + 2(P_1^2 - P_2)^{\frac{1}{6}} + \cos\left[\dfrac{1}{3} \arccos\left(\dfrac{P_1}{\sqrt{P_1^2 - P_2}} \right) \right], & P_2 < 0 \end{cases}$$

$$(2.142)$$

其中,

$$P_1 = \left[\frac{A_3'^2}{27} + \frac{9}{20}\mathrm{II}_S - \frac{2}{3}\mathrm{II}_\Omega\right]A_3', \quad P_2 = P_1^2 - \left[\frac{A_3'^2}{9} + \frac{9}{10}\mathrm{II}_S + \frac{2}{3}\mathrm{II}_\Omega\right]^3$$

$$A_3' = 1.8 + \frac{9}{4}C_{\mathrm{diff}}\left[\max(1 + \beta_1^{(eq)}\mathrm{II}_S, 0)\right], \quad \mathrm{II}_S = S_{kl}^* S_{lk}^* \tag{2.143}$$

$$\beta_1^{(eq)} = -\frac{6}{5}\left[\frac{N^{(eq)}}{(N^{(eq)})^2 - 2\mathrm{II}_\Omega}\right], \quad N^{(eq)} = 4.05, \quad C_{\mathrm{diff}} = 2.2$$

与 SST 模型类似,方程中 γ、β、σ_k、σ_ω、σ_d 等系数由单元混合函数 f_{mix} 加权确定:

$$\varphi = f_{\mathrm{mix}}\varphi_1 + (1 - f_{\mathrm{mix}})\varphi_2 \tag{2.144}$$

混合函数定义为

$$f_{\mathrm{mix}} = \tanh(1.5\Gamma^4), \quad \Gamma = \min\left[\max(\Gamma_1, \Gamma_2), \Gamma_3\right]$$

$$\Gamma_1 = \frac{\sqrt{k}}{\beta^*\omega d}, \quad \Gamma_2 = \frac{500v}{\omega d^2}, \quad \Gamma_3 = \frac{20k}{\max\left[\dfrac{d^2}{\omega}\left(\dfrac{\partial k}{\partial x_j}\dfrac{\partial \omega}{\partial x_j}\right), 200k_\infty\right]} \tag{2.145}$$

模型常数为

$$\gamma_1 = 0.518, \quad \gamma_2 = 0.44, \quad \beta_1 = 0.074\,7, \quad \beta_2 = 0.082\,8$$
$$\sigma_{k1} = 1.1, \quad \sigma_{k2} = 1.1, \quad \sigma_{\omega1} = 0.53, \quad \sigma_{\omega2} = 1.0 \tag{2.146}$$
$$\sigma_{d1} = 1.0, \quad \sigma_{d2} = 0.4, \quad \beta^* = 0.09$$

壁面处边界条件为

$$k_{\mathrm{wall}} = 0, \quad \omega_{\mathrm{wall}} = \frac{u_\tau^2 S_R}{v} \tag{2.147}$$

其中,

$$u_\tau = \sqrt{\left|v\frac{\partial |V|}{\partial n}\right|_{\mathrm{wall}}}, \quad S_R = \begin{cases} \left[\dfrac{50}{\max(k_3^+, k_{3,\,\mathrm{min}}^+)}\right]^2, & k_3^+ < 25 \\[4mm] \dfrac{100}{k_3^+}, & k_3^+ \geqslant 25 \end{cases}$$

$$k_{3,\,\mathrm{min}}^+ = \min\left[4.3\,(d_1^+)^{0.85}, 8\right], \quad d_1^+ = \frac{u_\tau d_1}{v_{\mathrm{wall}}}$$

$$\tag{2.148}$$

参考文献

[1] Godunov S K. A finite difference method for the numerical computation of discontinuous solutions of the equations of fluid dynamics. Matematicheskii Sbornik/Izdavaemyi Moskovskim Matematicheskim Obshchestvom, 1959, 47(3): 271-306.

[2] Roe P L. Approximate Riemann solver, parameter vectors and differences schemes. Journal of Computational Physics, 1981, 43(2): 357-372.

[3] Harten A, Lax P D, Leer B V. On upstream differencing and Godunov-type schemes for hyperbolic conservation laws. SIAM Reviews, 1983, 25(1): 35-61.

[4] Leer B V. Flux-vector splitting for the Euler equations. Lecture Notes in Physics, 1982, 170: 507-512.

[5] Harten A. High resolution schemes for hyperbolic conservation laws. Journal of Computational Physics, 1983, 49: 357-393.

[6] Liou M S, Steffen Jr C J. A new flux splitting scheme. Journal of Computational Physics, 1993, 107(1): 23-39.

[7] Jameson A, Schmidt W, Turkel E. Numerical solutions of the Euler equations by finite volume methods using Runge-Kutta time-stepping schemes. Palo Alto: AIAA-81 - 1259, 1981.

[8] Jameson A. Analysis and design of numerical schemes for gas dynamics I: artificial diffusion, upwind biasing, limiters and their effect on accuracy and multigrid convergence. International Journal of Computational Fluid Dynamics, 1995, 4(3): 171-218.

[9] Jameson A. Analysis and design of numerical schemes for gas dynamics II: artificial diffusion and discrete shock structure. International Journal of Computational Fluid Dynamics, 1995, 5 (1-2): 1-29.

[10] Kitamura K, Nakamura Y, Shima E. An evaluation of Euler fluxes II: hypersonic surface heating computation. Seatlle: AIAA-2008-4275, 2008.

[11] Kitamura K, Roe P L, Ismail F. Evaluation of Euler fluxes for hypersonic flow computations. AIAA Journal, 2009, 47(1): 44-53.

[12] Kim K H, Kim C, Rho O H. Methods for the accurate computations of hypersonic flows I: AUSMPW_scheme. Journal of Computational Physics, 2001, 174(1): 38-80.

[13] Kim S S, Kim C, Rho O H, et al. Cures for the shock instability: development of a shock-stable Roe scheme. Journal of Computational Physics, 2003,185(2): 342-374.

[14] Ismail F. Toward a reliable prediction of shocks in hypersonic flow — Resolving carbuncles with entropy and vorticity control. Michigan: Univ. of Michigan, 2006.

[15] Ismail F, Roe P L, Nishikawa H. A proposed cure to the carbuncle phenomenon. Ghent: The Fourth International Conference on Computational Fluid Dynamics, 2006: 149-154.

[16] Ismail F, Roe P L. Affordable, entropy-consistent, Euler flux functions II: Entropy production at shocks. Journal of Computational Physics, 2009, 228(15): 5410-5436.

[17] Gnoffo P A, White J A. Computational aerothermodynamic simulation issues on unstructured grids. Portland: AIAA-2004-2371, 2004.

[18] Candler G V, Mavriplis D J, Treviño L. Current status and future prospects for the numerical

simulation of hypersonic flows. Orlando：AIAA-2009-153，2009.

[19] Davis S F. A rotationally biased upwind difference scheme for the Euler equations. Journal of Computational Physics，1984，56(1)：65-92.

[20] Levy D W，Powell K G，Leer B V. Use of a rotated Riemann solver for the two-dimensional Euler equations. Journal of Computational Physics，1993，106(2)：201-214.

[21] Ren Y X. A robust shock-capturing scheme based on rotated Riemann solvers. Computers and Fluids，2003，32(10)：1379-1403.

[22] Nishikawa H，Kitamura K. Very simple，carbuncle-free，boundary-layer-resolving，rotated-hybrid Riemann solvers. Journal of Computational Physics，2008，227(4)：2560-2581.

[23] Gnoffo P A. Multi-dimensional inviscid flux reconstruction for simulation of hypersonic heating on tetrahedral grids. Orlando：AIAA-2009-0599，2009.

[24] Gnoffo P A. Updates to multi-dimensional flux reconstruction for hypersonic simulations on tetrahedral grids. Orlando：AIAA-2010-1271，2010.

[25] Struijs R，Decononck H，Roe P L. Fluctuation splitting schemes for the 2D Euler equations. Technical Report VKI-LS 1991-01，VKI，1991.

[26] Abgrall R，Roe P L. High-order fluctuation schemes on triangular meshes. Journal of Scientific Computing，2003，19(1-3)：3-36.

[27] Deconinck H，Sermeus K，Abgrall R. Status of multidimensional upwind residual distribution schemes and applications in aeronautics. Denver：AIAA-2000-2328，2000.

[28] Mazaheri A，Nishikawa H. High-order residual-distribution schemes for discontinuous problems on irregular triangular grids. San Diego：AIAA-2016-1331，2016.

[29] Harten A，Hyman J M. Self adjusting grid methods for one-dimensional hyperbolic conservation laws. Journal of Computational Physics，1983，50(2)：253-269.

[30] Muller B. Simple improvements of an upwind TVD scheme for hypersonic flow. Buffalo：AIAA-1989-1977，1989.

[31] Hanel D. On the accuracy of upwind scheme in the solution of Navier-Stokes equations. Honolulu：AIAA-1987-1105，1987.

[32] Liou M. S. A sequel to AUSM：AUSM +. Journal of Computational Physics，1996，129：364-382.

[33] Kim K H，Lee J H，Rho O H. An improvement of AUSM schemes by introducing the pressure-based weight functions. Computers & Fluids，1998，27(3)：311-346.

[34] Einfeldt B，Munz C D，Roe P L，et al. On Godunov-type methods near low densities. Journal of Computational Physics，1991，92(2)：273-295.

[35] Toro E F，Spruce M，Speares W. Restoration of the contact surface in the HLL-Riemann solver. Shock Waves，1994，4(1)：25-34.

[36] Batten P，Clarke N，Lambert C，et al. On the choice of wave speeds for the HLLC Riemann solver. SIAM Journal of Scientific Computing，1997，18(6)：1553-1570.

[37] Leer B V. Towards the ultimate conservation difference scheme Ⅴ：A second-order sequal to Godunov's method. Journal of Computational Physics，1979，32(1)：101-136.

[38] Mavriplis D J. Revisiting the least-squares procedure for gradient reconstruction on

unstructured meshes. NASA/CR-2003-212683, 2003.

[39] Sweby P K. High resolution schemes using flux-limiters for hyperbolic conservation laws. SIAM Journal of Numerical Analysis, 1984, 21(5): 995-1011.

[40] Leer B V. Towards the ultimate conservative difference scheme II: Monotonicity and conservation combined in a second-order scheme. Journal of Computational Physics, 1974, 14(4): 361-370.

[41] Roe P L. Characteristic-based schemes for the Euler equations. Annual Review of Fluid Mechanics, 1986, 18(1): 337-365.

[42] Albada G D V, Leer B V, Roberts W W. A comparative study of computational methods in cosmic gas dynamics. Astronomy and Astrophysics, 1982, 108(1): 76-84.

[43] Leer B V. Towards the ultimate conservative difference scheme III: Upstream-centered finite-difference schemes for ideal compressible flow. Journal of Computational Physics, 1977, 23(3): 263-275.

[44] Goodman J B, Leveque R J. On the accuracy of stable schemes for 2d scalar conservation laws. Mathematics of Computation, 1985, 45(171): 15-21.

[45] Spekreijse S. Multigrid solution of monotone second-order discretizations of hyperbolic conservation laws. Mathematics of Computation, 1987, 49(179): 135-155.

[46] Barth T J, Jespersen D. The design and application of upwind schemes on unstructured meshes. Reno: AIAA-1989-0366, 1989.

[47] Venkatakrishnan V. On the accuracy of limiters and convergence to steady state solutions. Reno: AIAA-1993-0880, 1993.

[48] Hubbard M E. Multidimensional slope limiters for MUSCL-type finite volume schemes on unstructured grids. Journal of Computational Physics, 1999, 155(1): 54-74.

[49] Park J S, Yoon S H, Kim C. Multi-dimensional limiting process for hyperbolic conservation laws on unstructured grids. Journal of Computational Physics, 2010, 229(3): 788-812.

[50] Park J S, Kim C. Multi-dimensional limiting process for finite volume methods on unstructured grids. Computers & Fluids, 2012, 65(8): 8-24.

[51] Kim C. Multi-dimensional limiting strategy for higher-order CFD methods-progress and issue. Dallas: AIAA-2015-3199, 2015.

[52] Barth T J. Numerical aspects of computing viscous high Reynolds number flows on unstructured meshes. Reno: AIAA-1991-0721, 1991.

[53] Coirier W. J. An adaptively-refined, cartesian, cell-based scheme for the Euler and Navier-Stokes equations. Michigen: University of Michigan, 1994.

[54] 任玉新,陈海昕.计算流体力学基础.北京: 清华大学出版社,2006.

[55] Gnoffo P A. An upwind-biased, point-implicit relaxation algorithm for viscous, compressible perfect-gas flows. NASA TP-2953, 1990.

[56] Holmes G D, Connell S D. Solution of the 2D Navier-Stokes equations on unstructured adaptive grids. Buffalo: AIAA-1989-1932, 1989.

[57] Haselbacher A, McGuirk J J, Page G J. Finite volume discretization aspects for viscous flows on mixed unstructured grids. AIAA Journal, 1999, 37(2): 177-184.

[58] Haselbacher A, Blazek J. Accurate and efficient discretization of Navier-Stokes equations on mixed grids. AIAA Journal, 2000, 38(11): 2094−2102.

[59] Diskin B, Thomas J L. Comparison of node-centered and cell-centered unstructured finite volume discretization: viscous fluxes. AIAA Journal, 2010, 48(7): 1326−1338.

[60] Mitchel C R. Improved reconstruction schemes for the Navier-Stokes equations on unstructured meshes. Reno: AIAA-1994−0642, 1994.

[61] Wang Z J. A quadtree-based adaptive cartesian/quad grid flow solver for Navier-Stokes equations. Computers & Fluids, 1998, 27(4): 529−549.

[62] Schwöppe A, Diskin B. Accuracy of the cell-centered grid metric in the DLR TAU-code. New Results in Numerical and Experimental Fluid Mechanics VIII. Notes on Numerical Fluid Mechanics and Multidisciplinary Design, 2013, 121(2013): 429−437.

[63] Nishikawa H. Beyond interface gradient: A general principle for constructing diffusion schemes. Chicago: AIAA-2010−5093, 2010.

[64] Jalali A, Sharbtdar M, Ollivier-Gooch C. Accuracy analysis of unstructured finite volume discretization schemes for diffusive fluxes. Computers & Fluids, 2014, 101: 220−232.

[65] Shu C W. Total-variation-diminishing time discretizations. SIAM Journal of Scientific Statistical Computing, 1988, 9(6): 1073−1084.

[66] Yoon S, Jameson A. Lower-upper symmetric Gauss-Sediel method for the Euler and Navier-Stoker equations. AIAA Journal, 1988, 26(9): 1025−1026.

[67] Luo H, Baum J D, Löhner R. A fast, matrix-free implicit method for compressible flows on unstructured grids. Journal of Computational Physics, 1998, 146(2): 664−690.

[68] Knoll D A, Keyes D E. Jacobian-free Newton-Krylov methods: a survey of approaches and applications. Journal of Computational Physics, 2004, 193(2): 357−397.

[69] Chisholm T T, Zingg D W. A Jacobian-free Newton-Krylov algorithm for compressible turbulent fluid flows. Journal of Computational Physics, 2009, 228: 3490−3507.

[70] Saad Y, Schultz M H. GMRES: a generalized minimal residual algorithm for solving nonsymmetric linear systems. SIAM Journal of Scientific Statistical Computing, 1982, 7(3): 856−869.

[71] Saad Y. Iterative methods for sparse linear systems. Philadelphia: Society for Industrial and Applied Mathematics, 2003.

[72] van der Vorst H A. Iterative Krylov methods for large linear systems. New York: Cambridge University Press, 2003.

[73] Jameson A. Time dependent calculations using multigrid, with applications to unsteady flows past airfoils and wings. Honolulu: AIAA-1991−1596, 1991.

[74] Cebeci T, Smith A M O. Analysis of turbulent boundary layers. New York: Academic Press, 1974.

[75] Baldwin B S, Lomax H. Thin layer approximation and algebraic model for separated turbulent flows. Huntsville: AIAA-1978−257, 1978.

[76] Baldwin B, Barth T. A one-equation turbulent transport model for high Reynolds number wall-bounded flows. NASA-TM-102847, 1990.

[77] Spalart P, Allmaras S. A one-equation turbulence model for aerodynamic flows. Seattle: AIAA-1992-0439, 1992.

[78] Jones W, Launder B. The prediction of laminarization with a two-equation model of turbulence. International Journal of Heat Mass Transfer, 1972, 15(2): 301-314.

[79] Wilcox D C. Progress in hypersonic turbulence modeling. Honolulu: AIAA-1991-1785, 1991.

[80] Menter F. Two-equation eddy-viscosity turbulence models for engineering application. AIAA Journal. 1994, 32(8): 1598-1605.

[81] Speziale C. On consistency conditions for rotating turbulent flows. Physics of Fluids, 1998, 10(8): 2108-2110.

[82] Shih T, Lumley J. Remarks on turbulent constitutive relations. Mathl. Comput. Modelling. 1993, 18(2): 9-16.

[83] Craft T, Launder B, Suga K. Development and application of a cubic eddy-viscosity model of turbulence. International Journal of Heat Fluid Flow, 1996, 17(2): 108-115.

[84] Robinson D, Hassan H. A two-equation turbulence closure model for wall bounded and free shear flows. New Orleans: AIAA-1996-2057, 1996.

[85] Huang Y. On modelling the Reynolds stress in the context of continuum mechanics. Communications in Nonlinear Science and Numerical Simulation, 2004, 9(5): 543-559.

[86] Fu S, Launder B, Tselapidakis D. Accommodating the effects of high strain rates in the modeling the pressure-strain correlation. Rep. No. TFD/87/5, Mech. Eng. Dep, UMIST, England, 1987.

[87] Wilcox D C. Turbulence Modeling for CFD. La Canada, CA: DCW Industries, 2006.

[88] Launder B, Reece G, Rodi W. Progress in the development of a Reynolds stress turbulence closure. Journal of Fluid Mech, 1975, 63: 537-566.

[89] Rodi W. A new algebraic relation for calculating Reynolds stresses. ZAMM, 1976, 56: 219.

[90] Gatski T B, Speziale C G. On explicit algebraic stress models for complex turbulent flows. Journal of Fluid Mechanics, 1993, 254(1): 59-78.

[91] Wallin S, Johansson A. An explicit algebraic Reynolds stress model for incompressible and compressible turbulent flows. Journal of Fluid Mechanics, 2000, 403(99): 89-132.

[92] Pope S B. A more general effective-viscosity hypothesis. Journal of Fluid Mechanics, 1975, 72(2): 331-340.

[93] Christopher L R, Brian R S, George P H. Description of a website resource for turbulence modeling verification and validation. Chicago: AIAA-2010-4742, 2010.

第3章

高超声速飞行器动态特性计算方法

    飞行器在扰动作用下的运动稳定性研究是飞行器设计过程中的重要一环。按照 Bryan[1] 早在 20 世纪初提出的空气动力学数学模型理论,在线性近似范围内可将气动力表述为瞬态运动状态参数及其导数的函数关系。通常将线性假设下的空气动力学数学模型引入 6 自由度运动方程或其简化形式来分析飞行器的运动特征。动态稳定性参数,又称气动阻尼系数或气动阻尼导数,工程上常简称为动导数,用以描述飞行器机动飞行和受到扰动时的动态气动特性,是工程设计中不可缺少的基本气动参数。

    传统上获得动态稳定性参数的主要方法有飞行试验、风洞试验、工程经验方法和数值计算。飞行试验难度大、周期长、风险高,不可能在飞行器设计初期阶段获得指导性的数据,"被动式"特点显著。动导数风洞试验是动态气动特性研究的重要手段,传统上采用风洞吹风试验中模型强迫振动或自由振动的运动方式获取动导数。从国外发展经验看,非定常 CFD 方法是高超声速飞行器获得动导数最理想、最现实的方式,而且可靠性有望接近飞行试验。

    随着计算空气动力学的迅猛发展,动导数的高精度计算已经成为近年来日臻成熟的预测技术。综合考虑到计算精度与效率,基于 CFD 计算的动导数预测方法主要分为三类:① 工程近似法[2-4];② 时域方法[5-10];③ 频域方法[11-16]。

    利用当地活塞理论,将 CFD 计算所得定常流场进行摄动处理的动导数快速预测方法是工程近似方法的最新发展。通过压力摄动结合旋转扰动运动快速预测动导数的思路,可进一步推广到压力摄动结合平动扰动运动获得静导数。时域方法的主体是基于非定常数值计算的强迫简谐振动和自由振动预测方法;此外,还包括了简谐振动摄动法、非惯性坐标系下轴对称锥运动的定常计算方法、准定常旋转法等简化近似处理。频域方法是利用了微幅强迫简谐振动及其动态气动响应的周期性,主要包括谐波平衡法及其衍生发展形式——时间谱方法。频域方法的最主要优势是效率高而不损失精度,这一优势在高超声速条件下体现得更为明显。

3.1　动导数计算

表 3.1 给出了常用的动态稳定性导数[17]。传统风洞试验研究(强迫简谐振动和自由振动)获得的动导数往往包含了旋转导数和加速度导数(又称时差导数)的组合影响。在传统的自由振动风洞试验中,仅能获得直接阻尼导数;在强迫简谐振动的风洞试验中可获得直接阻尼导数、交叉导数及交叉耦合导数。在飞行器稳定性分析中也需要单纯的旋转导数,一般通过设计位移运动的强迫振动来获得时差导数,间接获得旋转导数。对于数值计算,除了数值仿真强迫简谐振动或自由振动过程,通过与风洞试验类似的数据处理方法获得动导数外,还可以通过相关的理论结合数值特有的技术来获得动态稳定性导数,下面介绍的旋转导数的准定常旋转法就属于此类情况。

表 3.1　常用的动态稳定性导数

	直接阻尼导数	交叉导数	交叉耦合导数	旋转导数	时差导数
滚转力矩导数	$C_{lp} + C_{l\dot{\beta}}\sin\alpha$	$C_{lr} + C_{l\dot{\beta}}\cos\alpha$	$C_{lq} + C_{l\dot{\alpha}}$	C_{lp}, C_{lq}, C_{lr}	$C_{l\dot{\alpha}}, C_{l\dot{\beta}}$
俯仰力矩导数	$C_{mq} + C_{m\dot{\alpha}}$		$C_{mr} - C_{m\dot{\beta}}\cos\alpha$ $C_{mp} + C_{m\dot{\beta}}\sin\alpha$	C_{mp}, C_{mq}, C_{mr}	$C_{m\dot{\alpha}}, C_{m\dot{\beta}}$
偏航力矩导数	$C_{nr} - C_{n\dot{\beta}}\cos\alpha$	$C_{np} + C_{n\dot{\beta}}\sin\alpha$	$C_{nq} + C_{n\dot{\alpha}}$	C_{np}, C_{nq}, C_{nr}	$C_{n\dot{\alpha}}, C_{n\dot{\beta}}$

如图 3.1 所示,美制体轴系定义 o 为飞行器质心位置,ox 取飞行器设计轴指向头部方向,oz 处在飞行器对称面垂直 ox 指向下方,oy 垂直 oxz 面指向右侧。扰动角速度定义为弹体质心坐标系下的旋转角速度。对扰动角速度无量纲化得

$$\boldsymbol{\omega} = \begin{pmatrix} p \\ q \\ r \end{pmatrix} = \begin{pmatrix} \tilde{\omega}_x \cdot \tilde{l}_x / \tilde{V}_\infty \\ \tilde{\omega}_y \cdot \tilde{l}_y / \tilde{V}_\infty \\ \tilde{\omega}_z \cdot \tilde{l}_z / \tilde{V}_\infty \end{pmatrix} \quad (3.1)$$

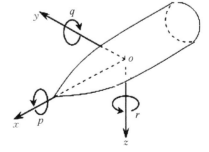

图 3.1　动导数计算坐标系

其中, $\tilde{l}_x$、$\tilde{l}_y$、$\tilde{l}_z$ 分别为角速度无量纲化的参考长度;航天飞行器多采用 $\tilde{l}_x$,$\tilde{l}_y$,$\tilde{l}_z = \tilde{L}_{ref}/2$, $\tilde{L}_{ref}$ 为飞行器参考长度。

3.1.1 强迫振动

数值强迫振动法是求解动网格体系的非定常流体动力学方程,通过对强迫振动试验的数值模拟获得周期运动条件下与振动频率直接相关的迟滞气动力,通过数值辨识方法计算动导数。

强迫振动法计算不同的动导数需要采用不同的强迫振动形式,通过俯仰振动、偏航振动和滚转振动分别获得俯仰方向、偏航方向和滚转方向的动导数。强迫振动法能计算所有类型的动导数且求解精度高,对复杂的非定常流场有较好的适应性,规避了强迫振动风洞试验固有的试验模型运动形式及支架/洞壁干扰的限制。

以俯仰自由度为例,其振动方程为

$$\begin{cases} \alpha(t) = \alpha_0 + \theta(t) \\ \theta(t) = \theta_0 \sin(\omega t + \varphi_0) \end{cases} \tag{3.2}$$

其中, θ 为俯仰角; α 为攻角; α_0 为初始攻角; θ_0 为简谐振动幅度; ω 为简谐振动频率; φ_0 为初始相位角。由于飞行器运动方程与气动力无须耦合计算,只需要得到随时间变化的迟滞气动力。

数值强迫简谐振动的优点是计算精度高,适用于所有种类的动导数预测。强迫简谐振动法存在减缩频率相似及简谐振动振幅的选择问题。小振幅易于满足气动参数的变化保持在线性范围内的基本要求,但过小的振幅显著降低了数值仿真过程中气动参数的变化量,动态气动参数辨识精度随之下降。一般而言,非定常运动条件下流动结构建立的时间远小于运动的特征时间(如高超声速),一定区间内存在动态稳定性导数与频率的无关性,可选择较高的简谐振动频率来提高计算效率。但是如果非定常运动条件下流动结构建立的时间与运动的特征时间尺度相当,而且流动结构(如跨声速分离旋涡)主控整个流场,也就是动态稳定性导数与振动频率存在相关性,则需要依据飞行器最具代表性的运动特征频率来审慎地选择简谐振动频率。

3.1.2 自由振动

数值自由振动法也是基于非定常数值模拟仿真风洞试验的方法。与强迫振动法相比,自由振动法的优点是:不存在频率相似问题,可通过选取真实的惯量参数,自然满足振动频率与真实飞行情况的相似。对于小阻尼的情况自由振动法有满意的精度,但该方法只能实现对直接导数(阻尼导数和时差导数)的预测,不能实现对交叉导数、交叉耦合导数的计算辨识。

数值自由振动法是通过非定常流体动力学方程和刚体动力学方程的耦合求解,模拟飞行器受扰动后的扰动运动发展历程。本质上讲,自由振动是数值虚拟飞行的特例。根据振动的时间历程,经数据处理可获得动导数。数值自由振动法的原理与自由振动试验完全一致。

以自由俯仰振动为例,无量纲的扰动运动形式可表示为范德堡动力学系统方程[18]:

$$\ddot{\theta} + \omega_0^2\theta = \mu\dot{\theta} + c_1\theta^3 + c_2\theta^2\dot{\theta} + c_3\dot{\theta}\dot{\theta}^2 + c_4\dot{\theta}^3 \tag{3.3}$$

其中,$\omega_0^2 = -C_{m\alpha}/I$ 为刚度项系数;$\mu = C_{m\dot{\theta}}/I$ 为阻尼项系数;I 为无量纲转动惯量。可通过参数辨识的方法确定式(3.3)中的系数。

对于非线性不明显的阻尼衰减振动,式(3.3)可简化为 2 阶线性齐次微分方程。

$$\ddot{\theta} - \mu\dot{\theta} + \omega_0^2\theta = C \tag{3.4}$$

注意:式(3.4)附加了常数 C,并不影响方程的数学特性。当 $C = 0$ 时,表示飞行器平衡攻角下的振动特性;当 $C \neq 0$ 时,可以配置一个与非平衡位置气动力矩相抵的附加力矩来实现在非平衡位置的自由振动运动,类似于自由振动试验中支承的平均载荷。

方程的解为

$$\theta = \theta_0 e^{0.5\mu t}\cos(\omega t - \lambda) \tag{3.5}$$

其中,λ 为模型自由释放时的相位滞后角;ω 为振动圆频率。

$$\omega = \sqrt{\omega_0^2 - (0.5\mu)^2} \tag{3.6}$$

式(3.7)代表衰减对数为 δ 的阻尼谐振:

$$\delta = \frac{1}{n}\ln\frac{\theta_0}{\theta_n} = \frac{\pi\mu}{\omega} \tag{3.7}$$

其中,θ_n 为模型释放后经历 n 个周期后的幅值。由此可得到阻尼导数的表达式：

$$C_{m\dot{\theta}} = C_{m\dot{\alpha}} + C_{mq} = I\mu = \frac{\delta I\omega}{\pi} \tag{3.8}$$

在实际应用中，可以通过对式(3.6)中的刚度系数 ω_0^2 和阻尼系数 μ 进行初始配置(类似于自由振动试验中支承刚度和机械阻尼)，灵活实现变频率与阻尼导数为正的自由振荡运动的数值仿真。

3.1.3 准定常旋转法

飞行器稳定性分析中需要单纯的旋转导数，而传统风洞非定常试验测量获得的是包含了旋转导数和时差导数的组合项，称为直接导数。一般通过设计位移运动的强迫振动来获得时差导数，从而间接获得旋转导数。对于数值计算，在飞行器定常状态流场及气动力求解的基础上，附加扰动运动速度准定常计算获得相应的气动力，进而获得气动力的扰动量。基于导数的定义，直接获得旋转导数为

$$C_{mq} = \frac{C_m - C_{m0}}{q} \tag{3.9}$$

其中，C_{m0} 为定常状态的气动力(矩)；C_m 为飞行器附加无量纲角速度 q 旋转扰动但保持与定常状态相同气流角的气动力(矩)。

一般认为旋转导数为直接导数的主要部分，但跨声速和低超声速气动非线性特征较显著的情况下应慎重考虑。

3.1.4 动导数典型算例

1. HBS 标准模型

高超声速弹道外形(hyperballistic shape, HBS)是高超声速导弹外形的标准模型之一，风洞试验和半经验理论预测[19]都对其动态气动特性有相应研究。HBS 模型外形及计算网格见图 3.2，其中，球头直径 d 为 25 mm，总长为 $4.5d$。考虑到面对称性特性采用半流场计算，体网格包含单元数约为 164 万。表 3.2 列举了计算 HBS 俯仰阻尼导数的模拟条件：Ma 为 6.85，以球头直径 d 为参考长度的雷诺数 Re_d 为 0.72×10^6，采用绝热壁面边界条件，强迫振动振幅 α_m 为 $1.0°$，振动频率 f 为 60 Hz，振动中心距头部顶点 $3.24d$。

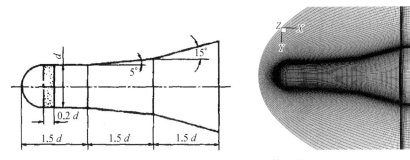

图 3.2 HBS 标模外形及计算网格

表 3.2 HBS 标模计算条件

Ma	$\alpha_0/(°)$	f/Hz	$\alpha_m/(°)$	$Re_d/(\times 10^6)$	x_{cg}
6.85	0—16	60	1.0	0.72	3.24d

图 3.3 为攻角 4° 时双时间步方法非定常计算获得的俯仰力矩系数迟滞曲线。图 3.4 为试验和计算得到的俯仰阻尼导数随攻角的变化情况。总体看来,在 0°~15° 攻角区域,俯仰阻尼导数变化较为平缓,而攻角大于 15° 后俯仰阻尼导数出现阶跃式的变化。在 0°~16° 的攻角变化内,非定常双时间步方法的计算辨识结果均与风洞试验测量值吻合良好。

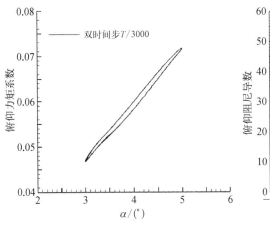

图 3.3 攻角 4° 时双时间步法非定常计算获得的俯仰力矩系数迟滞曲线

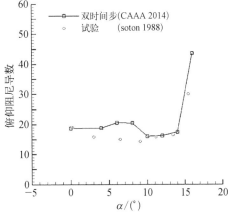

图 3.4 试验和计算得到的俯仰阻尼导数随攻角的变化情况

2. 高超声速飞行器模型

高超声速飞行器动态气动特性是研究者关注的焦点之一,动态稳定性参数也是飞行器稳定性与控制设计的必备参数。这里针对一种高超声速飞行器模型验证各类方法对高超声速面对称外形动态稳定性参数预测的可靠性与实用性。

升力体动态计算模型如图 3.5 所示。

计算状态参数如表 3.3 所示,来流马赫数为 6,单位长度来流雷诺数 $Re = 4.34 \times 10^5 \ m^{-1}$,非定常计算强迫简谐振动的振幅 α_m 为 1.0°,振动频率 f 为 1 Hz,振动中心为距头部顶点 62% 的轴线位置。在高超声速常规风洞中采用自由振动方式进行模型动导数试验测量,模型缩比为 1∶8,配置的振动频率为 16 Hz。

图 3.5　升力体动态计算模型

表 3.3　计算状态参数

H/km	Ma	$\alpha_0/(°)$	f/Hz	$\alpha_m/(°)$	$Re/(m^{-1})$	x_{cg}
40	6	15, 20, 25	1	1.0	4.34×10^5	62%

图 3.6 为强迫简谐振动计算获得的俯仰力矩系数迟滞曲线。图 3.6(a)为非定常双时间步方法计算得到的迟滞曲线。图 3.6(b)表明攻角越大,力矩迟滞环的面积越大,气动阻尼越大。图 3.7 为计算与试验获得的俯仰阻尼导数随攻角的变化曲线,俯仰阻尼导数随攻角的增加而增大,强迫简谐振动计算获得的俯仰阻尼导数与风洞自由振动试验数据吻合较好。

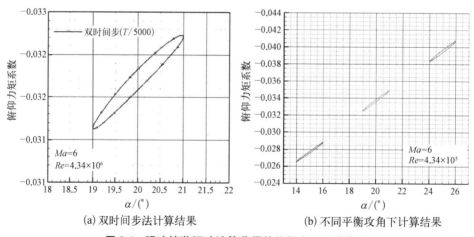

(a) 双时间步法计算结果　　　　　　(b) 不同平衡攻角下计算结果

图 3.6　强迫简谐振动计算获得的俯仰力矩迟滞曲线

图 3.8 给出了在不同攻角下的飞行器表面和对称面的压力云图对比。由图 3.8 可知,攻角增大,飞行器下表面的压力更大,高压区域更广泛,从头部到后体形成大面积高压区,更大攻角下的高压区在姿态改变运动中产生阻碍作用就更明显,相应气动阻尼更大。上述规律和图 3.7 所示的俯仰阻尼导数随攻角增加而增大模拟结果是吻合的。

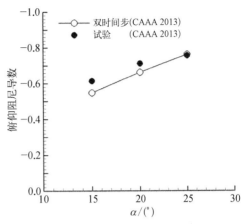

图 3.7　俯仰阻尼导数随攻角的变化曲线

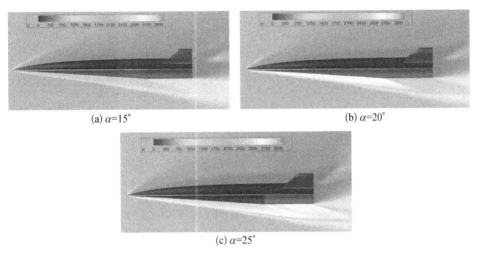

(a) $\alpha=15°$

(b) $\alpha=20°$

(c) $\alpha=25°$

图 3.8　不同攻角下的飞行器表面和对称面的压力云图对比(后附彩图)

3.2　多体分离仿真

多体分离问题种类很多,主要分为投放(抛撒)分离、级间分离、整流罩分离及包含多种类型的综合分离等形式。投放(抛撒)分离是指从载机或其他母体上投放挂载物,根据挂载物挂载位置的不同,又可分为外挂物投放、内埋式投放、子母弹抛撒等。级间分离主要指飞行器与助推级或飞行器前后体间的分离过程,根据分离动力的不同,级间分离又可分为冷分离和热分离,冷分离仅依靠气动力或机构力将两体推开实现分离;热分离则要利用前体发动机高温高压喷流将两体分开;根据一/二级的连接关系,级间分离也可分为串联式分离和并联式分离两种形式,例如,常规的助推火箭与上面级的分离为串联式分离,而航天飞机外贮箱、助推器与轨道器的分离为典型的并联式分离。为实现防热降阻增程等目的,飞行器设计时往往会为进气道、载荷等部位加装整流罩,因此在飞行中会涉及整流罩的分离,整流罩分离又可分为多瓣平推抛罩、旋开抛罩、整流罩整体抛罩等方式。

多体分离问题研究是航空航天飞行器发展和研制中急需解决的问题之一,方案制订时对分离中关键问题认识不清或研究手段不足导致预测数据出现偏差,分离时可能会发生碰撞导致坠毁,威胁生命财产安全。因此,采用高效、高精度的预测手段对复杂条件下多体分离问题开展研究非常必要,可为相关分离方案的制订提供指导和支撑,提升分离方案的安全性和可靠性。

多体分离问题主要的研究手段有理论分析、数值模拟、地面试验和飞行试验。由于实际工程中考虑的外形往往极为复杂,几乎无法单独从理论分析中获得具有实用价值的信息,通常通过地面试验和数值模拟的手段开展前期分析,获得大量分析数据并设计出详尽的方案,最后通过飞行试验的方式对方案进行检验和验证。

完善的多体分离数值预测方法,需要根据研究对象的特性建立描述此过程中流体和物体运动的数学方程,能实时捕捉运动物体边界的网格技术及相应的数值离散方法。

多体分离问题是典型的动态问题,在发展针对此类问题的数值方法时,需要考虑如何捕捉运动边界。在不同的研究领域,针对运动边界问题的模拟方法各不相同,有欧拉法(计算网格保持静止,物体边界通过拟合、插值得到)、拉格朗日法(网格跟随流体运动,边界分辨率高,但网格容易扭曲、畸变)及二者的混合方法,如任意的拉格朗日-欧拉(arbitrary Lagrangian Eulerian, ALE)方法[19]等。ALE 方法综合了欧拉法和拉格朗日法,物面边界采用拉格朗日法计算,严格保证物面网格跟随物体运动,而计算域内部的网格运动限制较少,以避免出现大的扭曲导致网格质量下降。ALE 方法在弹塑性力学、流体力学、爆炸冲击等不同学科得到了广泛的应用。

笛卡儿坐标系下,ALE 形式的积分流动控制方程组为

$$\frac{\partial}{\partial t}\int_{\Omega(t)} \boldsymbol{Q}\mathrm{d}V + \int_{\partial\Omega(t)} \boldsymbol{F} \cdot \boldsymbol{n}\mathrm{d}e = \int_{\partial\Omega(t)} \boldsymbol{G} \cdot \boldsymbol{n}\mathrm{d}e \tag{3.10}$$

其中，$\boldsymbol{Q}$ 为守恒变量 $[\rho, \rho u, \rho v, \rho w, \rho E]^{\mathrm{T}}$。对流通量张量的表达式为

$$\boldsymbol{F} = \begin{bmatrix} \rho\tilde{u} & \rho\tilde{u}u+p & \rho\tilde{u}v & \rho\tilde{u}w & \rho E\tilde{u}+pu \\ \rho\tilde{v} & \rho\tilde{v}u & \rho\tilde{v}v+p & \rho\tilde{v}w & \rho E\tilde{v}+pv \\ \rho\tilde{w} & \rho\tilde{w}u & \rho\tilde{w}v & \rho\tilde{w}w+p & \rho E\tilde{w}+pw \end{bmatrix} \tag{3.11}$$

其中，(u, v, w) 为速度向量 $\boldsymbol{V}$ 在笛卡儿坐标系下的分量，而相对速度 $(\tilde{u}, \tilde{v}, \tilde{w})$ 为

$$\tilde{u} = u - u_b, \quad \tilde{v} = v - v_b, \quad \tilde{w} = w - w_b \tag{3.12}$$

其中，(u_b, v_b, w_b) 是控制体边界速度 $\boldsymbol{V}_b$ 在笛卡儿坐标系下的分量。当控制体边界运动速度与当地流动速度一致时，即 $\boldsymbol{V}_b = \boldsymbol{V}$，流动控制方程组为拉格朗日描述形式；当 $\boldsymbol{V}_b = 0$ 时，方程组为欧拉描述下的控制方程组；而对于其他任意的速度 $\boldsymbol{V}_b$，方程称为任意拉格朗日-欧拉形式的控制方程。其他变量与常规的流动控制方程相同，具体可参考本书第 2 章。

在多体分离问题研究中，在分析物体运动引起的气动问题和其中的流动特性时，将物体近似为无变形的刚体可使问题简化。完整描述刚体位置、姿态的变化过程，需要确定质心位置、质心速度、姿态角、角速度等四组物理量（三维情况每组包含三个分量）。通过这四组参数可以确定物体的瞬时位置、姿态等，为此需要建立四组方程来求解，这四组方程分别称为位置方程、力方程、姿态方程和力矩方程。

3.2.1　抛罩分离

在飞行器飞行到任务区域或达到发动机工作条件时，必须及时将整流罩分离并抛弃，以便后续功能的正常发挥。整流罩能否成功分离直接影响飞行任务的成败，对整流罩分离过程进行仿真分析是整流罩研制中的必要环节，其分析结果可为整流罩的设计工作提供重要依据。

本小节以一高超声速飞行器头部整流罩左右两瓣式平推分离过程为例，分析整流罩分离过程中涉及的相关气动问题和影响因素。图 3.9 为本实例采用的整流罩抛罩模型示意图，整流罩为单锥-锥外形，其中，头部的鼻锥跟随一侧半罩运动，另一侧半罩前段为开口形态，因此两半罩在气动外形上存在一定差异。

此算例中整流罩抛罩采用平推方案，即分离时在整流罩前/后端分别设置两组作动筒，分离装置接到分离指令后由切割索将整流罩纵向一分为二，之后两组

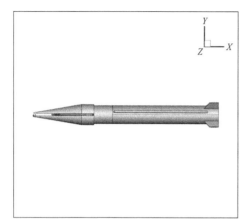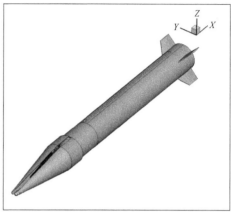

图 3.9 整流罩抛罩模型示意图

作动筒启动。可以通过设置前/后作动筒的装药量改变其止端速度,当两组作动筒止端速度不同时,整流罩在分离后将获取一定的初始偏航角速率。在对这类问题开展数值模拟时,一般将作动筒等分离装置的作用效果等效为整流罩最终获取的质心速度和角速度。

表 3.4 各部件质量特性列表

	质量/kg	质心位置/m			转动惯量/$(kg \cdot m^2)$		
		Xc	Yc	Zc	Ixx	Iyy	Izz
左罩	173	1.3	−0.12	0	7.0	118.3	114.0
右罩	169	1.3	0.12	0	6.8	118.5	114.0
后体	1 073	4.5	0	0	100.0	6 500.0	6 500.0

影响整流罩抛罩过程安全性的主要是分离的速度、角速度等量,同时攻角等来流条件也可能影响整流罩的受力及姿态变化,进而对抛罩过程的安全性和可行性造成影响。表 3.4 给出了计算模型各部件质量特性。本小节主要从表 3.5 所示各状态出发分析各种条件可能对抛罩过程造成的影响。

图 3.10~图 3.12 所示分别为状态 1~状态 3 整流罩抛罩分离过程图像,三组状态主要初始条件类似,仅来流攻角存在一定差异。由于整流罩外形上下对称,当来流攻角为 0 时(图 3.10),整流罩没有出现明显的滚转或俯仰动作;但随着攻角的增大,来流攻角会导致整流罩受到一定的相对质心的俯仰力矩,且随着分离时间的推进会出现俯仰与滚转方向的耦合。

表 3.5　整流罩抛罩计算状态列表

No.	Ma	高度/km	攻角/(°)	初速度/(m/s)	偏航角速率/(°/s)
1			0		
2			1	6	
3			3		0
4	6	30	1	8	
5				10	
6					−200
7			3	8	0
8					200

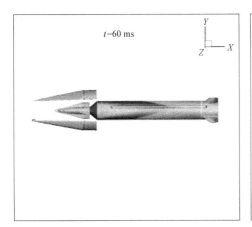
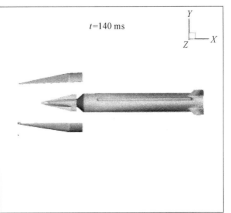

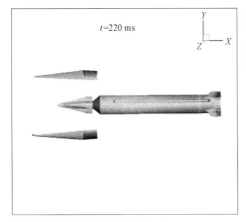
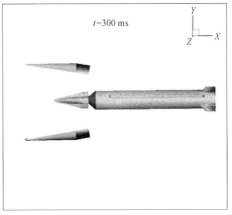

图 3.10　状态 1($\alpha=0°$，$V_0=6\,\mathrm{m/s}$，$\omega_z=0°/\mathrm{s}$)整流罩抛罩分离过程图像

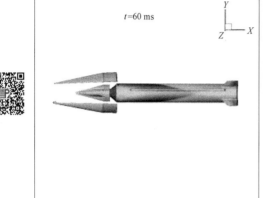

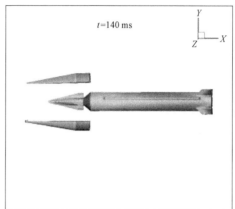

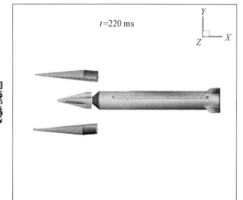

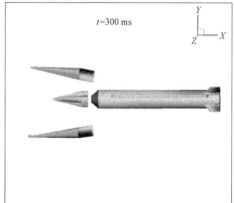

图 3.11 状态 2($\alpha=1°$, $V_0=6\text{ m/s}$, $\omega_z=0°/\text{s}$)整流罩抛罩分离过程图像

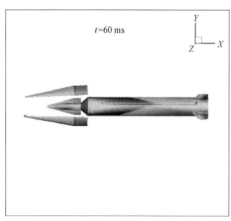

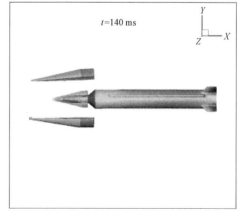

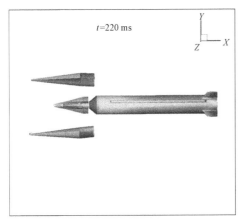 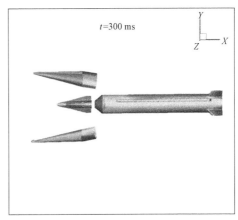

图 3.12　状态 3($\alpha=3°$, $V_0=6\ \text{m/s}$, $\omega_z=0°/\text{s}$) 整流罩抛罩分离过程图像

图 3.13 给出了状态 1~状态 3 中左罩滚转、俯仰及偏航姿态角的变化对比，可以明显看出状态 1 左罩没有出现明显的俯仰或滚转运动；而状态 2、状态 3 中

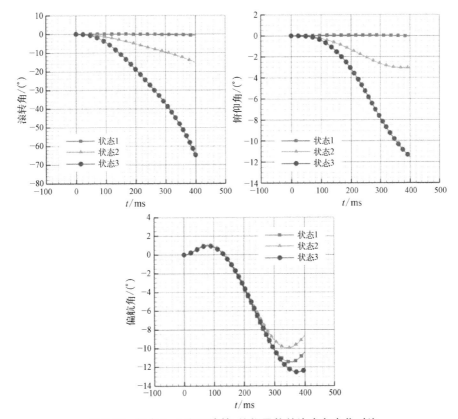

图 3.13　状态 1~3 左罩滚转、俯仰及偏航姿态角变化对比

滚转、俯仰姿态角随着攻角的增大而明显增大。显然,对于整流罩这种上下对称外形,来流攻角导致其分离过程中出现明显的俯仰/滚转姿态变化,且随着时间的推进容易出现由各通道耦合引起的锥形运动,从状态1、状态3分离图像对比可以明显看出,这种锥形运动会导致整流罩运动外包络增大,使整流罩与后体间安全距离减小,对分离的安全性不利。

　　分离速度是影响整流罩分离安全性的另一关键因素,状态2、状态4、状态5中主要参数相同,仅侧向分离初速度(分别为6 m/s、8 m/s和10 m/s)存在差异。图3.14给出了三组状态中左半罩侧向分离速度及质心侧向位移对比情况,三组状态中质心侧向速度变化规律类似,但初始速度的差异导致最终左罩的位移出现明显的偏差。在分离后400 ms左右,状态5中左罩最大位移比状态2中最大位移大1.5 m左右,显然在其他条件相同的情况下,状态5的安全裕度比状态2要高很多。因此,提升整流罩初始分离速度也是提高分离方案安全性的一种有效手段。

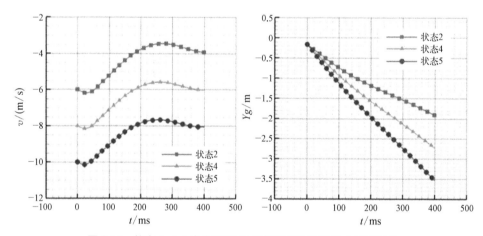

图 3.14　状态 2、4、5 中左罩侧向分离速度及侧向质心位移对比

　　整流罩初始张开角速率也是可以通过调节分离辅助状态控制的分离条件之一。状态6~状态8(图3.15~图3.17)是设计的初始角速率对比状态,三组状态中初始分离角速率分别为-200°/s、0°/s和200°/s,其中,负的角速率表示分离初始时刻整流罩为内扣,正的角速率表示初始时刻整流罩外翻,即通常所说的"内/外八字"状态。从分离图像可以明显看出,状态6为不安全状态,在分离过程中整流罩与后体间侧向距离始终较小,最终出现碰撞的情况;而状态7、状态8在300 ms内未发现危及安全的问题。

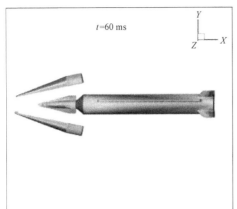
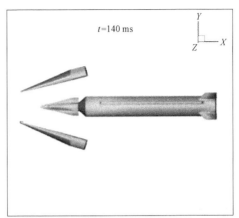

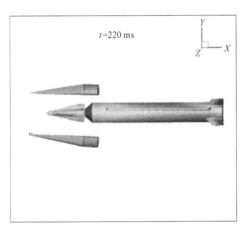
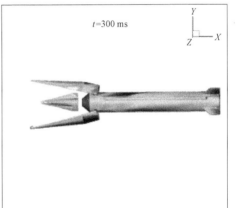

图 3.15　状态 6($\alpha=3°$，$V_0=8\,\mathrm{m/s}$，$\omega_z=-200°/\mathrm{s}$) 分离过程图像

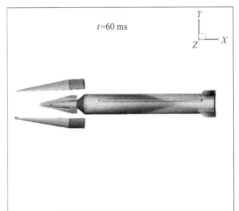
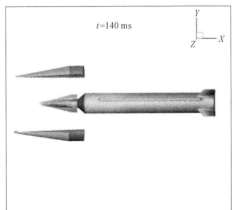

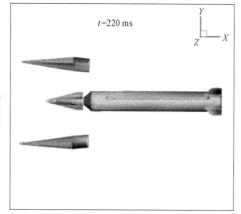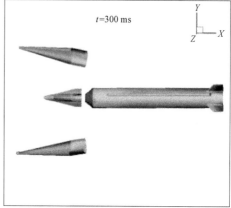

图 3.16　状态 7($\alpha = 3°$，$V_0 = 8$ m/s，$\omega_z = 0°$/s)分离过程图像

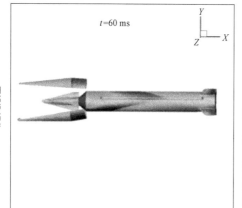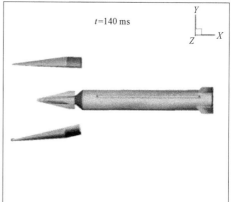

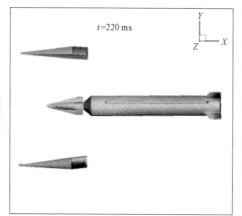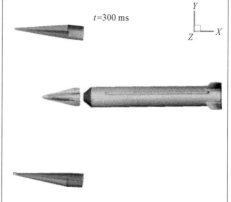

图 3.17　状态 8($\alpha = 3°$，$V_0 = 8$ m/s，$\omega_z = 200°$/s)分离过程图像

图 3.18 给出了三组状态对应的左罩侧向分离速度及侧向质心位移变化曲线,从分离速度的对比情况看,分离后整流罩的分离速度先增加后减小,但分离角速率较小或为负时侧向速度增加阶段持续的时间很短;而当分离角速率为 200°/s 时,左罩侧向分离速度在分离前 200 ms 均持续增加。从最终的侧向质心位移看,在分离后 400 ms 左右,状态 8 侧向质心位移约 4 m,而状态 7 左罩侧向质心位移约 2.75 m,显然一定的外翻角速率是有利于整流罩安全分离的。

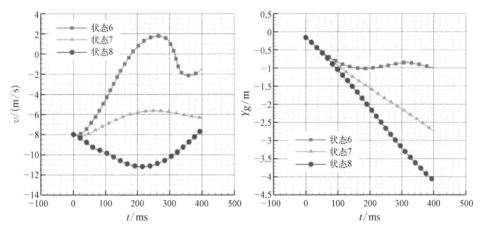

图 3.18　状态 6、7、8 对应的左罩侧向分离速度及侧向质心位移对比

3.2.2　级间分离

级间分离是一类重要的多体分离问题,通常出现在助推级与上面级之间,分离过程的扰动可能影响上面级的飞行姿态,甚至影响上面级的飞行安全。因此,对级间分离问题开展研究,分析其中可能存在的影响飞行安全的问题和因素是级间分离方案设计过程必不可少的环节。

部分飞行器级间分离过程可以纯粹依靠气动力实现,而更多的级间分离过程借助了弹簧、作动筒等分离机构;有的时候为了维持分离初期前后体姿态的稳定,避免在分离机构、气动力等扰动作用下出现碰撞等危险现象,还会在分离中采用导向装置。本小节选用一高超声速飞行器级间分离过程作为示例分析级间分离过程中需关注的问题和因素。

图 3.19 所示为选用的级间分离模型示意图,其中,前体为乘波体飞行器,后体为常规的助推级外形,中间有锥形过渡段。表 3.6 给出了计算模型各部件对应的质量特性。表 3.7 所示为数值模拟的两组状态对应的级间分离条件,状态 1

中采用分离弹簧作为辅助分离装置,且考虑了导向销的作用;状态 2 为自然分离条件,没有考虑分离弹簧、导向销等辅助分离装置的影响。其中,级间分离时刻的 0 时刻对应于抛罩运动的初始时刻。

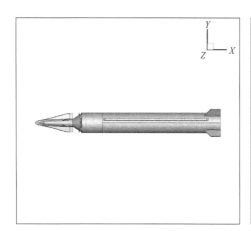
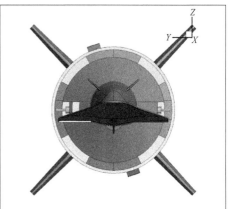
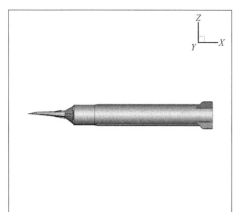
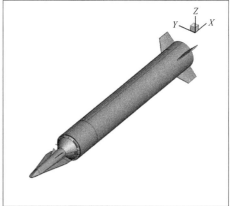

图 3.19　级间分离模型示意图

表 3.6　计算模型各部件对应的质量特性列表

	质量/kg	质心位置/m			转动惯量/(kg·m²)		
		Xc	Yc	Zc	Ixx	Iyy	Izz
试飞器	173	1.9	0	0	3.2	23.0	25.0
助　推	900	5.0	0	0	95.0	5 000.0	5 000.0
全　弹	1 073	4.5	0	0	100.0	6 500.0	6 500.0

表 3.7　数值模拟的两组状态对应级间分离工况条件表

Ma	H/km	攻角/(°)	级间分离时刻/ms	分离弹簧刚度系数/(kN/m)	导向销长度/m
6	30	1.5	125	84	0.1
				—	—

图 3.20、图 3.21 分别给出了两状态中前/后体关键参数(轴向/法向质心位置及速度、俯仰角及俯仰角速度)对比曲线。状态 1 中引入了分离弹簧等辅助分离装置,因此在开始级间分离后两体沿 x 向速度相对状态 2 有明显变化,尤其是飞行器沿 x 向速度有明显拐点出现,进而导致其 x 向质心位移相对状态 2 有较大的偏折。由于后体质量较大,相对而言辅助分离状态对后体影响较小。

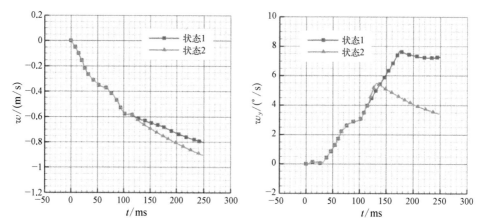

图 3.20 两状态前体关键参数对比曲线

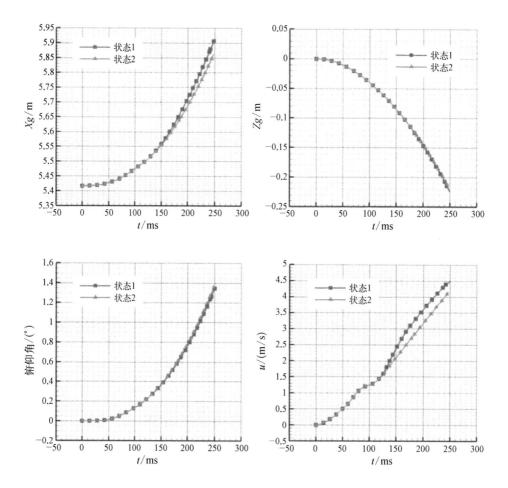

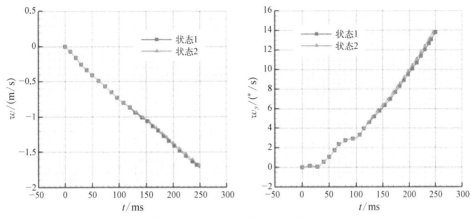

图 3.21　两状态后体关键参数对比曲线

图 3.22 中给出了状态 1 前后体沿 x 向加速度的变化情况, 由于级间分离前全弹受到整流罩绕流的影响, 所以在 0~125 ms 其 x 向加速度存在一定程度波动。当级间分离开始后, 前后体受力在气动力基础上叠加了分离弹簧提供的弹簧力, 沿 x 向的加速度出现突跃, 且前体质量仅为后体的 1/5, 因此其加速度变化幅度比后体更大。随着分离距离的增大, 前后体沿轴向的加速度逐渐减小, 当分离弹簧作用消失

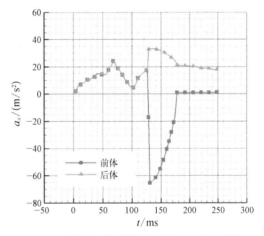

图 3.22　状态 1 前后体质心轴向加速度对比

后两体沿轴向加速度恢复为气动力提供的加速度。

图 3.23 给出了两状态前后体轴向相对速度和质心相对位移变化历程对比, 显然状态 1 中前后体在分离弹簧等辅助分离状态的影响下, 其轴向相对速度迅速增大, 导致两体间距离迅速拉开。在模拟的 125~250 ms 内, 状态 2 中两体间产生的轴向距离约 0.17 m, 而在对应时间段内状态 1 中产生的轴向距离达 0.44 m, 接近状态 2 中分离距离的 2.6 倍, 显然分离弹簧等辅助分离装置可提供一定的初始分离力, 可为级间分离中两体提供更大的相对分离速度, 有利于分离安全。

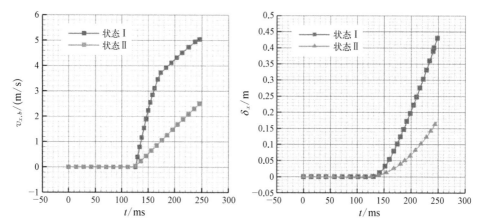

图3.23   两状态前后体轴向相对速度和质心相对位移变化历程对比

3.3   小结

本章系统介绍了高超声速飞行器动态特性问题的数值计算方法,主要包括动态稳定性导数和多体分离问题两个方面。其中动态稳定性导数数值计算方法介绍了强迫振动、自由振动和准定常旋转法三种,并采用 HBS 标准模型算例和高超声速飞行器模型算例验证了相关方法。多体分离问题是飞行器设计中重点关注的动态问题之一,本章主要介绍了高超声速飞行器设计中经常遇到的整流罩抛罩和级间分离问题的主要影响因素和分离方案安全性、可靠性典型评估过程。

参考文献

[1]   Bryan G. Stability in aviation:An introduction to dynamical stability as applied to the motions of aeroplanes. Nature,1912,1(4):88-94.

[2]   Hui W H, Tobak M. Bifurcation analysis of aircraft pitching motions about large mean angles of attack. Journal of Guidance, Control, Dynamics, 1984, 7(1):113-122.

[3]   Hui W H, van Roessel H J. Transient motion of a hypersonic wedge, including time history effects. Journal of Guidance, Control, Dynamics, 1986, 9(2):205-212.

[4]   Stalnaker J F. Rapid computation of dynamic stability derivatives. Reno:AIAA-2004-210, 2004.

[5]   Ronch A D, Vallespin D. Computation of dynamic derivatives using CFD. Chicago:AIAA-

2010-4817, 2010.

[6] Erdal O, Hssan U A. CFD predicitions of dynamic derivatives for missile. Reston：AIAA-2002-0276, 2002.

[7] Soo H P, Yoonsik K, Jang H K. Prediction of dynamic damping coefficients using unsteady dual-time stepping method. Reston：AIAA-2002-0715, 2002.

[8] 孙涛,高正红,黄江涛.基于 CFD 的动导数计算与减缩频率影响分析.飞行力学,2011, 29(4)：15-18.

[9] 范晶晶,阎超,李跃军.飞行器大迎角下俯仰静、动导数的数值计算.航空学报,2009, 30 (10)：1846-1850.

[10] Hall K C, Thomas T P, Clark W S. Computation of unsteady nonlinear flows in cascades using a harmonic balance technique. AIAA Journal, 2002, 40(3)：879-886.

[11] McMullen M, Jameson A, Alonso J J. Application of a nonlinear frequency domain solver to the euler and navier-stokes equations. Reston：AIAA-2002-0120, 2002.

[12] Murman S M. A reduced-frequency approach for calculating dynamic derivatives. AIAA Journal, 2005, 45(6)：2005-2840.

[13] Gopinath A K, Jameson A. Time spectral method for periodic unsteady computations over two- and three-dimensional bodies. Reno：AIAA-2005-1220, 2005.

[14] 谢立军,杨云军,刘周,等.基于时间谱方法的飞行器动导数高效计算技术.航空学报, 2015,36(6)：2016-2026.

[15] 谢立军.飞行器动态气动特性时间谱方法高效计算.北京：中国航天空气动力技术研究 院,2014.

[16] Sicot F, Puigt G, Montagnac M. Block-Jacobi implicit algorithms for the time spectral method. AIAA Journal, 2008, 46(12)：3080-3089.

[17] 童秉纲,陈强.关于非定常空气动力学.力学进展,1983,13(4)：377-384.

[18] 杨云军.飞行器非稳定运动的流动物理与动力学机制.北京：中国航天空气动力技术研 究院,2008.

[19] Hirt C W, Amsden A A, Cook J L. An arbitrary Lagrangian-Eulerian computing method for all flow speeds. Journal of Computational Physics, 1974, 14(3)：227-253.

第 4 章
反作用控制系统喷流干扰计算方法

反作用控制系统是利用发动机喷流产生反作用力快速改变飞行器运动姿态或轨道的直接力控制系统,其作用在于补充气动舵面效率不足和快速改变飞行状态。RCS 喷流控制技术具有响应快、效率高、不受来流动压影响等特点,而且减少了气动控制面,从而能简化防热设计,减轻结构质量,也能减小阻力,减小雷达反射信号,对隐身有利。由于 RCS 喷流控制技术的诸多优点,该技术已经或正在应用到越来越多的飞行器姿态与轨道控制当中:

图 4.1 "阿波罗"号返回舱[1]

滚转控制喷口

偏航控制喷口

（1）用于较小升阻比的无翼式飞行器。例如,美国的"阿波罗"号(图 4.1)、苏联的"联盟"号和我国的"神舟"号系列飞船等都完全依靠小型的姿态控制发动机来调整姿态。

（2）用于较大升阻比的有翼式飞行器。这类飞行器将 RCS 喷流控制技术作为传统舵面控制的一种有效补充手段。例如,美国的航天飞机(图 4.2)机体的头部和尾部都布置了成组的姿态控制发动机来进行姿态控制。目前,各航天大国积极研究的新一代空天飞行器中,RCS 技术也同样得到了应用,例如,美国的 X-37B 于尾部布置了多个 RCS 发动机配合气动舵面进行姿态控制(图 4.3)。

（3）用于多种高机动导弹。侧向喷流控制技术也是这类武器姿态/轨道控制的重要手段。例如,美国的爱国者 3 型导弹(PAC-3)使用了 180 个微型固体脉冲发动机进行姿态控制;俄罗斯的 C-400 利用 24 个侧向控制发动机提供的喷

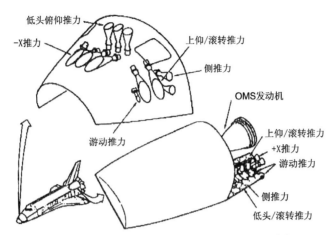

图 4.2　美国航天飞机姿态控制发动机布置图[2]

图 4.3　美国空天飞机 X-37B 示意图[3]

流反作用力进行快速变轨;法国的 Aster(图 4.4)二级导弹也采用了喷流控制技术,以直接力控制的方式来实现快速机动,提高武器的战术性能;美国的 THAAD 导弹(图 4.5)无气动控制舵面,进行机动变轨时,完全依靠姿态/轨道控制发动机提供的直接力实现高精度与快响应的机动飞行。

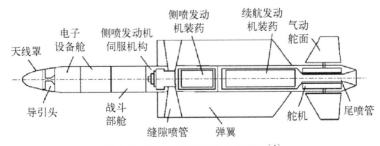

图 4.4　Aster 轨控发动机布置图[4]

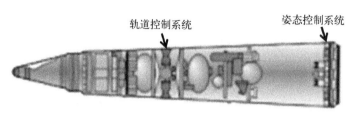

图 4.5　THAAD 导弹示意图[5]

对于临近空间飞行器,RCS 喷流控制技术是其姿态调整、稳定控制和安全飞行的重要保障。临近空间飞行器经历跨流域(自由分子流区、过渡流区、连续流区)、跨速域(高超声速、超声速、跨声速、亚声速)飞行,其气动特性、稳定性等发生很大变化,单靠气动舵面控制很难满足姿态调整与稳定控制需求,必须使用 RCS喷流控制技术补充控制能力。一方面,再入初期大气稀薄,动压很小,气动舵面失效,必须完全依靠 RCS 喷流控制技术进行姿态调整与控制,维持纵向配平特性,保持横向稳定性。另一方面,当高度降低,动压增大,气动舵面逐渐介入控制后,由于存在舵面效率不足、大攻角再入横向稳定性较差、滚转和偏航通道耦合等问题,仍必须借助 RCS 喷流控制技术补充控制能力,才能保证稳定控制、安全飞行。

采用 RCS 喷流控制技术的飞行器为提高控制能力其 RCS 发动机工作状态一般设计为超声速欠膨胀喷流。当超声速欠膨胀喷流侧向喷射进入超/高超声速外流时,喷流与外流将产生相互作用,形成复杂的激波/边界层干扰流动,流场中会产生分离与再附激波、马赫盘、剪切层等(图 4.6):喷流喷出后继续膨胀,形成桶形激波,并产生马赫盘;喷流阻碍了飞行器绕流,在喷口的上游形成较强的

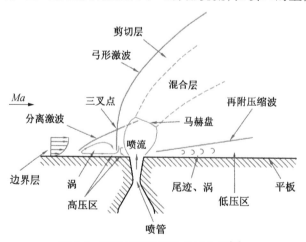

图 4.6　侧喷干扰流场结构示意图[6]

弓形激波,弓形激波后产生高压区,高压区通过边界层内部继续向上游传递,形成的逆压梯度使得边界层发生分离,产生分离激波,分离激波与弓形激波形成了交叉的波系结构;在喷口的下游,由于喷流的挟带作用所以形成了一片低压区,在靠近壁面的位置,由于流动的再附现象所以又会产生再附压缩波,在喷流的尾迹区内也有一系列复杂的涡系结构。

RCS 喷流引起的复杂干扰流场特征与 RCS 发动机的实际控制力/力矩存在内在的联系。RCS 发动机欠膨胀喷流产生的实际控制力/力矩包含两部分:一是 RCS 发动机本身的推力/力矩;二是 RCS 喷流与外流相互作用引起的喷流干扰力/力矩,也称附加干扰力/力矩。喷流与外流的相互干扰引起了飞行器表面压力分布的变化,产生了喷口上游的高压区和喷口下游的低压区,喷流干扰力/力矩为整个干扰区压力变化的积分结果。欠膨胀工作状态下 RCS 发动机本身的推力/力矩是确定的,而喷流与外流相互干扰产生的附加干扰力/力矩不仅与喷流参数(如喷管的几何特性、喷流马赫数、出口压力、比热比等)、来流参数(如来流马赫数、飞行高度、攻角等)相关,而且受到两者组合参数(如动量比、质量流率比、压力比、推力比等)的影响。

此外,工程应用中 RCS 发动机产生的喷流为高温、多组分真实燃气,与外部来流的相互干扰作用还耦合了二次燃烧化学非平衡效应、多相流等复杂效应,以脉冲形式工作的 RCS 喷流在启动、关闭及与外流相互干扰过程中还会产生复杂非定常效应。RCS 喷流干扰这类复杂流动耦合了空气动力学诸多难题,并且其气动干扰特性随喷流参数、飞行条件、布局形式等呈现强非线性和不确定性,准确模拟难度非常大,需建立特殊的数值预测技术。

4.1　RCS 喷流干扰数值计算方法

4.1.1　RCS 定常冷喷干扰数值计算方法

受限于地面模拟能力,有关喷流干扰研究大多采用冷喷模拟技术,即将燃气喷流按满足一定相似参数条件转化为量热完全气体(冷喷)进行模拟。在工程设计中,冷喷流参数通常通过压力比、动量比相似转换得到[7-10]。转换原则如下:

(1)保持喷流与外流的动量比不变(或喷流出口动量不变),即热喷出口动量与冷喷出口动量相等。

$$\Phi_{j热喷} = P_{j热喷}\gamma_{j热喷}M^2_{j热喷}A_{j热喷} = \Phi_{j冷喷} = P_{j冷喷}\gamma_{j冷喷}M^2_{j冷喷}A_{j冷喷} \qquad (4.1)$$

（2）保持喷流与外流的压力比不变（或喷流出口压力不变），即热喷出口静压与冷喷出口静压相等。

$$P_{j热喷} = P_{j冷喷} \qquad (4.2)$$

（3）保持喷管出口面积不变，即热喷出口面积与冷喷出口面积相等。

$$A_{j热喷} = A_{j冷喷} \qquad (4.3)$$

由以上三个关系式可得到冷喷条件下的出口马赫数为

$$\gamma_{j热喷}M^2_{j热喷} = \gamma_{j冷喷}M^2_{j冷喷} \Rightarrow M_{j冷喷} = \sqrt{\frac{\gamma_{j热喷}M^2_{j热喷}}{\gamma_{j冷喷}}} \qquad (4.4)$$

喷流边界条件处理通常有两种方式：一种是不带 RCS 喷管，从喷管出口开始计算，喷流边界条件在喷管出口施加，给定喷管出口处的马赫数、压力（总压或静压）、温度（总温或静温）。另一种是带 RCS 喷管同飞行器外部绕流进行一体化计算，模拟喷管的内部流动，喷流边界条件在喷管入口施加，给定喷管入口处的马赫数（由喷管入口面积比得到）、压力（总压或静压）、温度（总温或静温）。

在数值方法方面，早期采用基于 Euler 方程的方法，之后以基于结构网格的 RANS 方法为主，采用 TVD、Roe、van Leer 等 2 阶精度格式，运用的湍流模型有 B-L、S-A、k-ε、k-ω、SST 等[11-15]。

由于喷流干扰流场存在复杂的波系、涡系及流动分离，空间离散格式及限制器的激波捕捉能力、黏性分辨率将直接影响对这类复杂流动的模拟精度。表 4.1 给出了某高超声速翼身组合体外形偏航通道 RCS 工作时基于各种空间离散格式、限制器所获得的偏航力矩喷流干扰量 ΔC_{my}，计算条件为 $Ma = 26$、$H = 80$ km、$\beta = 0°$。基于均方根误差 2σ 分布进行不同空间离散格式、限制器计算结果数据散布度分析，如果以 Roe+minmod 计算结果作为基本数据，那么不同空间离散格式、限制器导致的 ΔC_{my} 数据散布度为 5% ~ 20%。

表 4.1 基于不同空间离散格式、限制器所获得的 ΔC_{my} 数据散布度表

$\alpha/(°)$	37	40	42	45	47
Roe+minmod	0.004 28	0.005 09	0.005 52	0.006 01	0.006 15
Roe+van Leer	0.004 74	0.005 31	0.005 61	0.005 92	0.006 09
AUSMPW+	0.004 71	0.005 18	0.005 44	0.005 69	0.005 79

（续表）

$\alpha/(°)$	37	40	42	45	47
NND	0.004 77	0.005 29	0.005 63	0.005 98	0.006 11
Steger-Warming	0.004 92	0.005 39	0.005 65	0.005 92	0.006 00
算术平均值	0.004 68	0.005 25	0.005 57	0.005 90	0.006 03
均方根误差 σ	0.000 43	0.000 20	0.000 16	0.000 25	0.000 28
2σ	0.000 85	0.000 40	0.000 32	0.000 50	0.000 57

4.1.2 脉冲喷流干扰非定常数值计算方法

在工程实际应用中,RCS 喷流通常由固体或液体火箭发动机产生,发动机推力为脉冲形式且工作时间非常短暂,一般为几毫秒到几十毫秒,产生的喷流本质上是非定常的燃气射流。同时,RCS 喷流干扰流场的建立是一个通过流场参数传递和匹配而趋于平衡的动态过程。非定常性和瞬态性是 RCS 干扰流场的重要特征,并且对喷流直接力作用效应、飞行器瞬态气动特性、飞行稳定性等会产生直接的影响。从典型侧向喷流开启到关闭过程中法向力和俯仰力矩随时间的变化历程[16]中可以看出,在喷流达到稳定状态之前,法向力和俯仰力矩均存在一个较大的峰值,在喷流关闭之后,还存在喷流干扰力的残余影响(图 4.7)。

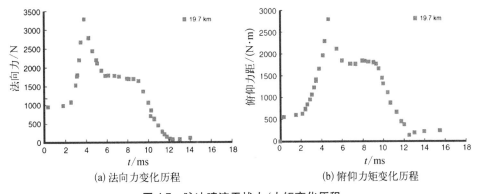

(a) 法向力变化历程　　　　　(b) 俯仰力矩变化历程

图 4.7 脉冲喷流干扰力/力矩变化历程

非定常喷流干扰流场包含了大量复杂流动现象,对这些流动现象的研究存在巨大的困难,国内外开展了部分有关侧向喷流干扰非定常效应方面的研究工作,但对非定常干扰流场特性及非定常效应对飞行器气动特性的影响还缺乏系统性和确定性研究,很多问题的研究还处于初始阶段,无论流动本身的物理机理还是实际应用技术都存在许多亟待解决的问题。

　　目前,针对脉冲喷流干扰非定常特性研究多采用冷喷模拟技术。由于需要保证脉冲喷流非定常计算的时间精度,所以时间离散主要采用二阶精度的Runge-Kutta 显式离散方法[17]及隐式双时间步方法[18,19]。理论上最可靠的是采用 Runge-Kutta 一类的显式离散方法,但是由于显式格式的稳定时间步长过小,对于复杂工程问题引起的巨大的计算时间工程应用上无法接受。因此,显式格式一般用来对计算精度进行校验。在实际应用中普遍采用的是 Jameson 提出的双时间步方法,在冻结的真实时刻上引入类似牛顿迭代的虚拟时间过程,通过这种内迭代过程来提高 LU[20]处理过程中所损失的时间精度。

　　初值条件:非定常流场计算需要给定一个物理意义清晰、流场结构合理的初值。对于脉冲喷流干扰计算,首先计算相同来流条件下无喷流定常流场,以此流场作为非定常计算的初场。采用双时间步方法计算需要给定前两个时间层的物理量,一般采用两层物理量等同的方式处理[19]。

　　喷流边界条件:当采用冷喷计算时,给定喷管入口(带喷管一体化计算)或者出口(不带喷管)的马赫数、温度、压力等条件。其中,压力条件设置为时间的函数,有两种方式:一是拟合压力对时间的多项式曲线,二是直接采用间断点进行插值。

　　从理论上来说,引入虚拟时间迭代过程的双时间步方法在内迭代残值趋于0 时接近时间 2 阶精度,但在实际计算中往往很难满足。在计算过程中,需要对内迭代收敛过程进行判断和控制,使得内迭代过程在保证一定时间精度的前提下尽快结束。合理的方法是给定一个内迭代收敛判据来确定内迭代步数。选用的收敛判据为[21]

$$\mathrm{Tol} = \frac{\sum \parallel \Phi^{n+1(p+1)} - \Phi^{n+1(p)} \parallel_2}{\sum \parallel \Phi^{n+1(p+1)} - \Phi^{n} \parallel_2} \tag{4.5}$$

其中,Φ 为流场特征变量,取作压力或密度。若此判据取值过小,则实际计算难以满足,容易陷入死循环;若此判据取值过大,则难以满足非定常计算的时间精度要求,故需要通过对收敛判据的分析,获得一个合适的值。对于比较复杂的流场,内迭代过程常因达不到收敛判据而跳不出内迭代,陷入死循环。在这种情况下需要在给定内迭代收敛判据的同时限定内迭代的最大迭代步数。

　　同时,双时间步方法的物理时间步长的选取虽然不受稳定性条件的限制,但是物理时间步长取值过小,就会导致计算时间难以接受;物理时间步长取值过大,则会对计算精度造成一定的影响,所以需要根据物理问题本身和计算结果对比分析,获得最佳的物理时间步长[22-24]。

由于脉冲喷流作用时间一般较短,在 10 ms 量级,在工程应用中为保证计算精度,需要在对物理时间步长以及双时间步方法的内迭代过程进行收敛性分析,下面给出典型高超声速工况下的研究结果,以供参考。

典型高超声速工况下内迭代收敛判据选择对计算结果的影响[25]见图 4.8,可以看出不同收敛判据的计算结果的变化趋势相同,但其结果则有一定的差别。计算过程显示,内迭代收敛判据取得越小,内迭代步数越多,所用计算时间越长。

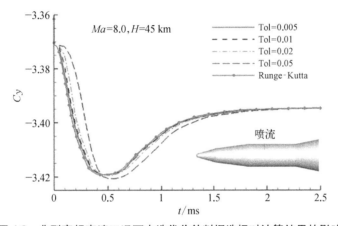

图 4.8 典型高超声速工况下内迭代收敛判据选择对计算结果的影响

典型高超声速工况下物理时间步长选择对计算结果的影响[25]见图 4.9。由图 4.9 可知,当物理时间步长取值过大时,计算结果与参考值差别较大,表明物理时间步长取值必须在一个适度小的范围内。从计算过程来看,物理时间步长

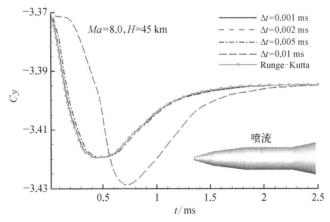

图 4.9 典型高超声速工况下物理时间步长选择对计算结果的影响

取值越小,所需要的计算时间也就越长,付出的计算代价就越大。

由于脉冲喷流的作用形式千变万化,喷流条件包括总压、喷管构型等存在较大差异,以上研究成果仅能说明在这种典型外形及喷流/来流条件下的内迭代收敛判据及物理时间选择的依据,针对不同的外形及喷流/来流参数,还需要专门开展相关研究。

脉冲形式影响: 目前常见的脉冲形式一般有两种[26],如图 4.10 所示,对于图 4.10(a)所示燃烧室压力有较长的压力平稳段的喷流发动机,可以忽略 P-t 曲线的压力上升段及下降段,认为喷流参数在计算过程中是恒定状态。对于图 4.10(b)所示脉冲发动机,其工作时间短,响应速度快,从启动到结束只有几毫秒,其燃烧室压力随时间的变化呈尖波形,燃烧室压力不存在稳定段,不能采用上述恒定压力计算。

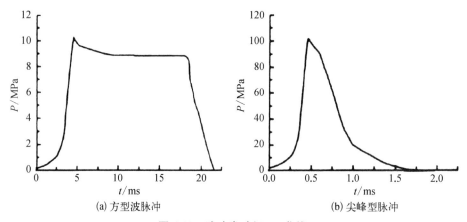

(a) 方型波脉冲　　　　　　　　(b) 尖峰型脉冲

图 4.10　脉冲发动机 P-t 曲线

从不同脉冲喷流形式下附加法向力系数和附加俯仰力矩系数随时间的变化规律[25](图 4.11~图 4.13)可以看出,两种脉冲形式下喷流干扰引起的附加法向力系数和附加俯仰力矩系数随时间的变化趋势基本一致。由于侧喷干扰流动的复杂性,虽然喷流出口压力是线性变化的,但引起的时变气动特性却是非线性的。

非定常计算的一个重要难点就是计算量巨大。对于高超声速喷流干扰流场,流动结构的复杂性使得双时间步方法内迭代收敛非常缓慢,内迭代往往需要数百步的计算才能满足对时间精度的要求,其计算时间之长、计算步数之多是研究和工程计算都不能接受的。因此,必须采取合适的加速收敛措施,在不降低计算精度的前提下,最大限度地减小计算量和计算时间。在诸多的加速收敛措施

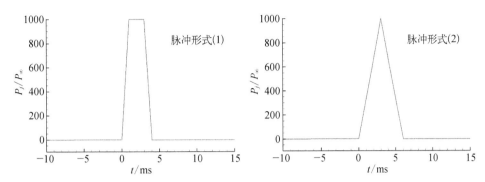

图 4.11   喷管出口压力随时间变化曲线

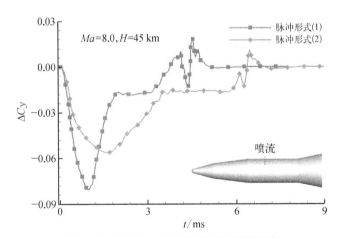

图 4.12   附加法向力系数随时间变化规律

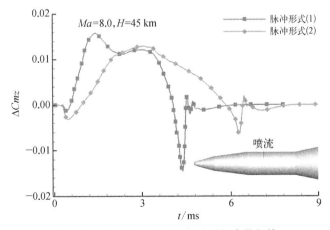

图 4.13   附加俯仰力矩系数随时间变化规律

中,多重网格法是非常有效的方法之一[27]。简单来说,多重网格法就是利用一系列粗细不同的网格来求解同一离散问题,在不同粗细网格上消除不同频率的误差,从而可以加速解的收敛。对于喷流干扰流场计算,流场中存在着动态激波系、流动分离与再附、剪切层等复杂结构,需要采取相应的改进措施[28-30]以提高研究此类非定常流动时的鲁棒性。图 4.14 给出了法向力系数随时间的变化历程的比较,可以看出,采用多重网格方法后,内迭代 50 步的计算结果与单重网格内迭代 600 步的计算结果基本一致。图 4.15 给出了 0.8 ms 时喷口附近 0° 子午线上压力分布,可以看出多重网格法计算结果和原有单重网格计算结果吻合度非常高。

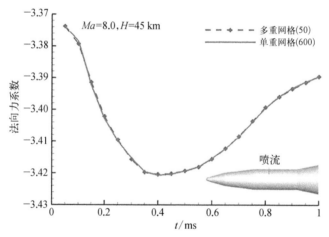

图 4.14　多重网格方法加速收敛效果

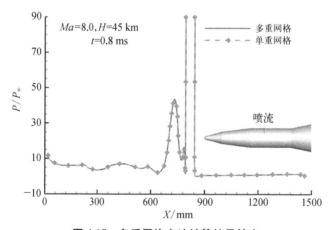

图 4.15　多重网格方法计算结果精度

4.1.3　燃气热喷干扰数值计算方法

真实的 RCS 发动机燃气喷流存在高温真实气体效应,这种真实气体效应主要是由发动机燃烧后的高温产物或燃烧不充分的燃料与来流中的空气发生二次燃烧效应引起的。这种喷流高温气体与来流空气相互作用带来的二次燃烧效应改变了喷流干扰流场的空间与表面结构,进而影响干扰流场中的载荷,影响喷流的实际控制力与力矩。高超声速飞行带来的头部区域产生的真实气体效应,改变了喷流发动机上游的来流环境,进而可能影响喷流干扰流场结构。上述燃气发动机喷流的二次燃烧效应及高速飞行的真实气体效应对发动机的影响程度和飞行环境、飞行器及发动机布局密切相关。

研究结果表明,真实 RCS 发动机燃气喷流干扰流动中主要存在三种不同的热喷效应,即高温异质效应、两相流和非平衡燃烧效应,其中,非平衡燃烧效应对干扰流场及模型气动力的影响最大。

对于化学反应非平衡喷流干扰流场,通常采用基于多组分含源项三维雷诺平均 N-S 方程、有限体积离散的数值模拟方法,针对模拟化学反应流场存在的刚性采用全隐式处理方法。对于无黏通量,采用常用二阶差分格式离散;对于黏性通量,采用中心差分离散。真实 RCS 发动机燃料的化学反应组分及基元反应方程十分复杂,进行数值模拟时化学反应动力学模型和反应参数的选择存在很大不确定性。

如果仅关注热喷干扰中的介质和温度效应,则可忽略组分之间的化学反应,进行不同组分化学反应冻结流计算。或更进一步考虑将实际喷流中的多组分燃气简化为单组分燃气,将喷流和来流气体看作两种不同的介质,进行异质流计算。

与冷喷流场相比,在真实的 RCS 发动机热喷流场中,喷流气体为包含多种热力学特性各异的组分组成的高温混合气体,这些气体组分之间存在质量、动量和能量的交换,在喷流与外流进行混合时,未完全燃烧的喷流产物遇到外流空气会出现二次燃烧,同时干扰流场中还存在多相流动干扰等现象。喷流的热喷效应使得喷流干扰流动机理更为复杂,在某些状态下,对喷流干扰流场的空间与表面结构产生显著影响。从典型外形冷/热喷干扰流场结构对比纹影图(图 4.16)可以看出,在攻角为10°的状态下,热喷干扰流场的分离区大小明显大于冷喷的情况,在飞行器攻角为 −10° 和 0° 的状态下,冷/热喷干扰流场高压区的差别相比攻角为 10° 时要小。

在气动特性方面,当 RCS 发动机工作时,除来流与喷流互相干扰产生一定的附加干扰力和力矩外,热喷干扰效应引起的多相流动干扰现象,二次燃烧现象和组分之间的质量、动量和能量的输运现象会进一步影响飞行器的气动特性。

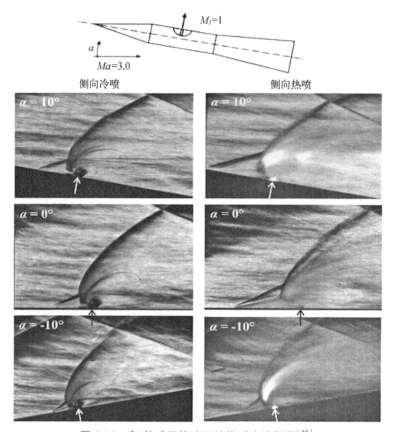

图 4.16　冷/热喷干扰流场结构对比纹影图[31]

在某些条件下,热喷干扰效应对气动特性的影响与冷喷情况存在很大差别。从锥-柱-裙外形在 $Ma=6$、$H=20$ km 时获得的热喷效应对气动特性的影响(图 4.17)可以看出,通过异质流计算得到的干扰附加俯仰力矩与冷喷结果存在较大差别。

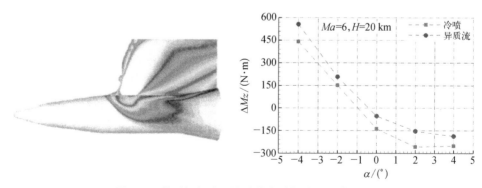

图 4.17　锥-柱-裙外形热喷效应对气动特性的影响

THAAD 反导拦截弹在 25 km 高度以下,分别考虑冻结流、异质流(喷流等效为单组分气体)、化学非平衡效应得到的俯仰力矩放大因子与冷喷模拟结果存在显著差别(图 4.18),其中,喷流与来流的化学反应影响最大。

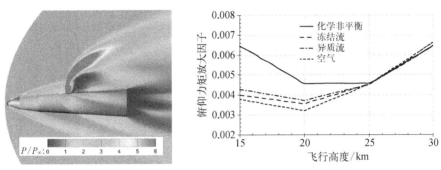

图 4.18　THAAD 冷/热喷效应对气动特性的影响[32]

4.1.4　RCS 喷流干扰网格生成技术

1. 确定计算域

在进行网格结构设计、网格生成前必须确定计算域大小,计算域的选取不宜过大也不宜过小,太大会造成网格浪费,太小会影响计算结果的正确性。对于喷流干扰流场,合适的计算域应该能够包住头部激波、喷流弓形激波,且有一定的富余空间(图 4.19)。在具体操作时,可首先利用粗网格计算基本流场,根据获得的流场测量得到干扰流场的外包络范围,再生成正式计算的网格。

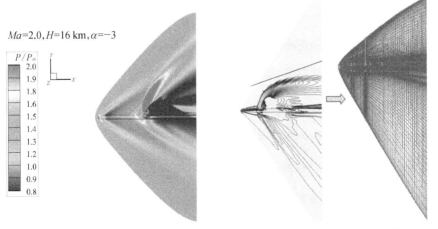

图 4.19　喷流干扰流场计算域的选择　　**图 4.20　不同攻角下喷流干扰流场计算域大小调整**

为了进一步提高计算网格的利用率,针对攻角、马赫数、高度等变化大从而导致干扰流场空间范围变化较大的情况,尽量避免采用统一的计算域,最好根据参数变化,相应地调整网格外包络的大小。从图 4.20 给出的 $\alpha = -30°$ 条件下喷流干扰流场可以看出,在黑线上方的很大区域内为无干扰均匀流场,这里的网格点对整个干扰流场的计算基本没有贡献,过多网格分布在无干扰均匀流场中将造成网格浪费,导致计算效率下降。

2. 网格方式确定

常见的网格方式有两种,一种网格方式为"H-H"型网格(图 4.21),另一种网格方式为"C-H"型网格(图 4.22)。"H-H"型网格方式适用于头部相对比较尖的外形;"C-H"型网格方式适用于头部相对较钝的外形。

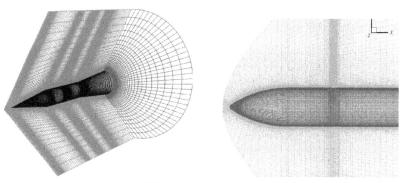

图 4.21 "H-H"型网格[33]   图 4.22 "C-H"型网格

对于侧向喷流干扰流场问题,一方面,由于流场中存在复杂的激波结构和涡系,特别是位于喷口附近的流场,物理参数变化异常剧烈,因此需要局部加密网格;另一方面,喷管通常为圆形,喷流出口的圆形边界线与主流场的四边形网格需要调配。对于分区对接网格,在喷口局部网格处理方式主要有两种(图 4.23、图 4.24),图中半圆形区域为喷管出口网格区,半圆形以外为固体壁面区。

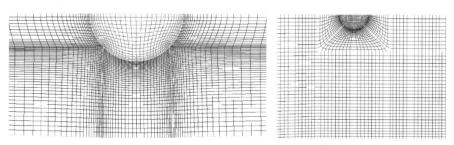

图 4.23 喷口网格方式一   图 4.24 喷口网格方式二

　　方式一的网格比较简洁,易于生成,但网格疏密同周围网格区关系密切,当需要在喷口加密网格时,整体网格也会急剧增加。对于旋成体外形,此方式周向网格质量也不易保证正交性。

　　方式二的特点是,可以很好地模拟喷管壁面,在喷口与壁面边界附近的网格质量也优于方式一,并且可在喷口周围区域进行局部网格加密,而不对整体网格结构造成影响,此处局部网格加密也不会引起整体网格量过多的增加。因此,方式二是喷流干扰流场模拟喷口网格最常用的处理方式。

　　舵区网格结构一般有两种方式,一种为"H"型(图 4.25),另一种为"O"型(图 4.26)。一般情况下建议采用"H"型,可以更好地保证舵面网格的正交性,而"O"型网格适用于舵面前后错位布置等特殊情况。当涉及舵偏状态时,舵区网格结构应当适应各种舵偏情况的变化,舵区网格总体结构在各种舵偏情况下保持不变,变化的只是舵面与舵面之间及前后的网格过渡与连接。

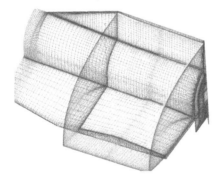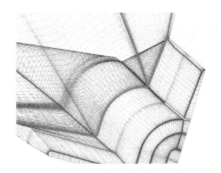

图 4.25　舵区"H"型网格　　　　　　　　图 4.26　舵区"O"型网格

3. 网格量及关键网格间距确定

　　在进行网格生成前要确定大概的总体网格量和关键网格间距,如物面法向第一层网格间距等。确定总体网格量可根据外形尺寸的大小、计算状态数及计算硬件资源等,根据总体网格量大致估算总体流向、周向、法向网格数,然后将三方向总体网格数按照不同网格结构区域进行划分,在具体网格生成时依次作为布置网格点的基础。

　　当确定物面法向第一层网格间距等关键网格间距时,可事先根据经验确定基本网格间距,在此基础上经过网格收敛性分析或经过计算试验对比确定最终采用的网格间距。

　　通常,在生成网格时要求在流动参数变化剧烈的地方网格点加密分布,而在流动参数变化平缓的地方网格点可以稀疏过渡,这样的网格既可以保证所需要的计算精度,同时达到了节省计算机内存和计算机时的目的。由于喷流干扰流场中存在复杂的激波结构和涡系,特别是位于喷口附近的流场物理参数变化十分剧烈,要想获得良好的数值模拟结果,合理的网格分布是必需的。

为研究网格分布对数值模拟结果的影响,选择尖拱柱+尾裙旋成体侧向喷流干扰试验模型,计算条件为来流马赫数5.0,来流攻角为0°,喷流出口马赫数为3.0,喷流与来流压力比为73.6。保持流向、法向与周向的网格点数不变,研究法向第一层网格间距对喷流干扰流场特性的影响,法向第一层网格间距分别取为 0.1 mm、0.05 mm、0.03 mm、0.01 mm、0.005 mm 和 0.001 mm。

从图4.27给出的不同法向第一层网格间距下旋成体喷流干扰流场上表面对称线压力分布曲线可以看出,存在三个压力分布具有明显差异的区域(在图上用影响区1、2、3标注),分别位于喷口前分离区、喷口后尾迹区和尾裙上。从这三个区域的压力分布变化情况不难看出,法向第一层网格间距 $n = 0.1$ mm 时偏差最大,$n = 0.05$ mm 次之,当 $n \leqslant 0.01$ mm 时(图4.27所示圆点为 $n = 0.01$ mm)压力分布变化已十分微小。

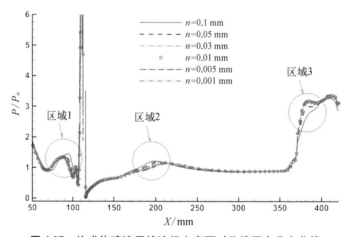

图4.27   旋成体喷流干扰流场上表面对称线压力分布曲线

进一步观察法向第一层网格间距对喷流干扰诱导的模型表面分离范围的影响,关注喷口前表面第一道分离线,即前缘分离线的变化情况。图4.28显示了不同法向第一层网格间距下旋成体喷流干扰流场表面前缘分离线的位置变化。在 0.1~0.01 mm 内分离距离随 n 的减小逐渐向上游前移;但当 n 继续减小时,分离距离不再增加,反而减小,而且 n 越减小,分离距离越小。这样的变化趋势说明,仅调整法向第一层网格间距并非越小越好,法向第一层网格间距的减小使得法向网格点逐渐向壁面聚集,在法向总网格点数不变的情况下,这导致离开壁面的空间网格点分布变得稀疏,尤其在分离激波与弓形激波相交的三叉点附近,流场参数变化剧烈,网格密度会直接影响对分离区的模拟,这里网格点越稀,计算的分离区就越小。

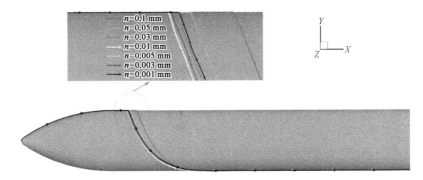

图 4.28　不同法向第一层网格间距下旋成体喷流干扰流场表面前缘分离线(后附彩图)

4.2　高超声速复杂外形 RCS 喷流干扰特性

4.2.1　单喷流干扰特性

RCS 喷流与高超声速来流相撞形成十分复杂的喷流干扰流场。从图 4.29 给出的 $Ma=15$、$H=50\,\mathrm{km}$、$\alpha=10°$ 条件下类 HTV-2 翼身融合体外形底部 RCS 喷流干扰流场结构可以看出:高超声速绕流在飞行器头部形成头激波,在飞行器

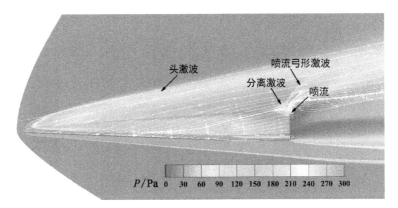

图 4.29　类 **HTV-2** 翼身融合体外形底部 **RCS** 喷流干扰流场结构

底部受到横向喷出的 RCS 喷流的阻挡作用,产生复杂的激波/激波干扰、激波/边界层干扰、流动的分离与再附。来流与喷流的相互干扰首先在喷口的上游形成了较强的弓形激波,弓形激波后产生高压,高压通过边界层内部继续向上游传递,所形成的逆压梯度使得边界层发生分离,又产生分离激波,同时流场中还存在复杂的分离涡系结构。

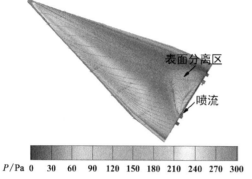

图 4.30 类 HTV-2 融合体外形底部 RCS 喷流干扰表面分离特性

从图 4.30 给出的 $Ma = 15$、$H = 60$ km、$\alpha = 10°$ 时类 HTV-2 融合体外形底部 RCS 喷流干扰的表面影响范围可以看到:喷流干扰导致飞行器尾部上表面产生较大范围的流动分离,同时,在飞行器尾部上表面及侧面、机体底面形成较大范围的压力正增量区,从而产生喷流干扰力/力矩,影响飞行器气动特性。

4.2.2 多喷流干扰特性

高超声速飞行器 RCS 控制系统一般由多个姿态控制发动机构成,真实飞行过程中存在多个姿态控制发动机同时工作的情况。例如,HTV-2 第二次飞行试验中多台 RCS 姿态控制发动机同时工作进行姿态控制(图 4.31)。

图 4.31 HTV-2 第二次飞行试验 RCS 姿态控制发动机工作示意图

当多台 RCS 姿态控制发动机同时工作时,除了来流与喷流之间的相互干扰作用外,还可能存在喷流与喷流之间的相互干扰。图 4.32 给出了 $Ma = 15$、$H = 50$ km、$\alpha = 10°$ 条件下,一种高超声速翼身融合体外形背风面两台 RCS 姿态控制发动机(对称布置)同时工作时产生的多喷流干扰流场结构。每台 RCS 姿态控制发动机喷流与来流相互干扰作用同 4.2.1 节所述单喷流干扰特性类似,都形成了较强的弓形激波,导致边界层发生分离,又产生分离激波,同时伴随复杂的分离涡系结构。此外,由图 4.32 可以看到,两股喷流各自诱导产生的弓形激波和分离激波在飞行器纵向对称面内相交,又形成新的、更强的激波,使得喷流干扰流场更加复杂。

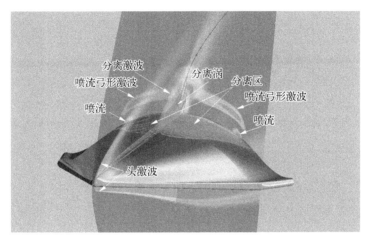

图 4.32　高超声速翼身融合体外形背风面两台 RCS 姿态控制发动机同时工作时产生的多喷流干扰流场结构(后附彩图)

从图 4.33 给出的 $Ma = 15$、$H = 50$ km、$\alpha = 10°$ 条件下高超声速翼身融合体外形底部 RCS 多喷流干扰空间影响范围可以看出:两股喷流各自喷出后迅速膨胀,随后受外部高速绕流阻挡、压缩,形成各自空间影响范围的外包络面,然后两股喷流各自形成的空间影响范围外包络面在飞行器纵向对称面发生相交、融合,形成了影响范围更大的外包络面。

从喷流干扰诱导的分离涡形态上能够更清楚地看出两股喷流之间的相互干扰作用(图 4.34)。如果仅一侧 RCS 姿态控制发动机单独工作,喷流干扰诱导的分离涡会越过飞行器纵向对称面向另一侧发展,当两台对称布置的发动机同时工作时,各自产生的分离涡向对侧发展的趋势受到了来自另一

图 4.33　高超声速翼身融合体外形底部 RCS 多喷流干扰空间影响范围

侧分离涡的阻挡,双方的横向发展均被限制在了飞行器纵向对称面,于是只能向纵向的上方空间发展。

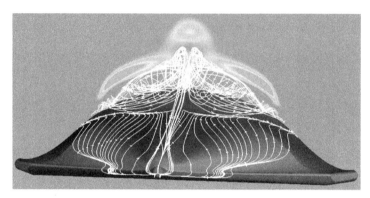

图 4.34　高超声速翼身融合体外形底部 RCS 多喷流干扰诱导的分离涡(后附彩图)

4.2.3　喷流/舵面耦合干扰特性

具有较大升阻比的有翼式飞行器跨流域、跨速域飞行,其气动特性、稳定性等发生很大变化,单靠气动舵面控制无法满足姿态调整与稳定控制需求,需 RCS 喷流与舵面复合控制。

如果舵面位于喷流干扰影响区域内,则需考虑喷流/舵面耦合干扰效应。耦合干扰效应,一方面,喷流干扰导致的舵面载荷变化将对喷流自身控制效率(尤其是控制力矩)产生显著影响;另一方面,喷流干扰导致的舵面载荷变化对舵面自身的控制效率(即舵效)也会产生影响。

图 4.35 给出了一种高超声速翼身组合体外形在 $Ma=15$、$H=60\,\text{km}$、$\alpha=40°$ 条件下,无喷及有喷时舵面迎风侧大攻角及喷流干扰导致的复杂涡系结构。在

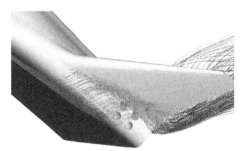

(a) 无喷时舵面迎风侧涡系结构

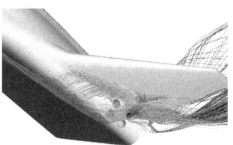

(b) 有喷时舵面迎风侧涡系结构

图 4.35　喷流干扰流场复杂涡系结构(后附彩图)

无喷时,大攻角流动在机体下表面侧缘发生流动分离,受 V 形舵面阻挡,在其舵根附近产生流动再附;在有喷时,喷流正好处于舵面迎风侧分离区,喷流喷出后,与外部绕流发生复杂的干扰作用,破坏了周围原有的涡系结构,导致产生新的流动分离、再附及涡系结构,舵面迎风侧涡系结构变得更加复杂。

从图 4.36 给出的 $Ma=15$、$H=60$ km、$\alpha=40°$时喷流干扰流场有喷与无喷压力差空间分布可以看出:位于飞行器侧面的 RCS 喷流在较大攻角时处于迎风面,喷流与来流产生强烈的相互干扰,并且由于舵面紧靠侧面的喷口,喷流干扰对舵面影响显著,在空间上喷流干扰影响范围几乎包括了整个舵面。

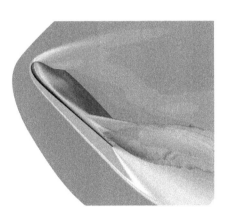

$P_{有喷}-P_{无喷}$/Pa　−100.0　175.0　450.0　725.0　1000.0

图 4.36　喷流干扰流场有喷与无喷
压力差空间分布(后附彩图)

图 4.37　飞行器表面喷流干扰流场有喷与
无喷压力差分布云图(后附彩图)

通过图 4.37 给出的 $Ma=15$、$H=60$ km、$\alpha=40°$时有喷与无喷表面压力差云图进一步分析喷流/舵面耦合干扰流场特性,图中用虚线标示出了压差为 0 的线,清楚地划分出喷流干扰引起的压力正、负增量区域。由图 4.37 可以看到,喷流干扰导致在喷口附近及舵面上形成大范围的压力正增量区,从而产生与喷流自身控制力/力矩方向相同的喷流干扰力/力矩,因此显著增强了喷流自身的控制效率,同时舵面上大范围的压力变化直接影响了舵面效率。

4.3　小结

高速来流、不同类型喷流、气动舵面等相互作用所形成的复杂喷流干扰流场涉及了流体力学许多前沿领域,包含激波/激波干扰、激波/边界层干扰、大范围流动分离与再附、强剪切等复杂现象,同时存在热喷效应、非定常效应等复杂气体物理效应,给数值模拟研究带来了很大挑战,喷流干扰对气动特性的影响程度强烈受到飞行器布局、飞行环境、RCS 发动机布局及参数等影响,呈现高度非线性变化,对数值模拟方法的适应能力、模拟精度、计算网格、数值方法与网格的匹配性、计算效率等要求远高于常规无喷计算。

未来发展的临近空间高超声速飞行器将更加强调机动性和操纵性,因此其控制系统设计更加注重精确稳定的可控性和机动能力,这就要求对 RCS 喷流干扰具备高精度模拟与评估能力,进而为高精度控制系统设计输送高可靠性的气动数据。

参考文献

[1] Stechman R, Sumpter D. Development history of the apollo reaction control system rocket engine. Monterey: AIAA-1989−2388, 1989.

[2] Rausch J R, Roberts B B. Reaction control system plume flow field interaction effects on the space shutter orbiter. San Diego: AIAA-1974−1104, 1974.

[3] David J M, Richard T C, Paul R S. How X-37 technology demonstration supports reusable launch vehicles. STAR, 2000, 38(2): 8−9.

[4] 孙晓峰,王超伦,徐珊珊.侧向推力对 PIF-PAF 控制导弹的动力学影响研究.现代防御技术,2017,45(2): 49−54.

[5] 岳松堂,薛杰.模糊了的边界 美国陆军 THAAD 末段高空区域防御系统.现代兵器,2008,(4): 41−46.

[6] 李素循.近空间飞行器的气动复合控制原理及研究进展.力学进展,2009,39(6): 740−755.

[7] Pindzola M. Jet simulation in ground test facilities. AGARD-ograph-79, 1970.

[8] Rausch J R, Roberge A M. RCS jet-flow field interaction effects on the aerodynamics of the space shuttle orbiter (final report). NASA-CR-134068, 1973.

[9] Rausch J R. Space shuttle orbiter reaction control system interactions with the vehicle flow field. NASA-CR-151807, 1978.

[10] Rausch J R, Roberts B B. Reaction control system aerodynamic interaction effects on space shuttle orbiter. Journal of Spacecraft and Rockets, 1975, 12(11): 660−666.

[11] Clark S W, Chan S C. Numerical investigation of a transverse jet for supersonic aerodynamic control. Reno: AIAA-1992−0639, 1992.

[12] Roger R P, Chan S C. Numerical study of the 3-D flowfield for a supersonic jet exiting into a hypersonic stream from a conical surface. Nashville: AIAA-1992−3675, 1992.

[13] Chan S C, Roger R P. Integrated jet interaction CFD predictions and comparison to force and moment measurements for a thruster attitude controlled missile. Monterey: AIAA-1993−

3522, 1993.

[14] Roger R P, Chan S C. Parameters affecting penetration of a single jet into a supersonic crossflow: A CFD study-I. Reno: AIAA-1997-2225, 1997.

[15] Graham M J, Weinacht P, Brandeis J. Numerical investigation of supersonic jet interaction for finned bodies. Journal of Spacecraft & Rockets, 2002, 39(3): 376-383.

[16] Ebrahimi H. Numerical investigation of jet interaction in a supersonic freestream. Journal of Spacecraft & Rockets, 2013, 45(1): 95-103.

[17] Deese J E, Agarwal R K. Navier-Stokes calculations of transonic viscous flow about wing/body configurations. Journal of Aircraft, 1988, 25(12): 1106-1112.

[18] Jameson A. Time dependent calculations using multigrid, with applications to unsteady flows past airfoils and wings. Honolulu: AIAA-1991-1956, 1991.

[19] 赵慧勇,乐嘉陵.双时间步方法的应用分析.计算物理,2008,25(3): 253-258.

[20] Yoon S, Jameson A. Lower-upper symmetric-Gauss-Sediel method for the Euler and Navier-Stokes equations. AIAA Journal, 1988, 26(9): 1025-1026.

[21] 袁先旭,张涵信,谢昱飞,等.非定常数值模拟方法的发展及其在动态绕流中的应用.空气动力学学报,2004,22(4): 432-437.

[22] Chaderjian N M, Guruswamy G P. Transonic Navier-Stokes computations for an oscillating wing using zonal grids. Journal of Aircraft, 1992, 29(3): 326-335.

[23] John M S, Barnard J, Michael K. Acoustics associated with fluid/structural coupling for interceptor missile flow fields. Lahaina: AIAA-2000-2035, 2000.

[24] Edwards J R. A diagonal implicit/nonlinear multigrid algorithm for computing hypersonic, chemically-reacting viscous flow. Reno: AIAA-1994-0762, 1994.

[25] 薄靖龙.侧向控制喷流非定常干扰效应研究.北京:中国航天空气动力技术研究院,2013.

[26] 徐敏,陈刚,陈志敏,等.侧向脉冲喷流瞬态干扰流场探讨.推进技术,2005,26(2): 120-124.

[27] 刘超群.多重网格法及其在流体力学中的应用.北京:清华大学出版社,1995: 1-6.

[28] Radespiel R, Swanson R C. Progress with multigrid schemes for hypersonic flow problems. NASA CR-189579, 1991.

[29] Gerlinger P, Stoll P, Bruggemann D. An implicit multigrid method for the simulation of supersonic hydrogen flames. Cleveland: AIAA-1998-3213, 1998.

[30] Zhu Z W, Alavilli P, Lacor C. Efficiency and robustness of multigrid methods for hypersonic flows. Reno: AIAA-1997-0342, 1997.

[31] Stahl B, Siebe F, Gülhan A. Hot-gas side jet in a supersonic freestream. Journal of Spacecraft and Rockets, 2010, 47(6): 957-965.

[32] Chamberlain R, McCluRe D, Dang A. CFD analysis of lateral jet interaction phenomena for the THAAD interceptor. Reno: AIAA-2000-0963, 2000.

[33] Gnemmi P, Schafer H. Experimental and numerical investigations of a transverse jet interaction on a missile body. Reno: AIAA-2005-52, 2005.

第5章

高超声速飞行器热环境计算方法

　　临近空间高超声速飞行器是航空航天领域发展的重要方向。与传统亚声速及超声速飞行器相比,高超声速飞行器在气动特性方面最显著的差异是气动加热问题。在高超声速条件下,高速气流与飞行器机体产生剧烈摩擦,气体动能转换为大量热能,从而导致飞行器机体表面出现严酷的气动加热现象。为避免飞行器由于高温而产生破坏,高超声速飞行器一般均需进行具有针对性的防热设计,而获得飞行器气动热环境分布特性是进行防热系统设计的前提。

　　以战略弹头、载人飞船为代表的传统高超声速飞行器多采用轴对称气动布局。由于其外形简单且防热设计余量相对较大,所以基于边界层理论的气动加热快速预测技术可基本满足防热设计需求。随着军事需求的不断拓展,以长航时、快速机动为特点的新一代临近空间高超声速飞行器成为航空航天领域的发展趋势。为满足先进性能要求,该类飞行器一般采用具有较高升阻比特性和高效气动控制能力的非轴对称气动布局。然而在高超声速飞行条件下,该类气动布局会产生复杂的部件间干扰流动,形成若干倍于非干扰区的局部热增量,从而导致飞行器局部结构存在烧蚀及应力破坏的风险。对于此类问题,传统的热环境快速预测方法难以给出准确的计算结果,适用于复杂流动分析的数值模拟技术成为必然的选择。

　　然而,由于气动加热关注的是局部流动的梯度量,其对于局部流场的精细刻画有较为严格的要求。在实际应用中,数值模拟技术自身仍处于不断发展完善阶段,目前对于准确预测高超声速飞行器气动加热存在一定的不确定性,尤其在强流动干扰条件下对于局部峰值热流的捕捉仍然是数值模拟技术面临的巨大挑战。产生这一现象的原因主要包括以下三个方面。

　　1) 计算网格

　　气动加热预测对计算网格的要求极为严苛。一方面,气动加热为流动变量

(温度)的梯度值,需要计算网格具有极小的尺度以准确模拟这一梯度;另一方面,气动加热为局部流动参数,局部流动结构的精细捕捉对热流计算结果的影响十分显著。气动加热计算网格不仅需要保证高质量的全局网格,同时需协调好大量局部精细网格的连接及匹配关系,这就对高质量整体网格的生成提出了巨大的挑战。对于大量干扰流动气动加热问题,局部热流峰值区域往往十分狭小,整个流场求解区域呈现显著的多尺度现象(对于舵轴区域,局部几何尺度与飞行器几何尺度可相差 4 个量级),这进一步增大了计算网格的生成难度。

2) 数值算法

高超声速流动控制方程(N-S 方程)为强非线性双曲-抛物混合方程。由于非线性数学理论发展的局限,对于此类方程的数值求解技术远未成熟,这一点在高超声速复杂干扰流动气动加热的模拟方面表现得更为明显。

首先,数值算法对于间断及高梯度问题的模拟一直存在困难。对于高超声速复杂流动,流场中存在各类包括激波、接触间断、剪切层等强间断及高梯度区域,该类流动的模拟为数值算法的精度及稳定性均带来了巨大的挑战。

其次,传统的数值算法研究多集中于方程对流项的处理,对于黏性项的关注则较少。对于高超声速复杂干扰流动气动加热区域,流动的对流特性与黏性特性存在显著的相互作用,数值算法发展的不平衡性导致对此类流动的准确模拟存在困难。

最后,传统的数值算法多是针对一维流动而建立的,对于三维流动的模拟仅是通过简单的三维扩展实现。这类算法的前提是,流动存在显著的一维特性(流动可以进行维度分解),且计算网格必须与流动维度特性保持一致(网格方向与流动特征方向一致)。对于高超声速复杂干扰流动气动加热区域,流动的多维干扰特性(分离、旋涡、波系干扰等)较为凸显,且由于局部外形的复杂,计算网格与流动特征的一致性也难以保证,传统数值算法对于此类问题的模拟精度往往无法得到保证。

3) 物理模型

高超声速流场存在高温气体化学反应流动、湍流/转捩流动及稀薄滑移流动等复杂流动过程。由于对物理过程机理认识仍不充分,物理模型还难以准确描述真实的物理过程,其可靠性还需进一步验证。对于复杂干扰流动区域,不同物理过程间相互耦合,进一步增大了物理模型建立的难度以及模型使用的不确定性。

对于真实复杂飞行器的热环境预测,需要把握不同数值技术对热环境预测的影响规律,在此基础上结合对飞行器真实热环境分布特性的物理认识,才可获得较为可靠的气动热环境数据。

5.1 热环境预测中的关键数值模拟技术

在实际工程应用中,不同类型的数值离散技术和物理模型会对热环境数值模拟结果产生影响,其中,较为关键的因素是计算网格、空间离散格式及湍流模型。

5.1.1 计算网格

大量的复杂工程应用表明,计算网格对于热环境数值模拟的影响至关重要。在当前数值模拟技术框架内,高质量的计算网格是实现准确热环境预测的先决条件。计算网格对于热环境预测的影响主要表现在网格拓扑和网格尺度两个方面。

1. 网格拓扑

对于高超声速热环境数值预测,网格拓扑对计算结果会产生一定影响。这一现象在高超声速钝头体驻点热流计算时表现得最为显著。下面给出该类计算的一个典型实例。

计算模型为一球头绕流,来流条件为 $Ma = 21$,基于球头直径的雷诺数 $Re_D = 4.32 \times 10^5$,壁面温度/来流温度比 $T_w / T_\infty = 7.5$。计算网格采用两类常用的网格拓扑,即奇性轴网格和补丁型网格,见图 5.1。除网格拓扑不同外,两类网格的法向

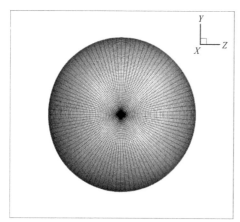
(a) 奇性轴网格

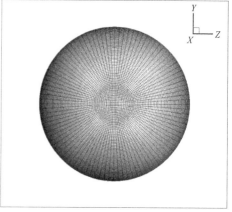
(b) 补丁型网格

图 5.1 球头计算网格示意图

网格保证严格相同、周向网格和流向网格在补丁区保证网格尺度相同,其他区域保证严格相同。图 5.2 给出了两类网格的压力和热流计算云图。

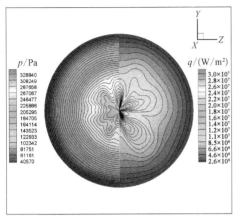
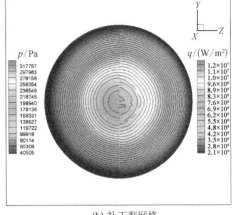

(a) 奇性轴网格　　　　　　　　　　　　　(b) 补丁型网格

图 5.2　压力、热流计算云图

由计算结果可以看到,奇性轴网格计算的驻点区压力、热流均已严重失真,而补丁型网格的计算结果有较大改善。产生这一现象的主要原因在于:球头脱体激波处产生的切向扰动误差在驻点附近亚声速区域难以消除,最终对驻点附近流动模拟产生影响[1]。对于奇性轴网格,由于奇性轴附近的网格尺度较小,空间格式提供的数值耗散较低,无法有效抑制数值误差的发展;而补丁型网格在驻点区域尺度较为均一,可以提供较大的数值耗散以实现对数值误差进行有效控制,因此其计算结果优于奇性轴网格。

在实际复杂外形工程应用中,网格拓扑对热环境预测的影响机理与上述驻点区域是相似的,即计算网格与流动特征方向不一致产生的数值误差无法通过计算网格提供的数值耗散得到抑制,从而导致出现非物理结果。因此,在实际计算中,网格拓扑的设计应优先保证计算网格与流动特征方向的一致性,从而实现误差源的最大程度减小。同时,应避免局部网格由于网格尺度过小而无法提供足够的数值耗散,进而降低对数值误差的抑制能力。

2. 网格尺度

网格拓扑对于保证热环境的定性、准确性具有重要作用,网格尺度则对热环境的定量预测具有重要影响,其中,又以法向第一层网格尺度的影响最为显著[2]。

在高超声速飞行条件下,壁面附近存在较大的法向温度梯度(温度边界层)。为准确预测当地热流,需要计算网格具有足够小的尺度以满足当地温度梯度的准确捕捉。显然,在满足同等预测精度的前提下,高热流区域需要更小的法向网格尺度,合理的法向网格尺度应与当地流动特征关联。

在实际网格划分过程中,需要预先确定法向第一层网格尺度。常使用的法向网格准则主要有网格雷诺数准则[3]和平均分子自由程准则[4]。前者采用来流参数确定当地网格尺度,因此无法体现当地流动特征对网格尺度的影响;后者采用当地平均分子自由程确定网格尺度下限,但其得到的网格尺度往往较为严苛,对计算效率会产生一定影响。这里结合大量工程应用经验给出一种新型法向网格准则[5]。该准则通过预估当地热流来确定法向第一层网格尺度的上限,在保证热流计算精度的同时可最大程度提高计算效率。

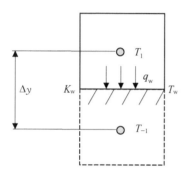

图 5.3　壁面处热流通量数值计算示意图

为确定该网格尺度,对壁面处的热流通量数值计算过程进行分析。图 5.3 给出了壁面处热流通量数值计算示意图,其中,T_1 表示壁面第一层网格格心处温度,T_{-1} 表示壁面虚网格格心处温度,K_w 为壁面处气体的热传导系数。

在计算壁面处热流通量时,为便于统一边界和内场的处理方法,通常引入虚拟网格技术。在此种情况下,热流通量可表达为

$$q_w = K_w \frac{\partial T}{\partial y} \approx K_w \frac{T_1 - T_{-1}}{\Delta y} \tag{5.1}$$

其中,

$$T_{-1} = 2T_w - T_1 \tag{5.2}$$

在冷壁情况下,由近壁处温度边界层特性可知,随 Δy 的增大,T_1 值将迅速增大,采用线性假设计算壁面温度梯度的误差也随之迅速增大,如图 5.4 所示。

为将温度梯度误差控制在合理范围,需要对壁面距离进行限制。根据工程应用经验,这里给出的限制准则为

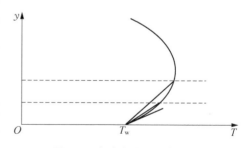

图 5.4　冷壁边界层温度特性

$$T_{-1} \geqslant 0 \tag{5.3}$$

基于这种准则可以得到内点温度及法向距离限制,即

$$T_1 \leqslant 2T_w \tag{5.4}$$

$$\Delta y \leqslant 2 \frac{T_w K_w}{q_w} \tag{5.5}$$

由式(5.5)确定的 Δy 在相同壁面温度下随当地热流的变化而变化。热流较高时对应网格尺度较小,热流较低时对应网格尺度较大,这与之前的理论分析一致。在具体应用中,可以采用较为成熟的驻点及边界层热流工程算法初步估算当地热流,之后便可根据式(5.5)计算所需的网格尺度。

为评估该网格准则的有效性,针对钝双锥模型[6]采用具有不同第 1 层法向网格尺度的 7 套计算网格进行数值计算,具体法向网格尺度见表 5.1。

表 5.1　不同计算网格第 1 层法向网格尺度

	I	II	III	IV	V	VI	VII
$\Delta y/\text{mm}$	1×10^{-1}	5×10^{-2}	1×10^{-2}	5×10^{-3}	1×10^{-3}	5×10^{-4}	1×10^{-4}

不同计算网格均进行了 200 000 步隐式迭代以保证流场的充分收敛。图 5.5 给出了不同母线的热流计算结果与试验数据比较。其中, $\varphi=0°$ 为背风线, $\varphi=90°$ 为侧线, $\varphi=180°$ 为迎风线。由图 5.5 可以看到,7 套计算网格实现了较好的网格收敛,除最粗计算网格在驻点高热流区域偏差较大外,其余网格均实现了较好的热流预测。

现根据壁面参数计算所需的法向网格尺度。考虑驻点区域壁面参数为

$$q_w = 350 \text{ kW/m}^2$$

$$T_w = 300 \text{ K}$$

$$K_w = 0.026 \text{ W/(m·K)}$$

由式(5.5)确定的法向网格尺度为

$$\Delta y = 4.46 \times 10^{-2} \text{ mm}$$

可以看到网格 I 不满足求得的网格临界准则,网格 II 基本符合,而其他网格均满足,这与计算结果是一致的。

再考虑弹体低热流区域,壁面参数为

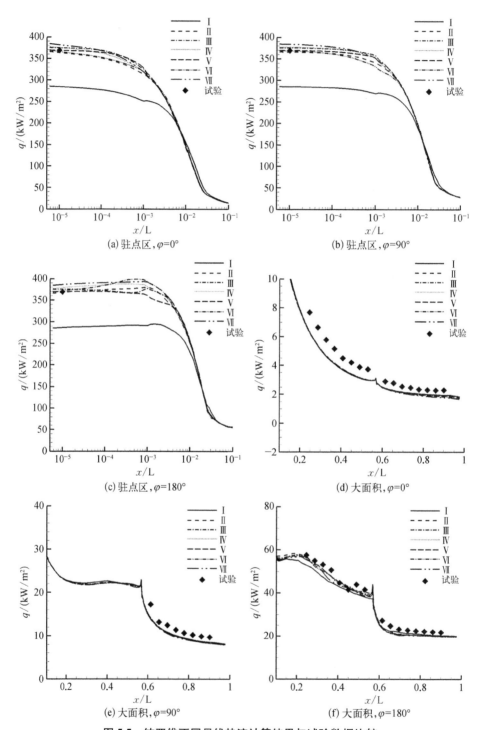

图 5.5　钝双锥不同母线热流计算结果与试验数据比较

$$q_{\text{w-windward}} = 60 \text{ kW/m}^2$$

$$q_{\text{w-sideward}} = 30 \text{ kW/m}^2$$

$$q_{\text{w-leeward}} = 10 \text{ kW/m}^2$$

$$T_{\text{w}} = 300 \text{ K}$$

$$K_{\text{w}} = 0.026 \text{ W/(m · K)}$$

由式(5.5)确定的临界网格准则为

$$\Delta y_{\text{windward}} = 0.26 \text{ mm}$$

$$\Delta y_{\text{sideward}} = 0.52 \text{ mm}$$

$$\Delta y_{\text{leeward}} = 1.56 \text{ mm}$$

可以看到所有网格均满足计算得到的网格准则条件,这也与计算结果基本一致。

需要说明的是,上述网格准则仅针对壁面温度梯度提出,并未考虑速度梯度。对于高超声速高冷壁流动,边界层内温度梯度与速度梯度存在比例关系,因此速度梯度的影响已间接包括。但对于非高冷壁流动情况,该准则并不适用。

根据上述网格准则,壁面法向网格尺度应尽可能减小以提高热环境预测精度。然而在实际计算过程中,过小的网格尺度将会严重降低数值模拟的收敛速度,以致于在可接受的时间范围内难以得到收敛的数值解。图 5.6 给出了 7 套计算网格数值模拟的密度残差收敛曲线,可以看到,较粗计算网格残差收敛速度

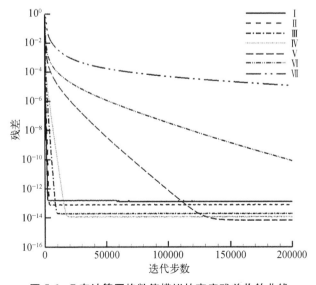

图 5.6 7 套计算网格数值模拟的密度残差收敛曲线

较快,随着计算网格的加密,残差收敛速度呈非线性降低。因此,在实际工程应用中,不同区域法向网格尺度应根据当地热流大小进行合理分布,过粗或过密的计算网格均不利于热环境的准确预测。

5.1.2 空间离散格式

空间离散格式对于气动热数值模拟的计算精度和稳定性均具有重要影响。根据离散对象的不同,空间离散格式主要分为对流格式和耗散格式。

1. 对流格式

对流格式主要用于数值离散流动控制方程中的对流项,其数学特征表现为控制方程的双曲特性。在计算流体力学的发展历程中,针对对流格式开展了大量的研究工作。对于高超声速热环境预测,对流格式对流场和局部热流的模拟均有重要的影响[7,8]。

在流场模拟方面,对流格式的激波稳定特性对于高超声速流动的准确模拟具有重要影响。事实上,数值格式的激波稳定特性并无严格定义,目前主要根据其是否产生激波区域模拟异常而进行判定。在大量传统对流格式中满足此特性的对流格式主要包括 van Leer 格式[9]、HLL 格式[10]、Lax-Friedrichs 格式等少数高耗散格式,而 Roe 格式[11]、AUSM+格式[12]、HLLC 格式[13] 等常规低耗散格式均存在不同程度的激波模拟异常问题。图 5.7 给出了 AUSM+格式和 van Leer 格式两种对流格式计算的高超声速球头压力和热流分布,可以看到,AUSM+格式的计算结果出现了非物理分布,而 van Leer 格式的计算结果有显著改善。

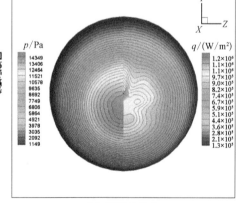

(a) AUSM+格式   (b) van Leer格式

图5.7　球头驻点区不同对流格式计算结果

对流格式的激波稳定特性机理尚不明确,构造具有激波稳定特性的低耗散对流格式仍然存在较大困难。在实际应用中,为保障整体流动及局部热环境的模拟精度,对流格式一般仍采用低耗散格式。为改善激波不稳定现象,可通过在不同流动区域采用混合格式或进行局部网格粗化的方法增大激波区域数值耗散,抑制局部数值误差的影响。

在热流预测方面,对流格式的流动分辨率对于局部热流的预测精度具有重要影响。在满足相同预测精度的前提下,低耗散格式对于计算网格的依赖程度远低于高耗散格式。

图 5.8～图 5.10 分别给出了 van Leer 格式、Roe 格式和 AUSM+ 格式采用不同计算网格(表 5.1)得到的钝双锥热环境分布。由图 5.8～图 5.10 可以看到,与

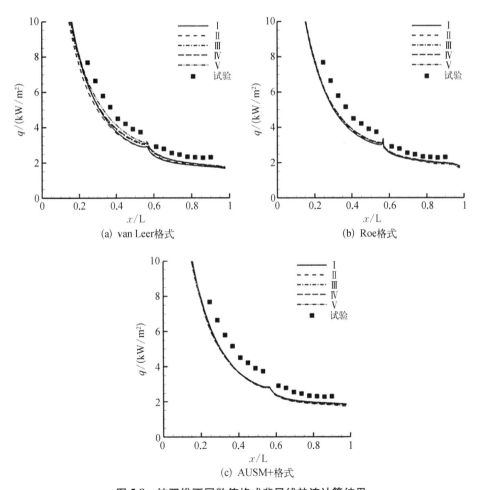

图 5.8　钝双锥不同数值格式背风线热流计算结果

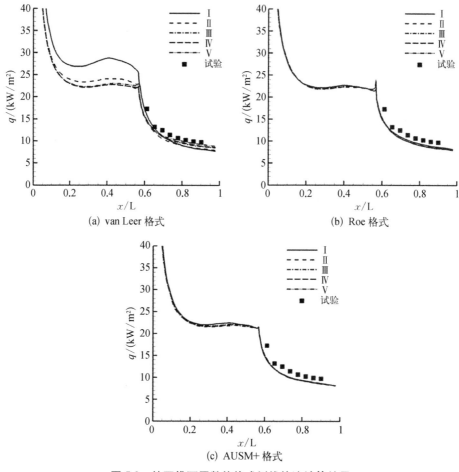

图 5.9　钝双锥不同数值格式侧线热流计算结果

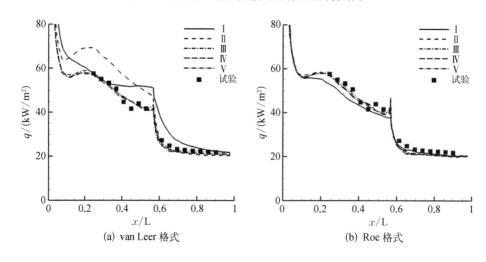

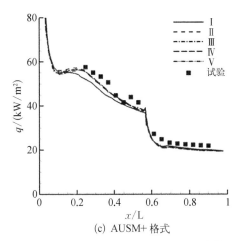

(c) AUSM+ 格式

图 5.10　钝双锥不同数值格式迎风线热流计算结果

Roe 格式和 AUSM+ 格式两类低耗散格式相比，van Leer 格式受网格影响显著增强。

2. 耗散格式

耗散格式主要用于数值离散流动控制方程中的黏性项，其数学特征表现为控制方程的抛物特性。由于抛物方程不涉及间断问题的处理，长期以来耗散格式多以简单的中心格式为主。对于有限差分方法，中心格式是最为直接的选择。由于高超声速流动控制方程的黏性项存在交叉导数，采用中心格式涉及的边界交点问题并不易于处理。对于在复杂工程应用中得到广泛使用的有限体积法，求解界面梯度的中心格式本身就存在不同的构造方法，不同构造方法对于计算精度和稳定性具有较大的影响。

这里采用两种具有代表性的耗散格式展示其对边界层流动的影响。

（1）单元平均（Cell-Average）格式；

（2）连线法向（Edge-Normal）格式[14]。

格式的具体表达式可参见第 2 章。计算模型为平板边界层流动，来流参数为 $Ma=8$，基于平板长度 L 的雷诺数 $Re_L=1.0\times10^6$，壁面温度 $T_w=300\,\mathrm{K}$，来流温度 $T_\infty=230\,\mathrm{K}$。图 5.11 给出了高超声速平板中点位置不同耗散格式计算的法向温度分布，可以看到，单元平均格式出现了显著的奇偶失联现象，而连线法向格式计算的温度型较为合理。

上述算例说明，对于平板边界层这类最为简单的黏性流动，不合理的耗散格式仍然无法得到理想的计算结果。在高超声速复杂流动条件下，耗散格式的影

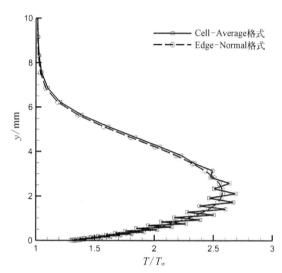

图 5.11 高超声速平板中点位置不同耗散格式计算的法向温度分布，$x/L=0.5$

响则更为凸显。一方面，其决定复杂黏性作用的模拟精度；另一方面，其对数值模拟过程的稳定性和收敛性也有重要影响。目前，对于耗散格式的研究逐渐得到了重视，出现了一批计算精度和计算稳定性均有所加强的耗散格式。但这些新型耗散格式的复杂流动适用性仍有待广泛的验证。

5.1.3　湍流模型

对于采用传统 RANS 方法的数值模拟技术，不同的湍流模型对于热环境计算结果有着重要的影响。然而由于湍流理论的不完备，目前几乎所有的湍流模型都难以准确描述真实的物理流动，而这一点对于高超声速可压缩流动更为严重。为实现准确的湍流气动加热数值模拟，首先需要确定不同湍流模型的适用性。而由于湍流问题本身的复杂性，不同湍流模型准确的适用范围目前还难以确定。本小节针对数个超声速/高超声速复杂流动问题给出了几种常用湍流模型的性能对比，以期为实际工程应用提供参考。这里采用的湍流模型为 Spalart Allmaras（SA）模型[15]、Menter SST k-ω（SST）模型[16]和显式代数应力模型（explicit algebraic stress model，EASM）[17]。

1. 超声速凹槽流动

本算例重点考察不同湍流模型模拟剪切层流动的能力。

计算对象采用普林斯顿大学 20 cm×20 cm 高雷诺数超声速风洞中进行的湍流超声速凹槽流动试验模型[18]。来流参数为 $Ma=2.92$，$T=95.37$ K，单位雷诺数

为 $6.7 \times 10^7/\mathrm{m}$,壁面边界条件采用无滑移绝热边界。

网格拓扑采用 O 型结构对接网格,在保证壁面网格正交性及网格光滑过渡的同时,在台阶及拐角处对网格进行适当加密,二维网格总量达到 2 万量级。计算模型与计算网格见图 5.12。

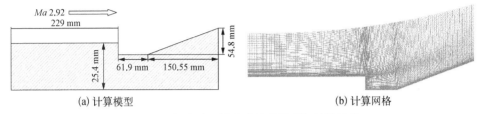

(a) 计算模型　　　　　　　　　　　　(b) 计算网格

图 5.12　超声速凹槽流动计算模型与计算网格

图 5.13 给出了超声速凹槽流动不同湍流模型的壁面参数计算结果。由图 5.13 可以看到,EASM、SA 和 SST 湍流模型模拟出的凹槽底部、斜坡面上的压力变化趋势一致。EASM 湍流模型计算得到的壁面压力和摩擦系数分布与试验结果更为吻合。

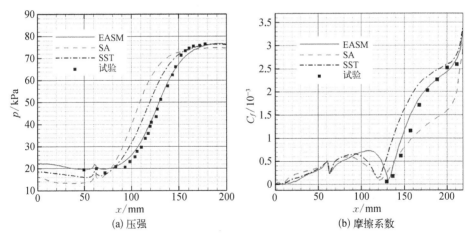

(a) 压强　　　　　　　　　　　　(b) 摩擦系数

图 5.13　超声速凹槽流动不同湍流模型壁面参数计算结果

在湍流剪切层模拟方面,提取 $x=38.1\ \mathrm{mm}$、$63.5\ \mathrm{mm}$ 及 $88.9\ \mathrm{mm}$ 三个站位处的纵向速度型分布数据,并与试验数据进行对比(图 5.14)。从图 5.14 可以看出,超声速凹槽处的剪切层较薄,其外缘速度与自由来流速度相当,EASM 的剪切层速度型分布数据更接近试验值,证明 EASM 在剪切层流场结构的细致模拟方面精度更高。

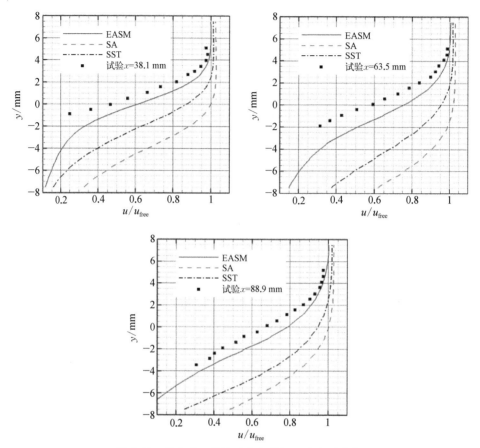

图 5.14　超声速凹槽流动自由剪切层速度型分布

2. 二维激波/湍流边界层干扰流动

激波/湍流边界层干扰流动常可以分为两类：压缩拐角诱导的激波/边界层干扰和入射斜激波诱导的激波/边界层干扰。这里选取 Michael 等[19] 开展的压缩拐角模型及诱导激波干扰模型进行热流分布的数值计算，见图 5.15。

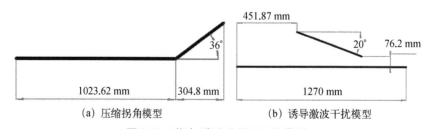

(a) 压缩拐角模型　　　　　(b) 诱导激波干扰模型

图 5.15　激波/湍流边界层干扰模型

1）压缩拐角流动

表 5.2 为压缩拐角流动的试验状态参数。图 5.16 给出了三种模型在该试验条件下对称面马赫数分布。由图 5.16 可以看到,SA 湍流模型模拟的拐角底部分离流动较小,SST 和 EASM 湍流模型能够预测到拐角底部的较大分离流动。

表 5.2　压缩拐角流动的试验状态参数

$\rho/(\text{kg/m}^3)$	T/K	Ma
0.082 48	61.1	11.3

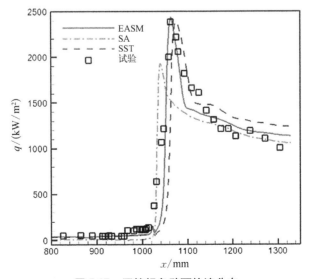

图 5.16　压缩拐角流动对称面马赫数分布(后附彩图)

图 5.17 为三种湍流模型压缩拐角壁面热流分布的对比,SA 湍流模型未能模拟到激波干扰湍流边界层产生的热流峰值,斜坡处热流变化相对平缓。SST、EASM 湍流模型均能够模拟压缩拐角壁面激波干扰引起的热流突变。EASM 湍流模型不仅对峰值热流模拟准确,而且峰值位置也能够更精确获得。

图 5.17　压缩拐角壁面热流分布

2）诱导激波边界层干扰

在诱导激波边界层干扰的数值模拟中，诱导激波由壁面上方 20°楔角产生。表 5.3 为诱导激波干扰试验参数。诱导激波干扰引起壁面压力及热流密度的升高，并在后方形成明显的激波反射结构。同时壁面激波干扰处形成较强的逆压梯度，致使激波入射点前产生流动分离。图 5.18 给出了三种湍流模型计算的截面马赫数分布。由图 5.18 可以看到，三种湍流模型均能够对反射激波进行模拟，SA 湍流模型对诱导激波产生的分离区模拟不明显。表 5.4 为三种湍流模型计算的分离区起始位置和分离区长度，其中，SA 湍流模型分离区最小，SST 和 EASM 湍流模型对分离区终止位置预测相同，而 EASM 湍流模式对分离区起始位置预测靠前，分离区最大。

表 5.3　诱导激波干扰试验参数

ρ/(kg/m^3)	T/K	Ma
0.089 13	62.8	11.4

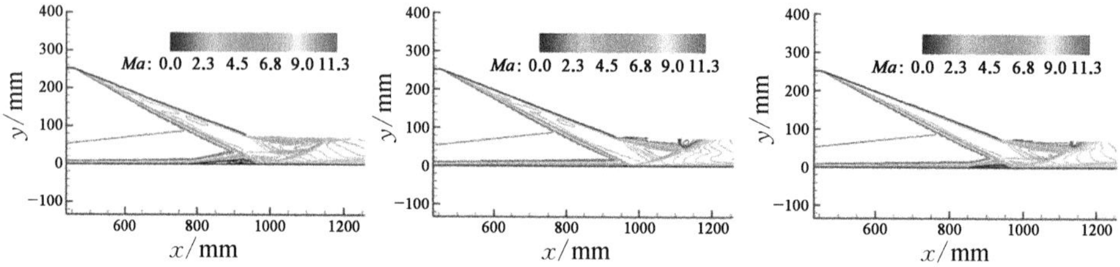

(a) EASM模型　(b) SA模型　(c) SST模型

图 5.18　三种湍流模型计算的截面马赫数分布(后附彩图)

表 5.4　分离区起始位置和分离区长度(单位：mm)

	EASM	SA	SST
分离点位置	780	942	845
再附点位置	974	975	974
分离区长度	194	27	129

在热流预测方面，图 5.19 给出了三种湍流模型计算的热流分布。在激波入射位置热流测点分布较为密集，能够相对准确地获得热流最高值的位置。由图 5.19 可以看到，EASM 湍流模型对激波诱导产生的热流峰值及峰值位置模拟更加准确，而 SA 和 SST 湍流模型均高估了热流的最大值。

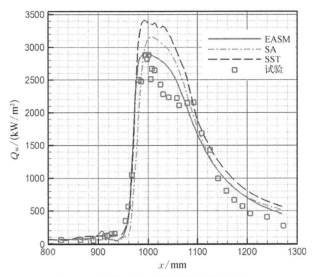

图 5.19　诱导激波干扰平板壁面热流分布

3. 非对称交叉激波/湍流边界层干扰

选取 Zheltovodov 等[20] 开展的 7°×11° 非对称楔或翼翅计算模型（图 5.20），来流条件为马赫数为 3.95，压强为 10 460 Pa，温度为 63.1 K，壁面温度为 270 K。在翼前缘 14 mm 处边界层厚度为 3.5 mm，对应翼前端平板长度为 210 mm。

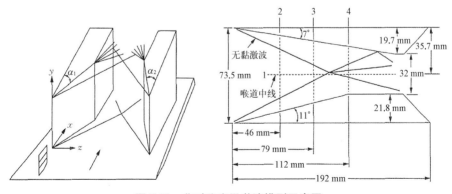

图 5.20　非对称交叉激波模型示意图

图 5.21 为三种湍流模型不同横截面壁面压力分布对比。由图 5.21 可以看到，三种湍流模型均捕捉到了激波及交叉激波引起的壁面压力变化，压力分布与试验数据吻合较好。

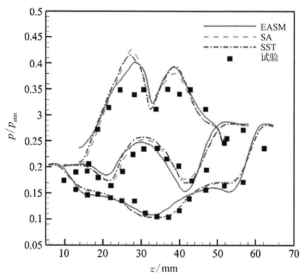

图 5.21　不同横截面壁面压力分布

4. 三维双椭球数值模拟

为验证湍流模型对超声速/高超声速流动中逆压梯度和小尺度分离的预测精度,对三维双椭球模型[21]进行了数值模拟并与试验值进行对比,试验状态参数见表 5.5。三维双椭球几何外形见图 5.22,外形为

$$水平椭球 \left(\frac{x}{157.9}\right)^2 + \left(\frac{y}{39.47}\right)^2 + \left(\frac{z}{65.79}\right)^2 = 1$$

$$垂直椭球 \left(\frac{x}{95.11}\right)^2 + \left(\frac{y}{65.79}\right)^2 + \left(\frac{z}{46.05}\right)^2 = 1$$

$$上半柱形 \left(\frac{y}{39.47}\right)^2 + \left(\frac{z}{65.79}\right)^2 = 1$$

$$下半柱形 \left(\frac{y}{65.79}\right)^2 + \left(\frac{z}{46.05}\right)^2 = 1$$

表 5.5　试验状态参数

	Ma	$Re/(1/\mathrm{m})$	T_0/K	P_0/MPa
测力试验	8.02	3.54×10^7	895	21.6
测热试验	7.80	2.2×10^7	980	18.0

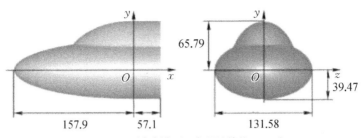

图 5.22　双椭球模型几何图(单位: mm)

为保证气动热计算的网格质量,在保证网格光滑、壁面正交性好的前提下,壁面第一层法向网格高度为 1×10^{-5} m,并在双椭球交接处进行适当加密,见图 5.23。

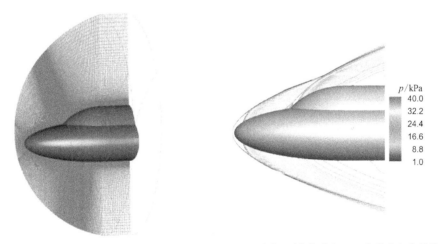

图 5.23　双椭球对称面网格　　图 5.24　0°攻角双椭球对称面压力分布(后附彩图)

图 5.24 给出了 EASM 湍流模型计算的 0°攻角双椭球对称面压力分布,由图 5.24 可以清晰看出,头部主激波、小椭球壁面压缩引起的二次激波,以及小椭球弧顶处形成的激波干扰流动结构。在此攻角下,小椭球前方不易形成分离区或分离区较小。

图 5.25 给出了三种湍流模型计算的双椭球上壁面中心线压力及热流分布结果。由图 5.25 可以看到,对于压力分布,三种湍流模型的计算结果基本重合,在驻点、椭球干扰区附近均与试验值吻合良好。对于热流分布,三种湍流模型计算的热流变化趋势基本一致,与 SA 湍流模型相比,EASM 和 SST 湍流模型更为精确地捕捉了小椭球干扰区的热流峰值及峰值位置。

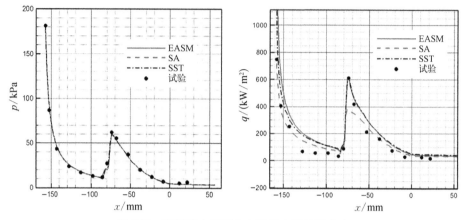

图 5.25　双椭球上壁面中心线压力及热流分布

5.2　典型临近空间高超声速飞行器热环境特性

临近空间高超声速飞行器不同部位存在不同的热环境特征,准确把握这些特征一方面可有效增强数值模拟的针对性,提高关键区域热环境的预测精度;另一方面可对数值模拟结果的合理性进行基本判定,避免产生非物理预测结果。根据防热设计需求,飞行器热环境关键高热流区域主要可分为简单流动区域和复杂流动干扰区域。

5.2.1　简单流动区域高热流分布特征

简单流动主控的高热流区域主要包括飞行器驻点、翼/舵前缘等部位,该类高热流区域主要由流动碰撞产生。在固定来流条件下,热流大小主要取决于当地曲率半径及与当地有效来流的碰撞角。对于此类流动,基于边界层理论的工程快速方法可提供准确的预测结果,利用该结果可对数值模拟结果的准确性进行评估及确认。

图 5.26 给出了飞行器驻点/舵前缘典型热流分布特征。由图 5.26 可以看到,高热流集中于驻点/舵前缘区域,随着流动碰撞角的减小,热流显著降低。在远离驻点/舵前缘区域,热流退化为典型平板边界层流动特征。

图 5.27 给出了返回舱类外形典型热流分布特征。不同于典型驻点/舵前缘流动,返回舱类外形的主要特征为头部钝度较大,声速点一般位于拐角区域或拐

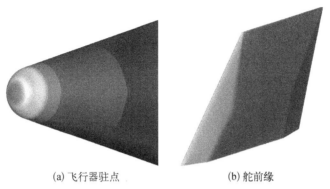

(a) 飞行器驻点　　　　　　(b) 舵前缘

图 5.26　飞行器驻点/舵前缘典型热流分布特征 (后附彩图)

角之后。此特征导致头部热流分布与传统轴对称球头存在较大差异,头部峰值热流出现在拐角处而不再位于物理驻点。头部热流分布不再由当地曲率半径和流动碰撞角完全决定,后部拐角大小及最大横截面尺寸均对热流分布存在显著影响。

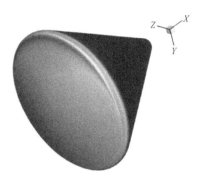

图 5.27　返回舱类外形典型热流分布特征 (后附彩图)

　　图 5.28 和图 5.29 分别给出了钝球柱外形不同头部半径表面热流分布特征[22]及几何母线热流曲线,可以看到,随头部半径的增大,头部整体热流分布规律及峰值热流大小均发生了较大的变化。

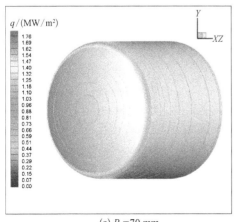

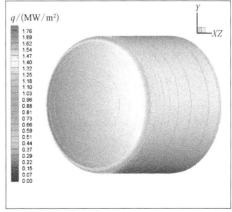

(a) R_n=70 mm　　　　　　　　　　　　(b) R_n=80 mm

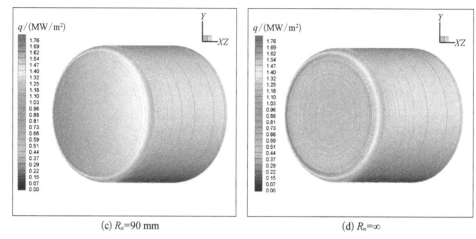

(c) R_n=90 mm　　　　　　　　　　　　　(d) R_n=∞

图 5.28　钝球柱外形不同头部半径表面热流分布（后附彩图）

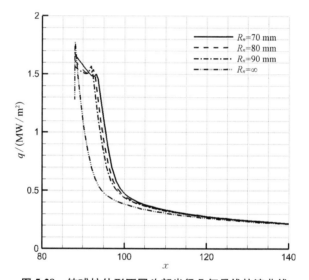

图 5.29　钝球柱外形不同头部半径几何母线热流曲线

5.2.2　复杂流动干扰区域高热流分布特征

　　飞行器复杂流动干扰一般是指流动受飞行器部件干扰,形成激波干扰、分离/再附、激波/边界层干扰等复杂流动现象的流动区域。在这一区域往往会产生若干倍于非干扰区的热流增量。根据不同的流动干扰特征,目前的高超声速飞行器干扰区气动加热问题主要包括以下 4 种形式。

1. 部件间激波/激波干扰

高超声速飞行器不同部件产生的激波在一定条件下会产生激波/激波干扰,从而对局部气动加热产生显著影响。一方面激波压缩作用使得局部区域压力、温度升高,直接导致热流升高;另一方面,激波/激波干扰可能形成三叉激波或多道压缩波作用于壁面,从而形成激波入射于壁面的情况,导致热流的剧烈变化。

这一类干扰中最为典型的是航天飞机的头部激波与翼面激波形成的激波干扰问题[23](图 5.30)。航天飞机头部激波与翼面激波发生激波/激波干扰,在干扰点形成局部高热流区域。

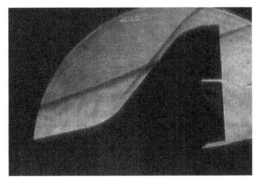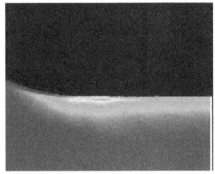

图 5.30　航天飞机激波干扰(后附彩图)

2. 凸起物引起的激波/边界层干扰

飞行器弹体表面存在大量的局部凸起物,其中包括翼/舵、垂尾等大尺寸部件,以及天线罩、电缆罩、滑块等小尺寸部件。图 5.31 给出了典型局部凸起物附近干扰热流分布。由于凸起物的存在,安装位置附近表面产生强烈的流动干扰效应,在流动再附区域出现了局部的干扰热流峰值。

3. RCS 系统引起的干扰

对于高超声速飞行器,高空飞行使用的 RCS 系统工作时也会与主流发生严重的激波/边界层干扰,在 RCS 装置周围形成高热流带。火星科学实验室 RCS 干扰试验表明,部分工况干扰区热流峰值可达到 13 倍于无干扰区热流[24](图 5.32)。

图 5.31　典型局部凸起物附近干扰热流分布(后附彩图)

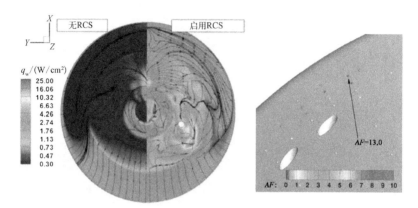

图 5.32　火星科学实验室 RCS 干扰试验(后附彩图)

4. 缝隙局部流动干扰

缝隙局部流动干扰也是影响飞行器局部气动加热的重要方面。不同高超声速飞行器弹体表面一般均存在各种缝隙干扰问题。尤其是随着对飞行器机动性需求的逐步提升,后缘舵、全动舵在各类高超声速飞行器中的应用越来越广泛。但是,由于缺少机体的遮挡且舵轴本身尺寸较小,舵轴、缝隙干扰区内的热环境非常恶劣,部分状态舵轴峰值热流可与驻点热流相当(图 5.33)。

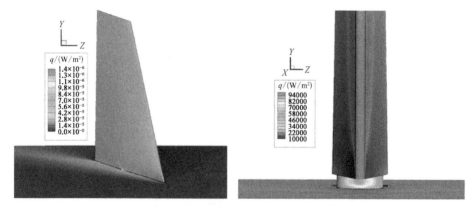

图 5.33　空气舵局部缝隙/舵轴热流分布(后附彩图)

5.3　典型高超声速飞行器热环境数值模拟

本节针对类航天飞机计算模型(图 5.34)开展高超声速气动热环境数值模拟。

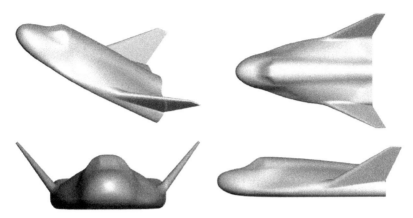

图 5.34　类航天飞机计算模型

该飞行器为面对称翼身融合外形,包含大钝头、尖化前缘及翼身干扰等典型特征。

　　在计算网格方面,为最大程度保证不同区域的网格质量,这里采用非结构混合网格技术(图 5.35)。整体计算网格首先由表面网格沿法向推进生成黏性各向异性边界层网格,在外部空间区域采用各向同性网格进行填充。在计算模型前部,表面网格采用较为稀疏的混合网格以避免头部驻点区域由于数值耗散不足而产生非物理解。在翼前缘和翼身干扰区域采用较密的结构网格以提高局部模拟精度。计算网格单元总数为 2 200 万,法向第一层网格高度取为 0.01 mm。

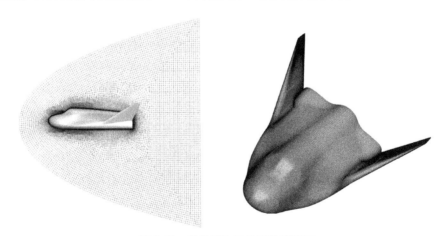

图 5.35　类航天飞机外形计算网格

　　计算状态为 $Ma = 10.0$,飞行高度 $H = 40$ km,攻角 $\alpha = 10°$,壁面温度固定为 300 K,流动状态为层流。数值计算中对流格式采用 AUSMPW 格式,黏性格式采用 Edge-Normal 格式,时间推进采用 LU-SGS 方法。

图5.36给出了类航天飞机计算模型对称面马赫数及压力分布云图。由图5.36可以看出,飞行器头部主激波、局部二次激波及膨胀波系均刻画得较为清晰。

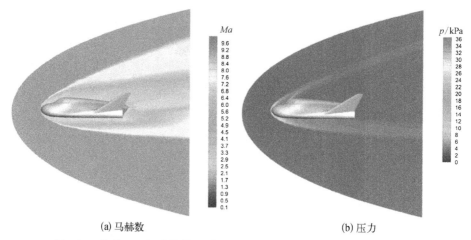

(a) 马赫数　　　　　　　　　　　(b) 压力

图5.36　类航天飞机计算模型对称面马赫数及压力分布云图(后附彩图)

图5.37给出了类航天飞机计算模型表面压力及热流分布云图。该飞行器压力与热流分布基本一致。但在翼前缘区域,由于后掠角相同,前缘线不同位置压力基本相同。由于前缘半径沿翼根至翼梢逐渐减小,前缘线热流沿展向则呈逐渐增加趋势。在头部驻点区域,热流分布与压力分布均较为光滑,这主要得益于驻点区采用的表面混合网格。

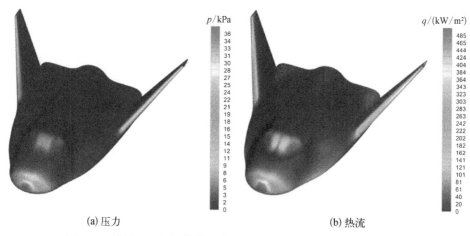

(a) 压力　　　　　　　　　　　(b) 热流

图5.37　类航天飞机计算模型表面压力及热流分布云图(后附彩图)

图 5.38 给出了类航天飞机采用结构网格与采用混合网格驻点区域的热流计算结果对比,两种计算网格在后体部分严格一致,仅在驻点区存在差异。由图 5.38 可以看到,结构网格后体周向网格前传导致驻点区网格较密,局部出现了显著的非物理热流,而混合网格可实现后体周向网格逐渐粗化过渡至驻点区域,因此驻点区热流计算结果得到了显著的改善。

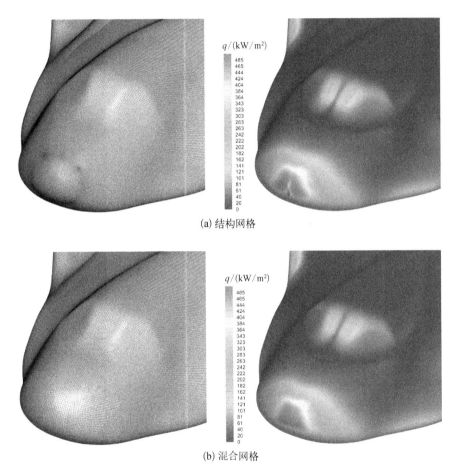

(a) 结构网格

(b) 混合网格

图 5.38　类航天飞机计算模型不同计算网格驻点区热流结果对比(后附彩图)

5.4　小结

临近空间高超声速飞行器存在严酷的气动热环境。由于气动外形及流动的复杂性,热环境的准确预测对计算空气动力学提出了巨大挑战。一方面,高超声速流动会产生激波、接触间断等流动间断结构,为准确捕捉该类结构,需要数值方法具有足够的耗散以充分抑制间断区域的非物理振荡;另一方面,高超声速流场存在边界层、剪切层等高流动梯度区域。数值方法需要保持较低的耗散以保证足够的流动分辨率。由于气动加热显著区域往往伴随严重的激波/激波干扰、激波/边界层干扰、流动分离/再附等复杂流动,这些因素综合起来对数值模拟技术提出了极高的要求。

在数值方法方面,计算空气动力学对于气动热环境预测仍没有完美的解决方案,最为突出的表现形式是,计算网格对于气动热预测结果的影响十分显著。对于复杂流动区域,计算网格的影响甚至高于数值方法本身。为此,多个核心的气动热计算软件(LAURA、DPLR、NSU3D 等)不得不采用对计算网格进行局部流动匹配的方式以改善气动加热计算结果。但该类方法一般仅限于特殊的网格类型,且难以拓展至复杂流动区域。

在物理模型方面,由于对高超声速湍流流动机理认识的不足,适用于高超声速复杂流动的可压缩湍流模型至今仍存在较大不足。对于简单流动区域,不同湍流模型的预测精度相对一致。但对于复杂干扰流动区域,湍流模型对热环境预测结果的影响十分显著。虽然对经典模型的非线性修正可在一定程度上改善预测精度,但其对不同复杂流动的适用性仍有待广泛的检验。对于高空高速飞行状态,热环境预测还存在高温气体效应和稀薄气体效应,后续章节将对其进行单独介绍。

参考文献

[1] Candler G V, Mavriplis D J, Treviño L. Current status and future prospects for the numerical simulation of hypersonic flows. Orlando: AIAA-2009-153, 2009.

[2] Hoffmann K A, Siddiqui M S, Chiang S T. Difficulties associated with the heat flux computations of high speed flows by the Navier-Stokes equations. Reno: AIAA-1991-0457, 1991

[3] Klopfer G H, Yee H C. Viscous hypersonic shock-on-shock interaction on blunt cowl lips. Reno: AIAA-1988-0233, 1988.

[4] 程晓丽,艾邦成,王强.基于分子平均自由程的热流计算壁面网格准则.力学学报,2010, 42(6): 1083-1089.

[5] 张亮,程晓丽,艾邦成.高超声速气动热数值模拟法向网格准则.力学与实践,2014,36 (6): 722-727.

[6] Miller C G. Experimental and predicted heating distributions for biconics at incidence in air at

Mach 10. NASA-TP-2334, 1984.

[7] Kitamura K, Roe P L, Ismail F. Evaluation of Euler fluxes for hypersonic flow computations. AIAA Journal, 2008, 47(1): 44-53.

[8] Kitamura K, Nakamura Y, ShiMa E. An evaluation of Euler fluxes II: hypersonic surface heating computation. Seattle: AIAA-2008-4275, 2008.

[9] Leer B V. Flux vector splitting for Euler equations. Lecture Notes in Phys, 1982, 170: 507-512.

[10] Harten A, Lax P D, Leer B V. On upstream differencing and Godunov-type schemes for hyperbolic conservation laws. SIAM Reviews, 1983, 25(1): 35-61.

[11] Roe P L. Approximate Riemann solver, parameter vectors and differences schemes. Journal of Computational Physics, 1981, 43(2): 357-372.

[12] Liou M S. A new flux splitting Scheme. Journal of Computational Physics, 1991, 107(1): 23-39.

[13] Toro E F, Spruce M, Speares W. Restoration of the contact surface in the HLL Riemann solver. Shock Waves, 1994, 4(1): 25-34.

[14] Haselbacher A, Blazek J. Accurate and efficient discretization of Navier-Stokes equations on mixed grids. AIAA Journal, 2000, 38(11): 2094-2102.

[15] Spalart P, Allmaras S. A one-equation turbulence model for aerodynamic flows. Reno: AIAA-1992-0439, 1992.

[16] Menter F R. Two-equation eddy-viscosity turbulence models for engineering applications. AIAA Journal, 1994, 32(8): 1598-1605.

[17] Wallin S, Johansson A. An explicit algebraic Reynolds stress model for incompressible and compressible turbulent flows. Journal of Fluid Mechanics, 2000, 403(99): 89-132.

[18] Settles G S, Williams D R, Baca B K, et al. Reattachment of a compressible turbulent free shear layer. AIAA Journal, 1982, 20(1): 60-67.

[19] Michael S H, Timothy P W, Matthew M. Measurements in regions of shock wave/turbulent boundary layer interaction from Mach 4 to 10 for open and "blind" code evaluation/validation. San Diego: AIAA-2013-2836, 2013.

[20] Zheltovodov A A, Maksimov A I, Schulein E, et al. Experimental and computational studies of crossing-shock-wave turbulence-boundary-layer interaction. Novosibirsk: Proceedings of International Conference RDAMM-2001, 2001.

[21] 李素循.典型外形高超声速流动特性.北京：国防工业出版社,2007.

[22] 张亮,程晓丽,艾邦成,等.高超声速钝球柱外形表面热流分布研究.航天返回与遥感,2014,35(1): 13-20.

[23] Wadhams T P, Holden M S, Maclean M G. Experimental studies of space shuttle orbiter boundary layer transition with flight representative protuberances. Honolulu: AIAA-2011-3328, 2011.

[24] Hyatt A J, White M E. Orion MPCV continuum RCS heating augmentation model development. ARC-E-DAA-TN12529, 2014.

第 6 章

高温气体效应计算方法

以高超声速再入大气层的飞行器与大气相互作用,在飞行器头部周围形成强弓形激波,其流场具有如下特点:紧贴壁面的薄激波层、可支配整个流场的强黏性效应、高熵层涡干扰、高温引起的化学反应边界层和高空流动的低密度稀薄效应。其中,由于黏性滞止和激波压缩,飞行器周围气体温度增加,分子振动能和电子能激发并产生离解、电离和光辐射,对飞行器绕流流场及飞行器表面力热作用产生影响,称为高温气体效应。高温气体效应是高超声速流动的一个重要特点,图 6.1 给出了高超声速再入飞行器复杂流动特征示意图[1]。

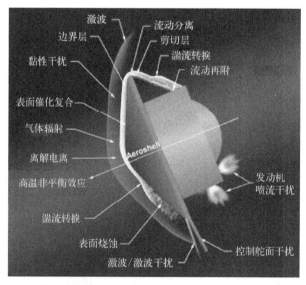

图 6.1 高超声速再入飞行器复杂流动特征示意图(后附彩图)

美国航天飞机 STS-5 飞行试验出现的"高超声速异常"现象(在 40°配平攻角时的机身襟翼偏角飞行试验为 16°,地面试验值为 7°)是高温气体效应存在并且影响显著的一个典型例子[2]（图 6.2）。过激波高温气体化学反应改变了近壁压力分布，使得飞行器的压心提前，从而影响飞行器的操控特性。同样的现象还出现在 20 世纪 70 年代美国 Apollo 登月飞船，其飞行试验结果表明：在高马赫数时，指挥舱的配平攻角比风洞试验的预测值要小 2°～4°。

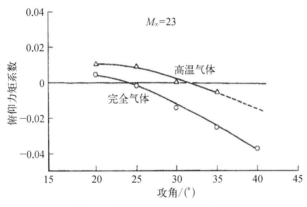

图 6.2　STS-5 飞行试验计算结果

高温气体效应对临近空间高超声速飞行器的影响并不止于此，研究发现，高温气体效应除了对飞行器表面受力、热流、摩阻等产生影响以外，还会对整个流场结构带来影响。在求解飞行器力、热环境时，尚可用简单模型（完全气体模型等）对环境进行分析并加以适当修正，但是在求解与流场结构息息相关的等离子体流场、辐射流场时，只能通过适用于高温气体效应分析的复杂模型进行建模和求解。

6.1　物理模型与计算方法

与一般的 CFD 方法类似，高温气体效应模拟的数值方法仍是基于 N-S 方程进行求解，不同的是需要考虑其中的化学反应过程及热力学非平衡过程，所考虑的数学物理模型更加复杂。用于高温气体效应模拟的数学物理模型主要包括气体模型、热力学模型、化学反应模型、辐射输运模型、壁面约束模型等。受限于多种因素，现有的用于高温气体效应模拟的数学物理模型都具有一定的适用性和局限性，在使用过程中应该对不同模型的适用性进行分析，以提高模拟精度。关于数值模拟方法中离散模型、数值格式等前面已进行了描述，本节仅针对高温气体效应模拟中用到的数学物理模型进行介绍和分析。

6.1.1 数学物理模型

1. 热化学模型

1）化学非平衡模型

当 Da（流动的特征时间与当地化学反应特征时间之比）在 1 附近时，流动的当地化学反应特征时间和流动的特征时间相当，随着流动的发展，化学反应以某一速度进行。化学非平衡模型必须考虑多种组分的相互作用，此时流动的热物理参数是温度的复杂函数，一般通过拟合或者插值来近似获得。

气体状态方程为

$$p = \sum_s \rho_s \bar{R} T / M_s \qquad (6.1)$$

其中，p 为气体压力；ρ 为气体密度；T 为气体温度；$\bar{R}$ 为气体常数；M 为组分分子量；下标 s 表示组分 s 的相应物理参数。

比定压热容、比定容热容、热焓、内能、总能、总焓表达式分别为

$$c_p = \sum_i c_s c_{ps} \qquad (6.2)$$

$$c_V = c_p - \bar{R}/\bar{M} \qquad (6.3)$$

$$h = \sum_s c_s h_s \qquad (6.4)$$

$$e = h - p/\rho \qquad (6.5)$$

$$E = e + \frac{1}{2}u^2 \qquad (6.6)$$

$$H = h + \frac{1}{2}u^2 \qquad (6.7)$$

通过查表获得总焓及比定压热容在一系列温度节点上的值，再通过插值获得当地温度条件下的总焓和比定压热容等热物理参数，公式如下：

$$c_{p,T} = c_{p,i} + (c_{p,i+1} - c_{p,i}) \cdot (T - T_i)/(T_{i+1} - T_i) \qquad (6.8)$$

其中，$T_i \leqslant T \leqslant T_{i+1}$，$T_i$ 为一系列逐渐增大的温度分布。

在高超声速高温条件下，气体分子一般具有 4 种热力学内能：平动能、转动

能、振动能和电子能,当能量交换不充分时,会产生一个滞后于平衡状态的效应,即松弛效应。相对于这 4 种热力学内能,也存在 4 种温度:平动温度、转动温度、振动温度和电子温度。当激波后温度逐渐升高时,气体的能量分布不能由单一温度来描述,产生热力学非平衡。一般地,当气体温度大于 5 K 时,平动能和转动能处于完全激发状态,可以认为平动温度与转动温度近似相等。就空气来说,当温度高于 4 000 K 时,分子振动温度将被激发,随着温度升高,电子逐步被激发,电离现象出现。本小节根据 Park 提出的双温度模型建立热非平衡模型,考虑了平动/转动温度和振动/电子温度。

2) 热非平衡模型

对热非平衡气体,组分 s 的单位质量内能为 e_s, $e_{s,0}$ 为零点能,参考温度 T_{ref} 为 298.16 K:

$$e_s = \int_{T_{ref}}^{T} c_V^s \mathrm{d}T + e_{s,0} \tag{6.9}$$

其中,

$$c_V = c_{V,\,tr} + c_{V,\,r} + c_{V,\,v} + c_{V,\,e} \tag{6.10}$$

分别是比定容热容的平动分量、转动分量、振动分量和电子能分量,本书不考虑电子能分量,同时有

$$h_s = \int_{T_{ref}}^{T} c_p^s \mathrm{d}T + h_{s,0}, \ h_s = e_s + \frac{1}{2}u^2, \ h_{s,0} = e_{s,0} + \frac{\bar{R}}{M_s}T_{ref} \tag{6.11}$$

其中,定压比热容满足:

$$c_p = c_{p,\,tr} + c_{p,\,r} + c_{p,\,v} + c_{p,\,e} \tag{6.12}$$

根据气体热力学有关概念,比定容热容和比定压热容遵循以下公式:

$$c_{V,\,tr}^s = \frac{3}{2}\frac{\bar{R}}{M_s}, \ c_{V,\,r}^s = \frac{\bar{R}}{M_s} \tag{6.13}$$

$$c_{V,\,v}^s = \frac{\bar{R}}{M_s}\frac{\partial}{\partial T_v}\left(T_v^2\frac{\partial \ln Z_v^s}{\partial T_v}\right) = \frac{\left(\dfrac{h\theta_s}{kT}\right)^2 e^{\frac{h\theta_s}{kT}}}{\left(e^{\frac{h\theta_s}{kT}} - 1\right)^2}\frac{\bar{R}}{M_s} \tag{6.14}$$

$$c_p^s = c_V^s + \frac{\bar{R}}{M_s} \tag{6.15}$$

其中，$h = 6.622 \times 10^{-34}$ J·S 为普朗克常量，$k = 1.380\,6 \times 10^{-23}$ J/K 为玻尔兹曼常量，θ_s 为各组分分子振动频率。

采用双温度模型，使用 T 表征平动温度和转动温度，T_V 表征振动温度和电子温度。等压热容振动分量满足下面关系式，A_k^s 参考文献 [11]：

$$c_{p,V}^s = c_p^s(T_V) - c_{p,\,\mathrm{tr}}^s - c_{p,\,\mathrm{rot}}^s \tag{6.16}$$

$$c_p^s(T_V) = \frac{\bar{R}}{M_s} \sum_{k=1}^{5} A_k^s T_V^{k-1} \tag{6.17}$$

各组分振动能分量及对应的静焓为

$$h_V^s(T_V) = h^s(T_V) - (c_{p,\,\mathrm{tr}}^s + c_{p,\,\mathrm{rot}}^s)(T_V - T_{\mathrm{ref}}) - h_0^s \tag{6.18}$$

$$h_s(T,\ T_V) = h_V^s(T_V) + (c_{p,\,\mathrm{tr}}^s + c_{p,\,\mathrm{rot}}^s)(T - T_{\mathrm{ref}}) + h_0^s \tag{6.19}$$

2. 输运系数模型

1）热力学平衡输运系数

单组分的黏性系数为

$$\mu_s = 2.67 \times 10^{-6} \frac{\sqrt{M_s T}}{\sigma_s \Omega_s} \tag{6.20}$$

$$\Omega_s = 1.147 T^{*\,-0.145} + (T^* + 0.5)^{-2},\quad T^* = T \cdot k/\varepsilon_s \tag{6.21}$$

其中，ε_s 为气体分子间的特征能量；k 为玻尔兹曼常量；T^* 为折算温度；Ω_s 为折算的碰撞积分；σ_s 为气体分子的碰撞截面直径，单位为 $\dot{\mathrm{A}}$（埃）；μ_s 为第 s 种气体组分的黏性系数，单位为 kg/(m·s)。

混合气体的黏性系数为

$$\mu = \sum_{s=1}^{ns} \frac{\mu_s x_s}{\displaystyle\sum_{\substack{j=1 \\ j \neq s}}^{ns} x_j \varphi_{sj}},\quad \varphi_{sj} = \frac{\left\{ 1 + \sqrt{\dfrac{\mu_s}{\mu_j}} \left(\dfrac{M_j}{M_s} \right)^{0.25} \right\}^2}{\sqrt{8\left(1 + \dfrac{M_s}{M_j} \right)}} \tag{6.22}$$

其中，$x_s = (C_s/M_s) / \displaystyle\sum_{s=1}^{ns} (C_s/M_s)$ 为第 s 组分的摩尔分数。

根据 Enskog-Chapman 公式，单组分气体分子的热传导系数为

$$\eta_s = \frac{\bar{R}\mu}{M_s}\left(0.45 + 1.32\frac{c_{p,s}}{\bar{R}}\right) \tag{6.23}$$

其中, $\bar{R}$ 为通用气体常数; $c_{p,s}$ 为混合气体中第 s 组分的比定压热容。总的热传导系数为

$$\eta = \sum_{s=1}^{ns}\frac{\eta_s}{1 + 1.065\sum_{j=1,j\neq s}^{ns}\frac{x_j}{x_s}\varphi_{sj}} \tag{6.24}$$

Chapman 和 Cowling 从化学反应动力学理论导出了组分 s 和组分 j 之间的双组分扩散系数:

$$D_{sj} = 1.858\times10^{-7}\frac{T^{1.5}\sqrt{\frac{1}{M_s}+\frac{1}{M_j}}}{p\sigma_{sj}^2\Omega_D} \tag{6.25}$$

其中, p 以大气压 atm[①] 为单位。

$$\Omega_D = T^{*-0.145} + (T^* + 0.5)^{-0.2} \tag{6.26}$$

$$T^* = T/\sqrt{T_{\varepsilon s}T_{\varepsilon j}}, \quad T_{\varepsilon s} = \varepsilon_s/k_0 \tag{6.27}$$

$$\sigma_{sj} = (\sigma_s + \sigma_j)/2。 \tag{6.28}$$

对于多组分的扩散系数,公式为

$$D_{sm} = \frac{1 - x_s}{\sum_{j\neq s}\frac{x_j}{D_{sj}}} \tag{6.29}$$

2) 热力学非平衡输运系数

考虑到真实气体的热非平衡物理特性,黏性系数、热传导系数和扩散系数分别为

$$\mu = \sum_{s=1}^{ns-1}\left(\frac{M_s\chi_s}{\sum_{r=1}^{ns-1}\chi_r\Delta_{sr}^{(2)}(T) + \chi_e\Delta_{se}^{(2)}(T_e)}\right) + \frac{M_e\chi_e}{\sum_{s=1}^{ns}\chi_s\Delta_{se}^{(2)}(T_e)} \tag{6.30}$$

[①]　1 atm = 1.013 25×10⁵ Pa。

$$\eta_{tr} = \frac{15}{4}k\sum_{s=1}^{ns-1}\left(\frac{\chi_s}{\sum_{r=1}^{ns-1}a_{sr}\chi_r\Delta_{sr}^{(2)}(T) + 3.54\chi_e\Delta_{se}^{(2)}(T_e)}\right) \tag{6.31}$$

$$\eta_r = k\sum_{s=mol}\left(\frac{\chi_s}{\sum_{r=1}^{ns-1}\chi_r\Delta_{sr}^{(1)}(T) + \chi_e\Delta_{se}^{(1)}(T_e)}\right) \tag{6.32}$$

其中,下标 tr 表示为平动分量;下标 r 表示为转动分量;下标 e 表示为电子;下标 sr 表示为粒子 s 与粒子 r;下标 se 特指粒子 s 与电子;mol 表示为分子。

$$\chi_s = \frac{\rho_s}{\rho \cdot M_s} \tag{6.33}$$

$$\Delta_{sr}^{(1)}(T) = \frac{8}{3}\left[\frac{2M_sM_r}{\pi\bar{R}T(M_s + M_r)}\right]^{0.5}\pi \cdot \Omega_{sr}^{(1,1)} \tag{6.34}$$

$$\Delta_{sr}^{(2)}(T) = \frac{16}{5}\left[\frac{2M_sM_r}{\pi\bar{R}T(M_s + M_r)}\right]^{0.5}\pi \cdot \Omega_{sr}^{(2,2)} \tag{6.35}$$

其中,碰撞积分项 $\Omega_{sr}^{(1,1)}$ 和 $\Omega_{sr}^{(2,2)}$ 可由文献[7]中的列表数据进行曲线拟合得到。

$$a_{sr} = 1 + \frac{(1 - M_s/M_r)[0.45 - 2.54(M_s/M_r)]}{(1 + M_s/M_r)^2} \tag{6.36}$$

关于一对重粒子之间的二元扩散系数和重粒子与电子之间的二元扩散系数为

$$D_{sr} = \frac{kT}{p\Delta_{sr}^{(1)}(T)}, \ D_{se} = \frac{kT_e}{p\Delta_{se}^{(1)}(T_e)} \tag{6.37}$$

重粒子及电子的有效扩散系数为

$$D_s = \frac{\chi_t^2 M_s(1 - M_s\chi_s)}{\sum_{r=1}^{ns}\frac{\chi_r}{D_{sr}}}, \ \chi_t = \sum_{s=1}^{ns}\chi_s, \ D_e = \frac{M_e\sum_{s=ion}D_s^a\chi_s}{\sum_{s=ion}M_s\chi_s}, \ D_s^a = 2D_s \tag{6.38}$$

式中,ion 表示为离子。

3）振动松弛过程

随着温度升高,振动能和电子能被激发,平动能与振动能之间存在一定的振动松弛时间。Millikan 和 White 提出了半经验性的振动松弛时间修正,该修正在 300~8 000 K 获得比较准确的振动温度预测,为

$$\tau_s^{MW} = \frac{\sum_{j=1}^{ns-1} n_j \exp\left[A_s\left(T^{-1/3} - 0.015\mu_{sj}^{1/4}\right) - 18.42\right]}{\sum_{j=1}^{ns-1} n_j} \tag{6.39}$$

其中,μ_{sj} 为组分 s 和 j 的折算分子量;η_j 为组分的数密度;上标 MW 为 Millikan 和 White 的简写。

$$\mu_{sj} = \frac{M_s M_j}{(M_s + M_j)} \tag{6.40}$$

当温度高于 8 000 K 时,Park 建议使用振动松弛时间 $<\tau_s> = \tau_s^{MW} + \tau_s^p$:

$$\tau_s^p = (\sigma_s \bar{C}_s n_s)^{-1} \tag{6.41}$$

此时平动–振动松弛项可以近似表述为

$$e_{V,s}^* - e_{V,s} \approx c_{V,v}^s (T - T_v) \tag{6.42}$$

3. 化学动力学模型

非平衡模型的一个重要组成是有限速率化学反应过程。根据 Arrhenius 原理,化学反应过程存在正逆反应速率,该速度由温度、压力及组分环境等因素决定,在某一状态下,正逆反应速率相互抵消后表现为真实的化学反应速率。化学反应速率相关参数由理论分析和实验数据提供。

针对不同的流动特征,可以选择不同的气体介质进行化学反应过程模拟。以空气介质为例,若只考虑较低马赫数状态可以选用 5 组分化学动力学模型,只考虑中性粒子 N_2、O_2、N、O、NO 的反应。若需要获得流场电子密度分布,考虑流场的电离过程则需要考虑 NO^+ 离子甚至更多离子(包含 N^+、O^+、N_2^+、O_2^+)的反应。当需要考虑气体红外或者紫外辐射的光电特性时,使用尽可能多的离子反应更有必要。同时,考虑的气体组分越多,需要求解的连续方程越多,微量组分会给计算稳定性带来更大的挑战。因此,在实际模拟过程中,选择最少最有效的气体组分是数值模拟的难点。

各组分化学反应满足

$$\sum_{i=1}^{ns} V_{ij}^f R_i \Leftrightarrow \sum_{i=1}^{ns} V_{ij}^b R_i, \quad j = 1, 2, \cdots, nr \tag{6.43}$$

其中,nr 为化学反应方程总数。

第 s 种组分的生成率为

$$\dot{\omega}_s = M_s \sum_{j=1}^{nr} \left(V_{sj}^b - V_{sj}^f \right) \left(\frac{\rho}{\bar{M}} \right)^n \left[k_j^f \prod_{l=1}^{ns} \left(\frac{\rho_l}{M_l} \right)^{V_{jl}^f} - k_j^b \prod_{l=1}^{ns} \left(\frac{\rho_l}{M_l} \right)^{V_{jl}^b} \right] \quad (6.44)$$

其中,k_j^f、k_j^b 分别为第 j 个反应的正向和逆向反应速率,单位为 $(\mathrm{mol/m^3})^{1-n}/\mathrm{s}$;$n$ 为反应级数,即反应中反应物化学当量系数之和,可通过 Arrhenius 方程计算获得;M_s、$\bar{M}$ 分别是第 s 组分的摩尔质量和混合物的摩尔质量;n 是代表三体效应的常数,对于存在三体的基元反应,n 为 1,否则为 0。

Arrhenius 方程中的正逆反应速度公式为

$$k_j^f = \mathrm{e}^{A_{fi}} T^{B_{fi}} \mathrm{e}^{-\frac{C_{fi}}{T}} \quad (6.45)$$

$$k_j^b = \mathrm{e}^{A_{bi}} T^{B_{bi}} \mathrm{e}^{-\frac{C_{bi}}{T}} \quad (6.46)$$

一般认为实际反应过程中,以双组元碰撞为主,因此本书中三体效应常数为 0,源项可以写为

$$\dot{\omega}_s = M_s \sum_{j=1}^{nr} \left(V_{sj}^b - V_{sj}^f \right) \left[R_{fr} - R_{br} \right] \quad (6.47)$$

其中,

$$\left. \begin{array}{l} R_{fr} = k_{fr} \prod_{j=1}^{nj} \left(\gamma_j \rho \right)^{V_{ij}^f} \\ R_{br} = k_{br} \prod_{j=1}^{nj} \left(\gamma_j \rho \right)^{V_{ij}^b} \end{array} \right\} \xrightarrow[\text{以 egs 为单位时}]{\text{当反应速率公式}} \left\{ \begin{array}{l} R_{fr} = 1\,000 \left[k_{fr} \prod_{j=1}^{nj} \left(0.001 \gamma_j \rho \right)^{V_{ij}^f} \right] \\ R_{br} = 1\,000 \left[k_{br} \prod_{j=1}^{nj} \left(0.001 \gamma_j \rho \right)^{V_{ij}^b} \right] \end{array} \right. \quad (6.48)$$

其中,γ_j 为摩尔质量比,对于气体组分定义为 $\gamma_j = x_j/\rho = (\rho_j/M_j)/\rho = C_j/M_j$,催化剂定义为 $\gamma_j = \sum_{i=1}^{ns} Z_{(j-ns),i} \gamma_i$,$j = 1, \cdots, nj$,$Z_{(j-ns),i}$ 为以氩为基准的催化效率。

当进行化学非平衡假设时,反应速率特征温度由温度 T 决定;当进行热化学非平衡假设时,对于离解反应取特征温度为 $T_d = \mathrm{sqrt}(TT_v)$;对于电子电离反应取为 $T_d = T_v$;对于其他反应取为 $T_d = T$。

4. 壁面催化模型

在化学非平衡流数值模拟研究中,壁面催化特性对壁面热通量的影响很大。选择不同的壁面催化特性将改变壁面附近化学反应的程度及各组分的构成,从

而影响壁面热通量的大小。一般情况下壁面的催化条件概括为三种：完全催化壁和完全非催化壁代表两种极端情况；有限催化壁比较接近实际状态。

（1）完全催化壁：$C_{sw} = C_{eq}$

（2）完全非催化壁：$C_{sw} = C_{s, j=2}$

（3）有限催化壁：$(k_s \rho C_s)_w = \left[\rho D_s \left(\dfrac{\partial C_s}{\partial y} \right) \right]_w$

对于完全催化壁模型，求解当地温度、压力条件下的平衡组分需要借助于 Gibbs 自由能方法，有时为简便可以采取一种近似的处理方法。考虑到壁面温度一般取 300 K，此时壁面处的平衡组分与来流组分基本一致，因此可以设置完全催化壁条件为

$$C_{sw} = C_{s, \infty}$$

但是当壁面温度较高时，如 1 500 ~ 2 500 K，壁面处平衡组分与来流组分差异变大，此时应该按照公式来设置完全催化壁条件。

对于空气介质的壁面催化过程，现有的 L-H（Langmuir-Hinshelwood）复合模型和 E-R（Eley-Rideal）复合模型可以表述为

$$N + N^* \xrightarrow{\gamma_{NN}} N_2 + * \tag{6.49}$$

$$O + O^* \xrightarrow{\gamma_{OO}} O_2 + * \tag{6.50}$$

$$N + O^* \xrightarrow{\gamma_{NO}} NO + * \tag{6.51}$$

$$O + N^* \xrightarrow{\gamma_{ON}} NO + * \tag{6.52}$$

其中，$*$ 表示该组分被吸附于壁面上。因此，根据表面分子动力学原理，可以给出各组分在壁面处考虑催化过程的约束条件为

$$\frac{\partial C_N}{\partial n} = \frac{\gamma_{NN}}{D_N} \sqrt{\frac{\bar{R} T}{2 \pi M_N}} \cdot C_N + \frac{\gamma_{NO}}{D_N} \sqrt{\frac{\bar{R} T}{2 \pi M_N}} \cdot C_N \tag{6.53}$$

$$\frac{\partial C_{N_2}}{\partial n} = - \frac{\gamma_{NN}}{D_N} \sqrt{\frac{\bar{R} T}{2 \pi M_N}} \cdot C_N \tag{6.54}$$

$$\frac{\partial C_O}{\partial n} = \frac{\gamma_{OO}}{D_N} \sqrt{\frac{\bar{R} T}{2 \pi M_O}} \cdot C_O + \frac{\gamma_{ON}}{D_N} \sqrt{\frac{\bar{R} T}{2 \pi M_O}} \cdot C_O \tag{6.55}$$

$$\frac{\partial C_{O_2}}{\partial n} = -\frac{\gamma_{OO}}{D_N}\sqrt{\frac{\bar{R}T}{2\pi M_O}} \cdot C_O \qquad (6.56)$$

$$\frac{\partial C_{NO}}{\partial n} = -\frac{\gamma_{ON}}{D_N}\sqrt{\frac{\bar{R}T}{2\pi M_O}} \cdot C_O - \frac{\gamma_{NO}}{D_N}\sqrt{\frac{\bar{R}T}{2\pi M_N}} \cdot C_N \qquad (6.57)$$

一般地,主要考虑中性粒子的催化复合过程,不考虑电子与离子的复合。在实际使用过程中,为简化模型,仅考虑 O 和 N 原子自身的复合,不考虑 N 和 O 复合成 NO 的过程,且认为 O 和 N 原子具有同样的催化复合速率。通过等效的壁面催化复合系数模拟催化复合过程,使用可变的参数 γ_s 来模拟壁面复合系数。γ_s 取 0 时相当于完全非催化壁,γ_s 取 1 时相当于完全催化壁:

$$k_{w,s} = \gamma_s \sqrt{\bar{R}T/2\pi M_s} \qquad (6.58)$$

$$\gamma_s = \beta_s \gamma_s^* \qquad (6.59)$$

其中,γ_s^* 表征复合原子与碰撞到壁面原子数之比;β_s 表征该复合反应过程反应放热对气动加热的影响,称为反应能调节因子,取值范围为 $0 \leqslant \beta_s \leqslant 1$,当其取 1 时表示所有复合放热均转化为壁面气动加热。

5. 辐射特性计算模型

激波层高温流场内气体组分可能发生离解、电离和复合等复杂的物理化学过程,改变组分和热力学状态,导致流场内不同位置和不同时刻的辐射机制更为复杂。一般地,气体辐射包括原子束缚-束缚跃迁(原子线谱)、原子束缚-自由跃迁(光致电离)、原子自由-自由跃迁(韧致辐射)和分子束缚-束缚跃迁(分子带谱)等过程,也可能包括化学反应发光辐射。气体辐射特性模块在流场计算的组分数密度和温度的基础上,求解粒子电子态布局和光谱参数。

空气的辐射机制主要为 N、O 元素组分的电子跃迁,包括 N_2 第一正系 $B^3\Pi_g \to A^3\Sigma_u^+$、第二正系 $C^3\Pi_u \to B^3\Pi_g$,N_2^+ 第一负系 $B^3\Sigma_u^+ \to X^2\Sigma_g^+$,NO 的 γ、β、σ 带系和 11 000 Å 带系,O_2 的舒曼-龙格带系,N、O 原子谱线辐射及连续谱辐射等;还有多原子分子及异核双原子分子的振动-转动跃迁,包括 NO、NO_2、N_2O、CO、CO_2、H_2O、OH、CH_4 等。在一定谱带间隔内,吸收系数的变化相对普朗克函数变化很快,因此可将普朗克函数看作常数,实际吸收系数用窄谱带或宽谱带的平均值来代替,从而得到窄谱带和宽谱带模型。

对于电子跃迁,分子谱线吸收系数的计算公式为

$$\kappa_\eta = \frac{8\pi^3 \eta_0}{3hc} \frac{N'_{e,v,J} R_e(\bar{r}_{v',v''}) q(v',v'') S^{J'A'}_{J''A''} F(\eta)}{2J''+1} \tag{6.60}$$

其中，$R_e(\bar{r}_{v',v''})$ 为电子跃迁矩阵元；$q(v',v'')$ 为 Franck-Condon 因子；$S^{J'A'}_{J''A''}$ 为转动谱线强度因子；$N'_{e,v,J}$ 为分子在低能态的数密度；η 为中心频率的波数；$F(\eta)$ 为谱线线型函数。

对于振动-转动跃迁，气体的吸收带内吸收谱线之间会发生部分重叠。对于同一气体，其在波数 η 处光谱吸收系数 κ_η 等于各相互重叠谱线在波数 η 处的线吸收系数 $\kappa_{\eta,i}$ 之和，即

$$\kappa_\eta = \sum_i \kappa_{\eta,i} = \sum_i S_i F(\eta - \eta_{0,i}) N \tag{6.61}$$

其中，κ_η 为吸收系数；S_i 为标准化单个分子的谱线积分强度；$F(\eta-\eta_{0,i})$ 是谱线线型函数；$\eta_{0,i}$ 为计算域内第 i 条谱线中心处的波数；N 为分子数密度。

辐射传输方程描述了沿光线轨迹由吸收、发射和散射等过程引起的辐射强度的变化，是沿光线轨迹方向上的辐射能守恒方程。辐射强度是波长、时间、空间位置坐标和角度方向的函数，在三维半透明介质中，辐射强度是 7 维变量的函数，求解辐射传输方程具有很大难度。对于飞行器，需要发展适体坐标系下的辐射传输方程求解方法。在直角坐标系下，吸收、发射、散射性非灰介质的谱带辐射传输方程为

$$\frac{\mathrm{d}I_k(l,\omega)}{\mathrm{d}l} = a_k I_{bk}(l) - \kappa_k I_k(l,\omega) + \frac{\sigma_{sk}}{4\pi}\int_{4\pi} I_k(l,\omega^{m'})\Phi_k(\omega^m,\omega^{m'})\mathrm{d}\omega^{m'} \tag{6.62}$$

其中，I 为辐射强度；l 为空间位置；ω 为方向角；α_k、σ_{sk}、κ_k 分别为介质的谱带发射系数、散射系数和衰减系数；$\kappa_k = \alpha_k + \sigma_{sk}$；$\Phi_k(\omega^m,\omega^{m'})$ 为散射相函数；ω^m、$\omega^{m'}$ 分别为入射角和散射角；下标 k 表示谱带模型 k 区域。对于气体辐射，散射可以忽略。

采用有限体积法离散辐射传输方程，其基本思想是保证在每个立体角内辐射能量守恒。空间离散和角度离散后的体积元如图 6.3 所示。空间离散包括控制体 V_p，内节点 P，体积元各表面积分点 e、w、s、n、t 和 b。角度离散将 4π 空间离散为立体角 Ω^m，矢量 S^m 为立体角中心，θ、φ 分别表示天顶角和圆周角。

通过简化和数值变换，可以得到不计散射的离散方程为

$$\sum_{j=1}^{M_c} Q^m_{k,j} = \sum_{j=1}^{M_c} A_{c,j} I^m_{k,c,j} D^m_j \approx [\kappa_{k,P} I_{bk,P} - \kappa_{k,P} I^m_{k,P}] V_p \Omega^m \tag{6.63}$$

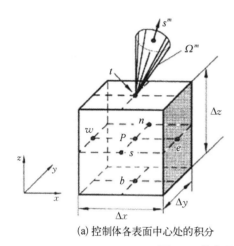
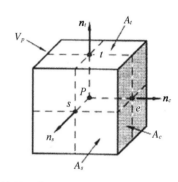

(a) 控制体各表面中心处的积分   (b) 控制体各表面面积A_j和单位外法矢量$\boldsymbol{n}_j$

图 6.3　笛卡儿坐标系下的控制体

其中,下标 j 表示表面中心;D_j^m 为立体角中心在表面的投影。若选用阶梯格式,即 $I_{k,c,j}^m = I_{k,J}^m$,则下标 J 代表与控制体 P 相邻的各控制体中心节点,方程可写为

$$a_{k,P}^m I_{k,P}^m = \sum_{J=E,W,S,N,T,B} a_J^m I_{k,J}^m + b_{k,P}^m$$

$$a_{k,P}^m = \sum_{J=E,W,S,N,T,B} \max\left[A_j D_j^m, 0\right] + \kappa_{k,P} V_P \Omega^m,$$

$$a_J^m = \max\left[-A_j D_j^m, 0\right], \quad b_{k,P}^m = \kappa_{k,P} \frac{\sigma B_{k,T_p} T_P^4}{\pi} V_P \Omega^m$$

$$(6.64)$$

其中,B_{k,T_p} 为温度 T_p 下 $\Delta\lambda_k$ 谱带内的黑体辐射能占总辐射能的份额。

6.1.2　化学反应模型适用性

根据 Arrhenius 原理,非平衡流场中某处的化学反应程度既与流场温度、压力、组分等参数有关,也与其宏观速度有关。在进行非平衡流场模拟过程中是否可以使用一套化学反应模型完成所有状态的模拟? 为了实现计算效率最大化,这一问题的答案显然是否定的。研究发现,当流场温度升高时就会发生化学反应,随着温度升高,不同的化学反应和气体组分开始出现并显著。例如,在平衡假设条件下,O_2 在 2 000 K 时开始离解,到 4 000 K 时 O_2 完全离解,N_2 开始离解,到 9 000 K 时 N_2 完全离解,O 和 N 开始电离[3]。由此可见,流场中化学反应的复杂程度与来流条件直接相关,当飞行速度不够高时,主要以中性粒子反应为主,随着飞行速度的增加,气体离解加剧并开始电离。因此,在较低的飞行速度条件下,没有必要使用更复杂、更完备的化学反应模型对其进行模拟。

目前,通常采用的化学反应模型有以下几类:Bortner[4] 提出了 7 组分化学反应模型;Kang 等[5]、Dunn 和 Kang[6] 提出了 11 组分 26 步化学反应模型,其正向反应速率和逆向反应速率均由 Arrhenius 方程给出。Gupta 等[7] 综合了 Bortner 模型和 Dunn-Kang 模型,给出了 11 组分 20 反应式的 Gupta 模型。在飞行速度为 8 km/s 左右时,Gupta 模型的正、逆向反应速率也由 Arrhenius 方程给出;当飞行速度更高时,逆向反应速率系数通过平衡常数与正向反应速率系数计算得到。Park[8] 也于 1985 年提出了 11 组分 17 反应式的 Park85 模型。此后,Park 又根据 Park85 模型的反应速率常数、平衡常数的表达式,甚至反应方程式做了增减修改,根据模型修改年份的不同,可以归结为 Park85 模型、Park85_Keq 模型[9]、Park90 模型[10] 和 Park2000 模型[11]。

以 Apollo 返回器为研究对象,通过与 AS-202 飞行数据和其他的热化学非平衡计算结果对比,对化学非平衡程序进行验证。

AS-202 的外形尺寸如图 6.4 所示。来流参数:高度为 70.1 km,马赫数为 27.2。物面为非催化无滑移等温边界条件,壁面温度为 1 500 K。图 6.5 是计算所得的对称面流线分布,清晰显示了返回器周围的激波、压缩区、膨胀区和尾迹流动中的源、剪切层和分离再附等流动结构。

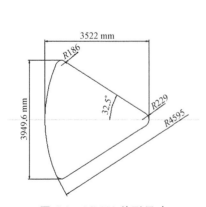

图 6.4　AS-202 外形尺寸

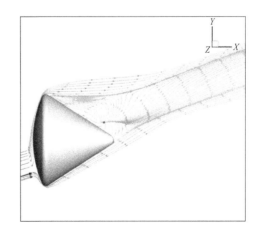

图 6.5　对称面流线分布

1. 计算验证

飞行数据测定攻角 17.5°为配平攻角,表 6.1 列举了配平条件下的飞行数据和文献结果,计算结果为采用 Dunn-Kang 5 组分化学反应模型、AUSM+-UP 格式计算得到,列出了文献和计算结果与飞行数据的偏差。由表 6.1 可见,计算结果和文献结果基本一致,与飞行数据吻合较好。其中,计算得到的升力系数和阻力系数相差约 10%,升阻比相差在 1% 以内。升力系数较文献偏差较大,升阻比数据则比文献数据吻合更好。

表 6.1　Apollo 气动特性计算结果验证

模型	C_{MZ}	C_L	C_D	L/D	ΔC_{MZ}	$\Delta C_L/\%$	$\Delta C_D/\%$	$\Delta L/D/\%$
飞行	0.000 0	−0.330 0	1.260 0	−0.265 0	—	—	—	—
文献	−0.008 2	−0.340 0	1.405 0	−0.242 0	−0.008 2	3.03	11.51	−8.68
DK5	0.003 2	−0.364 2	1.386 0	−0.262 8	0.003 2	10.36	10.00	−0.84

2. 不同组分比较

5 组分化学反应模型仅考虑了中性反应,7 组分化学反应模型则考虑了 NO^+ 和 e^- 等带电粒子的生成。

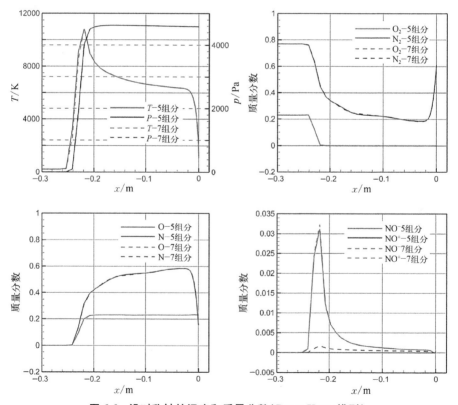

图 6.6　沿对称轴的温度和质量分数(Dunn-Kang 模型)

由图 6.6 可知,Dunn-Kang 的 5 组分和 7 组分化学反应模型得到的流场基本一致,仅 7 组分化学反应模型在激波层附近有少量 NO$^+$生成。

表 6.2 是两种组分化学反应模型得到的气动力系数。由表 6.2 可知,两种模型数据一致,不同模型对气动力数据影响微弱。

表 6.2　Dunn-Kang 不同组分化学反应模型得到的气动力系数

模型	C_{MZ}	C_L	C_D	L/D	ΔC_{MZ}	$\Delta C_L/\%$	$\Delta C_D/\%$	$\Delta L/D/\%$
DK5	0.003 2	−0.364 2	1.386 0	−0.262 8	—	—	—	—
Dk7	0.003 1	−0.364 2	1.387 4	−0.262 5	−0.000 1	0.00	0.10	−0.10

3. 同组分不同反应模型比较

采用 5 组分化学反应模型(图 6.7 和图 6.8),分别考虑 Dunn-Kang 模型、Gupta 模型和 Park 模型,其中,Dunn-Kang 模型和 Gupta 模型差别较小,仅若干反应的反应速率略有不同,Park 模型则在反应类型和反应速率上均存在差异。

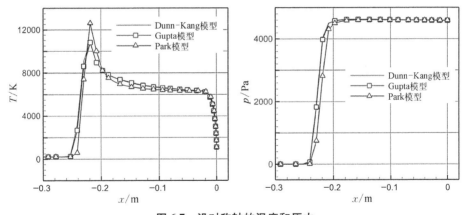

图 6.7　沿对称轴的温度和压力

图 6.7 表明,Dunn-Kang 模型和 Gupta 模型的温度和压力分布一致,Park 模型的激波脱体距离略小,激波后温度跳跃略高,激波层内部温度略低,压力在平衡后与 Dunn-Kang 模型、Gupta 模型一致。

图 6.8 的质量分数分布表明,三种模型的 O$_2$ 分解反应一致,N$_2$ 分解反应在激波层附近略有不同,尤其是 Park 模型的 NO 生成明显低于另外两种模型。

表 6.3 是三种模型对应的气动力系数,虽然某些化学反应不同导致了组分质量分数分布略有差异,激波层内温度分布不同,但对压力基本没有影响,在压力主导的状态下,返回舱的气动力系数一致,反应模型对气动力基本没有影响。

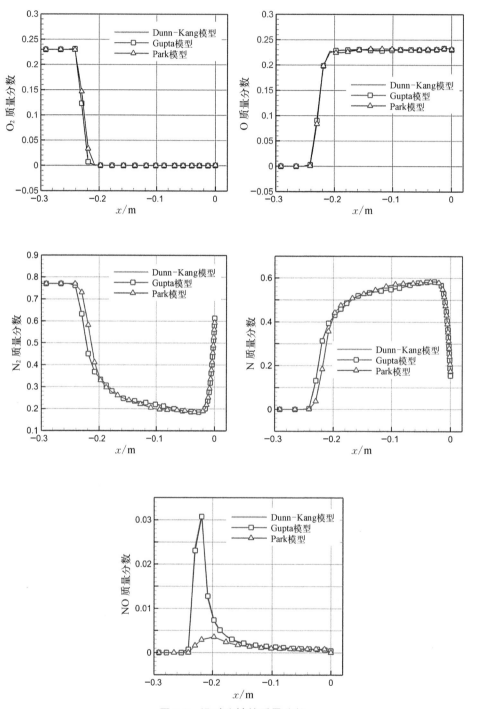

图 6.8 沿对称轴的质量分数

表 6.3 5 组分不同反应模型对应的气动力系数

模型	C_{MZ}	C_L	C_D	L/D	ΔC_{MZ}	$\Delta C_L/\%$	$\Delta C_D/\%$	$\Delta L/D/\%$
DK5	0.003 2	−0.364 2	1.386 0	−0.262 8	—	—	—	—
Gupta5	0.003 2	−0.364 2	1.385 9	−0.262 8	0.000 0	0.01	0.00	0.01
Park5	0.003 1	−0.363 8	1.385 0	−0.262 7	−0.000 1	−0.11	−0.07	−0.04

6.2 高温气体效应作用机制

6.2.1 气动特性高温气体效应作用机理

根据高温真实气体效应对飞行器气动特性的影响量,可将飞行器典型布局形式分为小升阻比的轴对称气动外形、中等升阻比的复杂气动外形和尖前缘高升阻比复杂气动外形等三类。相对来说,航天飞机类中等升阻比的复杂气动外形高温真实气体效应对飞行器力矩特性影响显著,而高升阻比复杂气动外形高温真实气体效应对轴向力系数影响显著。在高升阻比复杂气动外形中,高温真实气体效应对轴向力系数的影响较大,源于产生高升阻比的大升力面的摩擦阻力系数在总的轴向力中所占比例较大,而高温真实气体效应对摩擦阻力影响较大。高温真实气体效应对气动力矩特性的影响是否也与中等升阻比的复杂气动外形相关呢,其影响机理是什么? 下面尝试从其主要影响因素着手进行分析。

1. 比热比对“高超声速异常”的影响机理

美国航天飞机研究结果表明:航天飞机的高超声速异常原因在于真实气体效应影响表面压力分布,从而引起力矩特性的变化。表面压力分布差异的起因是什么?

图 6.9 给出两种外形流场的等值云图,可见由于头部迎风曲率半径的增加,强压缩区域加大,迎风区气体分子离解程度增强,引起迎风面下游氮原子等离解气体组分增多和激波位置的变化,气体比热比发生变化,从而导致相应位置处压力的变化。背风区的离解气体是由头部离解气体的绕流而来,其随着流动向下游发展,离解气体失去其依存的高焓环境条件,逐渐复合,复合程度取决于流动距离(即背风区物面形状)。当背风区头部曲率半径加大并伴随高度升高时,意味着更多离解气体复合。

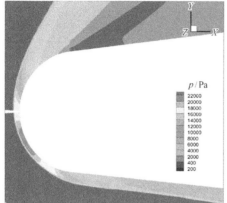
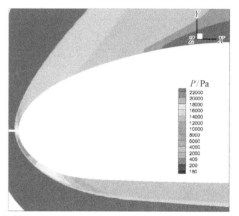

压力分布

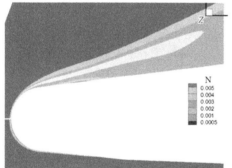
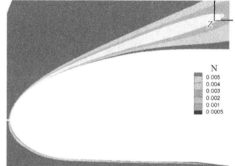

N原子质量分数分布

图 6.9　两种外形流场的等值云图

　　因此,高温真实气体对力矩特性的影响机理为气体强压缩区布局的变化,引起激波位置和气体离解电离数量的变化,从而导致比热比的变化,进而影响物面的压力系数;气体膨胀区布局的变化,使得气体复合程度(复合距离)不同,最终比热比的变化引起物面压力系数的变化,这两者综合作用导致力矩系数的变化。因此,物面比热比分布的不同是飞行器产生"高超声速异常"的根本原因。

　　2. 攻角对"高超声速异常"的影响机理

　　研究发现,对于钝头体外形,迎风区气体离解和背风区气体复合机会增多,气体比热比较完全气体有很大的变化,因此钝头体外形是飞行器产生"高超声速异常"的条件之一。为探讨飞行攻角对飞行器"高超声速异常"的影响,以典型飞行器——航天飞机为例进行研究。

图 6.10 给出俯仰力矩系数随攻角的变化,高温气体效应产生抬头力矩,且随着攻角的增加抬头力矩增大。

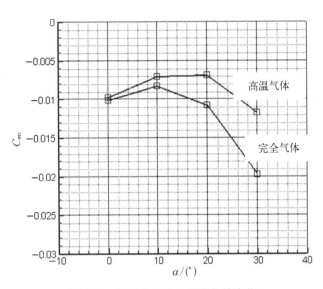

图 6.10　俯仰力矩系数随攻角的变化

图 6.11 给出不同攻角下,迎风及背风子午线上高温气体效应对压力分布的影响。由图 6.11 可知,在头部压缩区高温气体效应使压力升高,在背风膨胀区高温气体效应使压力降低,而高温气体效应的影响在迎风面随着来流攻角的不同表现形式不同。在 0° 攻角时,上下表面都位于气流的膨胀区,高温气体效应使压力降低,且产生的低头和抬头不同方向的俯仰力矩相抵消,因此高温气体效应对俯仰力矩的影响较小;在 20° 攻角时,气流以小角度入射底部大面积区,与头部绕流气体汇合,表现为压缩效应,高温气体效应使压力增加,气体的离解和电离不但导致压缩区压力升高,还导致压缩区变小,因此在流场后部真实气体较完全气体更早进入气流膨胀区,这时高温气体效应使压力降低,综上所述,质心前迎风大面积区高温气体效应的压力升高和质心后的压力降低,都引起附加抬头力矩,而背风区高温气体效应导致的压力降低,产生的低头力矩量级较小,不影响力矩的方向;同理,这种迎风区的气流压缩和膨胀效应导致的高温气体效应对压力分布的影响规律在 40° 攻角时同样存在,不同点在于攻角的增加使相同流向距离内压缩、膨胀区串的个数显著增加,且对压力的影响量也显著增加,因此大攻角是这类飞行器"高超声速异常"存在的必要条件。

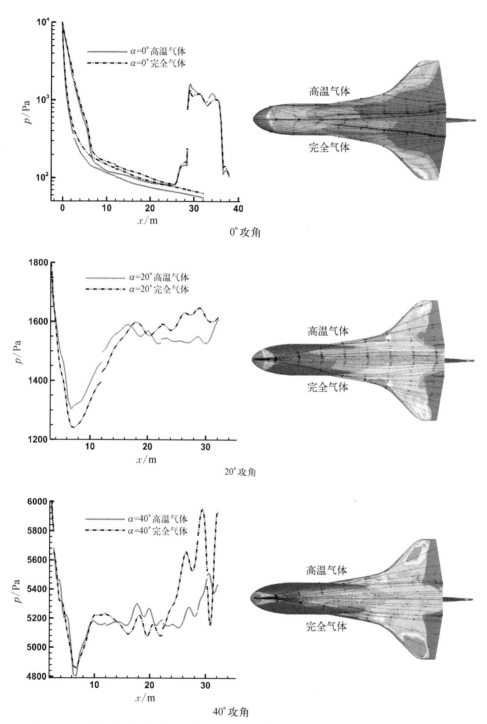

图 6.11 不同攻角迎风及背风子午线上高温气体效应对压力分布的影响(后附彩图)

3. 结合壁面催化效应的气动热影响机制

化学反应流动的一个重要特征是多组分扩散,不同组分之间物理特性的差异会在流场中形成组分浓度梯度。原子到达壁面时受壁面温度及材料热物理特性影响,会发生不同于流场内部的催化复合过程,催化复合释放能量并形成组分浓度梯度,产生气动加热。这种由壁面原子复合产生的组分扩散气动加热称为壁面催化效应。组分扩散气动加热与对流加热的加热机理有本质上的区别,在某些特殊条件下,组分扩散热流可能占总热流的50%以上,因此考虑非平衡流条件下的壁面催化效应非常重要。

关于壁面催化效应对表面热流的影响,有一个普遍的认识,即完全催化壁热流高于有限催化壁热流,高于非催化壁热流。以壁面催化能力为参考量,随着催化能力增强,气动加热呈单调增长趋势。这是因为有催化情况下,相对于对流传热的影响,壁面催化复合对组分扩散传热的影响在传热过程中占优,原子的化学复合过程释放能量直接作用于壁面。但是对于不同的流动状态,壁面催化效应是否存在差异? 若存在差异,这种差异主要受控于什么参数? 目前较一般的思路是设定一个等效的催化复合系数,由其决定壁面催化复合能力的强弱。该系数不仅受外部流动条件影响,同时与材料表面的热化学性能密切相关。

对于考虑壁面催化的传热预测,Goulard[12]给出了一个驻点区域有限催化条件下热流预测公式:

$$q = q_{kw}\left[1 - \frac{Le^{2/3}\frac{h_D}{h}}{1 + (Le^{2/3} - 1)\frac{h_D}{h}}(1 - \varphi)\right] \tag{6.65}$$

$$q_{kw} = 0.763Pr^{-0.6}(\rho\mu)^{0.1}\sqrt{\left(\frac{du}{dx}\right)_s}(h - h_w)\left[1 + (Le^{0.52} - 1)\left(\frac{h_D}{h}\right)\right] \tag{6.66}$$

$$\varphi = \frac{1}{1 + 0.47Sc^{-2/3}\frac{\left(2\rho\mu\frac{du}{dx}\right)^{0.5}}{\rho_w k_w}} \tag{6.67}$$

其中,q_{kw} 为完全催化壁热流;定义 ϕ 为等效壁面催化系数,$\phi = 1$ 为完全催化壁,$\phi = 0$ 为完全非催化壁。k_w 表征壁面材料的催化复合能力,由此可以定义参数 S

表征流动对催化效应的影响。

$$S = \frac{0.47 Sc^{-\frac{2}{3}} \left(2\rho\mu \dfrac{\mathrm{d}u}{\mathrm{d}x} \right)^{0.5}}{\rho_{\mathrm{w}}} \qquad (6.68)$$

定义 $\psi = S/k_{\mathrm{w}}$，则 $\psi = 0$ 时为完全催化壁，即此时壁面催化能力主要由壁面条件决定；$\psi = \infty$ 为完全非催化壁，即此时壁面催化能力主要受外部流动影响。通过对以上各式的分析可发现，壁面催化效应既与材料表面催化特性相关，也受外部流动条件影响。其中，体现外部流动因素的关键参数包括刘易斯数 Le、离解焓 h_D、施密特数 Sc，而体现壁面材料催化特性因素的关键参数是壁面材料的催化复合系数 k_{w}。因此，可以认为壁面催化效应既是一种空气动力学问题，又是材料科学问题，要获得壁面催化效应的影响及其机理，需要从流动特性和材料特性两方面着手进行研究。

考虑到壁面催化效应的定义，在研究壁面催化效应过程中，主要关注组分扩散热流及组分扩散热流在总热流中所占比例的大小。组分扩散热流决定了壁面催化复合对实际气动加热的影响量，组分扩散热流在总热流中所占比例则决定了壁面催化效应在飞行器气动加热过程中的影响程度大小。这两个因素不可分割，应该同时考虑。本小节气动热壁面催化效应的研究主要基于对这两个因素的对比分析，获得壁面催化效应的影响机制。

1) 空气动力学因素

催化效应的主要特征是流场中存在明显的化学能的释放及转化过程。在高马赫数时，过激波后动能快速向内能转换，温度急剧升高，为化学能的释放与转换创造了条件。保证和促使化学反应进行的一个条件是足够高的分子密度，分子通过大量的碰撞完成能量交换和化学反应。因此，马赫数和密度是影响催化特性的重要因素。

对于气体非平衡化学反应，影响反应速率的主要参数是反应活化能、气体温度及当地压力。反应速率随压力的增加以 2 次幂速率增加，在达到振动激发温度之后，反应速率随温度增加快速增长。图 6.12 以氧分子离解为氧原子为例，给出了不同的压力环境下 O 原子离解速率随温度变化的分布，可以更清楚地看到这一规律。在温度高于 5 000 K 之后，氧原子离解速率快速增加，环境压力从 1×10^3 Pa 到 1×10^6 Pa，离解速率增加了 6 个量级，并且这一规律对所有温度都成立，图 6.12 (b) 给出了采用温度 20 000 K 的离解速率进行归一化的离解速率分布,验证了这一点。由此分析可知,温度是影响气体非平衡反应的重要参数,但是在温度条件达到后,环境压力对反应速率的影响更显著。在实际飞行过程中,决定温度的重要条件是飞行马赫数,决定压力的重要条件是飞行马赫数和飞行高度。因此,可以将马赫数和高度看作是区别激波后气体反应程度的两个关键飞行参数。

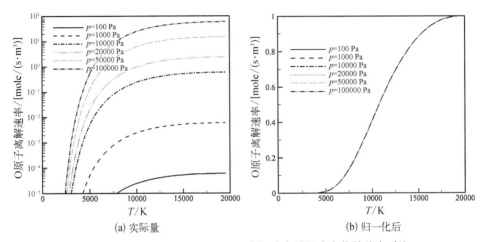

图 6.12 不同压力环境下 O 原子离解速率随温度变化的分布对比

图 6.13 给出了同样高度条件 $H=71\,\mathrm{km}$,马赫数分别为 15、20、25.9 时的热流分布对比。图 6.14 给出了马赫数 $Ma=20$,高度分别为 71 km、61 km、51 km 时的热流分布对比。由图 6.13 和图 6.14 可知,随着马赫数升高和高度降低对流热流呈增大趋势,这一规律符合一般认识。马赫数增加使得总焓、总压同时增

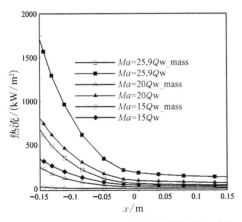

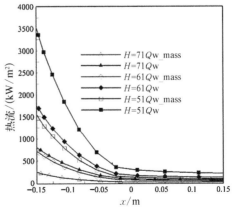

图 6.13 $H=71\,\mathrm{km}$ 不同马赫数热流分布对比   图 6.14 $Ma=20$ 不同高度热流分布对比

加,同样马赫数条件下高度降低间接导致了总压升高,因此对流热流呈增加趋势。对于组分扩散热流,从宏观现象上来说,这是由催化复合产生的浓度梯度引起的。因此,流场中原子浓度分布及其分布的演化对组分扩散热流产生重要影响。当高度一定时,随着马赫数增大,激波后气体温度增加,气体离解程度增强,近壁原子浓度相应增加,为壁面处气体复合创造了条件。当马赫数一定,随着高度降低来流密度增加,激波后气体碰撞频率增加,化学反应概率增加,气体离解程度增强,从而导致靠近壁面的原子浓度增加。这体现为随着高度降低、马赫数升高,热流组分扩散项呈增加趋势。

对流传热是气动加热过程中非常重要的一部分,Kemp-Riddell[13] 和 Fay-Riddell[14] 曾经给出了关于驻点热流的工程计算公式:

$$Q_{ws} = \frac{131\,884.2}{\sqrt{R}} \left(\frac{\rho_\infty}{\rho_0} \right)^{0.5} \left(\frac{V_\infty}{V_c} \right)^{3.25} \left(1 - \frac{h_w}{h_s} \right) \text{ (K-R)} \tag{6.69}$$

$$Q_{kw} = 0.763 Pr^{-0.6} (\rho\mu)^{0.4} (\rho_w\mu_w)^{0.1} \sqrt{\left(\frac{du}{dx} \right)_s} (h - h_w) \left[1 + (Le^{0.52} - 1)\left(\frac{h_D}{h} \right) \right] \text{ (F-G)}$$
$$\tag{6.70}$$

其中,与壁面温度相关的壁焓与总焓之比是影响热流预测的一个关键参数,式(6.69)和式(6.70)表明当壁焓与来流总焓之比增大(总焓一定时壁面温度增加是其中一种情况)时,驻点热流会相应降低。在进行壁面催化效应数值分析过程中,选择不同的等温壁温度可能会给当前状态下的壁面催化效应的分析带来不同的认识。因此,有必要考虑不同壁面温度状态,研究其对壁面催化效应的影响规律。

图 6.15 给出了对流热流和组分扩散热流在不同壁面温度条件下沿流向的分布。研究发现,对于不同飞行状态,随着壁面温度升高完全催化壁总热流、对流热流都呈降低趋势,而组分扩散热流随壁面温度升高呈增大趋势,所得结论与式(6.70)相符。当壁面温度升高时,边界层内气体温度升高幅度较小,近壁温度梯度下降,同时边界层内温度升高,使得边界层内组分复合程度降低,更多的原子到达壁面附近,从而使得近壁催化复合能力有所增强,组分扩散热流增加。对比 4 组不同状态,随着马赫数的增加,来流总焓增幅明显,热流受总焓与壁焓之比影响,在来流总焓较低时壁面温度差异会产生较大影响,总焓较高时壁面温度产生的热流差异变小。由此可知,温度影响组分扩散过程,从而影响组分扩散热流。飞行器在实际飞行过程中,壁面温度受气动加热作用必然维持在较高的温

度(>1 000 K),当进行地面热环境数值预测时,一般选择等温壁温度为300 K,这使得实际完全催化壁与非催化壁之间热流差异被低估。因此,选择较高的等温壁温度可以更准确地模拟催化壁条件为热环境带来的差异。

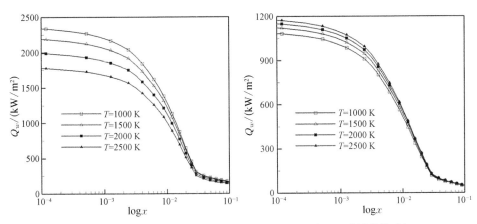

图 6.15　热流随壁面温度变化(左: 对流热流　右: 组分扩散热流)

　　在高超声速流动条件下,高温导致的气体离解为壁面催化效应的产生提供了先决条件,但是壁面处气体复合程度的强弱受多个因素影响。马赫数和气体密度对壁面催化效应的影响机制与对流热流的影响机制完全不同,马赫数升高使得激波后气体温度升高,直至气体振动能被激发并发生离解,气体密度对气体离解程度产生更明显的影响。较高的壁面温度将减小近壁温度梯度,显著降低对流热流,但是壁面温度升高使得近壁气体温度升高,复合反应被抑制,壁面处原子浓度升高,从而使得组分扩散热流增加,壁面催化效应增强。

　　2) 材料催化特性因素

　　为了适应新型飞行器设计需要,特别是针对较常用的典型热防护材料,当完全催化壁和完全非催化壁模型不能满足热流预测需要时,有必要采用有限催化壁模型获得对热环境更准确的认识。将壁面催化复合过程分为三步进行分析: ① 气体到达壁面产生一定的对流加热作用,此时不发生壁面复合,不存在组分扩散加热;② 气体发生复合反应释放能量,其中一部分能量由于组分扩散作用施加至壁面,另一部分能量作用于近壁气体;③ 复合反应释放的化学能改变近壁气体的化学反应状态及内能分布状态。

　　壁面催化是离解气体在壁面材料表面发生复杂的复合反应的结果,其物理机制非常复杂,受来流离解气体性质、壁面温度、壁面材料组分及结构等众多因素影响。一般地,表面化学动力学相关原理指出气体组分在壁面处主要发生两种类型的复合：① 自由原子撞上吸附原子复合成气体分子(Eley-Rideal 复合模型)；② 壁面上吸附原子相遇复合成气体分子(Langmuir-Hinshelwood 复合模型)。针对这两类复合过程,研究者进行了大量的分析工作,获得了一些认识：当壁面温度较低时,E-R 复合占据主导地位,当壁面温度升高时 L-H 复合逐渐明显。对于 L-H 复合,表面原子分压对复合过程有较大影响,原子分压越大复合越慢。表面复合效率不只受温度、原子分压影响,还受当前吸附的原子分压影响。通过理论分析结合地面试验,获得了多个温度条件下不同材料表面、不同组分分压条件下的催化复合系数。这些数据的获得对于建立有限催化壁模型有重要意义。

在研究中发现,壁面催化复合系数只能表征近壁气体催化复合能力的强弱,无法给出催化复合对气动加热的贡献。在实际壁面催化复合过程中,由于复合机制存在差异,气体复合释放的化学能无法全部作用于壁面产生气动加热作用,两者存在一定的差异。Halpern 和 Rosner[15]因此提出化学能调节因子(chemical energy accommodation,CEA)这一参数,认为其表征壁面处复合反应产生热流与壁面处复合反应释放能量之比,并给出了简要表达式：

$$\beta = \frac{\dfrac{1}{2}Q_m\mu\,(1-\theta)^2 + Q_a(1-\theta) - Q_R\gamma\cdot\theta - \dfrac{1}{2}Q_{LH}\sigma\theta^2}{\left[1-\theta(1-\gamma)\right]\dfrac{D}{2}} \tag{6.71}$$

其中,μ 为到达壁面处的分子数与原子数之比；D 是分子离解能。σ 定义如下：

$$\sigma = vn_i Z_m^{-1}\exp(-Q_{LH}/kT) \tag{6.72}$$

其中,前两项表征分子吸附能和原子吸附能,后两项为用于 E-R 类催化复合和 L-H 类催化复合所需的催化复合活化能。一般认为,影响反应能调节因子的关键参数包括气体组分复合能、壁面温度、壁面处原子分压、壁面催化复合系数及壁面处原子分子分数比。

针对反应能调节因子对壁面催化放热的研究涵盖了理论分析、数值分析和试验分析诸多方面。Barbato 和 Bruno[16]通过数值模拟的方法研究了 2 维尖楔表面组分扩散加热及对流加热受反应能调节因子的影响规律。Carleton 和 Marinelli[17]通过实验分别测得催化复合热通量和催化复合系数(当地复合原子与碰撞到壁面原子之比),根据气体复合能换算得到反应能调节因子,发现反应能调节因子随壁面温度的增加而快速增加的趋势,他们分析可能是在高壁面温度条件下,存在不可忽视的气体扩散进入材料内部的事实,造成原子组分在壁面损耗较高,但由此无法得到壁面热通量快速增加的结论。Daiß 和 Frühauf[18] 在局部气相反应平衡的假设下通过理论分析 E-R 和 L-H 两类复合模式,对反应能调节因子受温度的影响规律进行了分析,发现在较低壁面温度条件下,以 E-R 类复合反应为主,反应能调节因子较小,随着壁面温度升高,L-H 类复合反应逐渐占据主导,反应能调节因子也快速升高。图 6.16 给出了一类硅基材料表面 O-O$_2$ 和 N-N$_2$ 复合反应过程中反应能调节因子随温度变化。由图 6.16 可以看出,对于不同复合反应,随着温度的升高,反应能调节因子均逐渐增加。由于 O-O$_2$ 与 N-N$_2$ 复合反应释能机制不同,O-O$_2$ 复合反应反应能调节因子比 N-N$_2$ 更大一些。Barbato 和 Bruno[16] 基于 Halpern 和 Rosner 关于反应能调节因子的公式,通过数值方法获得不同 O 原子分压环境下的反应能调节因子随温度变化,并通过地面试验方法进行了对比。

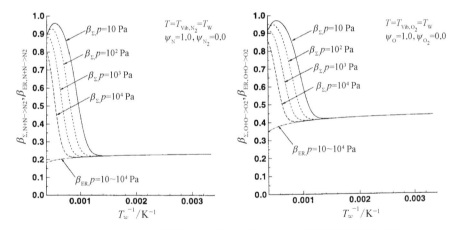

图 6.16　硅基材料表面原子复合反应过程中反应能调节因子随温度变化
（左: N-N$_2$　右: O-O$_2$）

在本研究中所采用的有限催化壁模型存在一个前提假设: N 原子和 O 原子具有相同的催化复合系数。催化复合系数公式为

$$k_{w,OO} = \gamma_{OO}\sqrt{\bar{R}T/2\pi M_O} \ , \ k_{w,NN} = \gamma_{NN}\sqrt{\bar{R}T/2\pi M_N} \tag{6.73}$$

$$k_{w,ON} = \gamma_{ON}\sqrt{\bar{R}T/2\pi M_O} \ , \ k_{w,NO} = \gamma_{NO}\sqrt{\bar{R}T/2\pi M_N} \tag{6.74}$$

图 6.17 给出了针对头部半径 $R = 0.05$ m,半锥角为 9°,长度 $L = 0.5$ m 的球锥外形,在马赫数 18,高度 55 km,壁面温度 500 K 的来流状态下不同壁面催化条件

时的组分扩散热流的对比,选取 5 组分化学反应模型进行了模拟。随着等效壁面催化复合系数 γ 的增加,驻点组分扩散热流呈增加趋势,直观来看并不是以线性比例增长,在 γ 较小时增长迅速,随着 γ 的增加,组分扩散热流增速减缓。分析认为,壁面催化复合过程对近壁原子浓度分布产生明显的影响,在 γ 较小时,近壁原子浓度较高,原子浓度梯度较小,较小比例的催化复合即可获得较多的复合放热;随着 γ 的增加,近壁原子浓度快速降低,虽然催化复合比例增加,但是总体放热增加不明显。

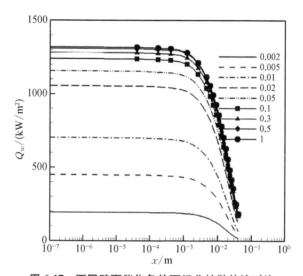

图 6.17 不同壁面催化条件下组分扩散热流对比

图 6.18 给出驻点线 O 原子和 O_2 分子组分浓度分布随着 γ 变化对比,对于所有状态,O_2 分子在过激波后基本全部离解,越靠近壁面,O_2 分子浓度越高。随着 γ 增大,近壁 O 原子浓度逐渐减小,O_2 分子浓度逐渐增大,原子复合越发明显,O 原子和 O_2 分子浓度分布近壁梯度均呈增大趋势。受壁面边界约束条件影响,随着 γ 增大,近壁 O 原子越来越少,虽然催化能力增强,但产生的催化复合效应却增长不明显。当 $\gamma = 0.1$ 时,近壁 O 原子浓度已经降低至 3% 左右。

在实际气动加热过程中,受壁面处复杂的物理化学反应过程的影响,原子复合释放的化学能只能有一部分转化为壁面热通量,作用于壁面。在数值求解过程中,为模拟这一过程,需要对控制方程和边界条件进行修正。在组分扩散项上考虑了反应能调节因子的影响,能量项的壁面通量为

$$q_{x_i} = \eta \frac{\partial T}{\partial x_i} + \sum_i \beta \rho D_i h_i \frac{\partial C_i}{\partial x_i} \tag{6.75}$$

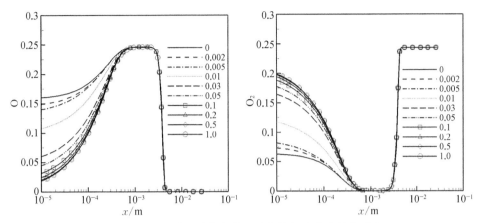

图 6.18　不同壁面催化条件下驻点线组分浓度分布对比

图 6.19 给出 $\beta = 0.1$，1 两个状态下不同壁面催化复合系数驻点线 O 原子组分浓度对比。在 γ_i^* 较小时，催化复合释能不明显，$\beta = 0.1$ 的 O 原子浓度分布与 $\beta = 1$ 基本一致；随着 γ_i^* 增大，壁面处原子复合更充分，催化复合放热对近壁气体和壁面传热产生更强烈的作用，$\beta = 0.1$ 的 O 原子复合要比 $\beta = 1$ 更强烈一些。这与 Kurotaki[19] 分析结果基本一致，壁面处能量释放会抑制原子复合。

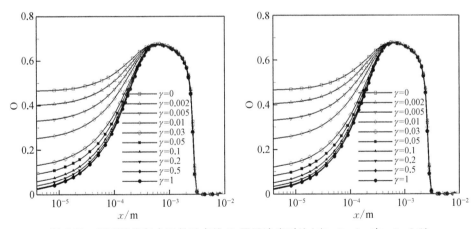

图 6.19　不同催化复合系数驻点线 O 原子浓度对比（左：$\beta = 1$　右：$\beta = 0.1$）

6.2.2　气体电离辐射影响机理

星际返回的再入飞行器或进入其他有大气行星的飞行器以第二宇宙速度再

入大气层的过程中,飞行器和大气发生强烈相互作用,在飞行器头部产生强激波,激波后经过强烈压缩的高温气流与飞行器表面摩擦,巨大的动能由于压缩作用和黏性耗散效应转换为激波层内气体的热能,这致使头部激波后温度能达到 10 000 K 以上。在这样的高温条件下,激波层内气体组分可能发生内能级激发、离解、电离、复合和光化学反应等复杂的物理化学过程,并伴随转动能级跃迁、振动能级跃迁、电子能级跃迁等不同的辐射跃迁过程,形成复杂的紫外、可见、红外辐射特征,即可以发射和吸收辐射能量,辐射热传递成为重要或主要的换热方式。例如,Apollo 探月返回器的飞行经验表明,当飞行速度大于 9 km/s,飞行高度在 60 km 附近时,辐射加热量已接近对流加热。因此,有效预测气体辐射加热对返回器的热防护设计具有重要意义。气体辐射预测最大的困难在于吸收系数随波数剧烈变化。

激波层高温流场内各点的气体组分、温度和热力学状态不同,导致光辐射过程呈现以下特点:辐射机制非常复杂,既包括束缚-束缚跃迁、束缚-自由跃迁、自由-自由跃迁,也可能包括化学反应发光辐射;多种组分参与发射与吸收过程,既包括 N、O 两种元素的化学反应组分,也包括空气中烧蚀组分 CO_2、H_2O、CO、CH_4、CN、C_2H_2 等。有可能经历热化学非平衡状态,此时气体组分能级布局分布偏离玻尔兹曼分布,从而使得光谱分布较平衡态有很大偏离。

空气介质主要的辐射机制有两类:

(1) 空气组分的电子跃迁谱带系涉及的组分和电子跃迁带系主要包括:

N_2 第一正系 ($B^3\Pi_g \rightarrow A^3\Sigma_u^+$), 100~39 100 波数;

N_2 第二正系 ($C^3\Pi_u \rightarrow B^3\Pi_g$), 200~27 700 波数;

N_2^+ 第一负系 ($B^2\Sigma_u^+ \rightarrow X^2\Sigma_g^+$), 200~42 700 波数;

NO 的 β 带系 $B^2\Pi \rightarrow X^2\Pi$ (0.185~0.3 μm)、γ 带系 $A^2\Sigma^+ \rightarrow X^2\Pi$ (0.17~0.45 μm)、σ 带系 $C^2\Pi_r \rightarrow X^2\Pi_r$ (0.137~0.56 μm);

NO 分子 11 000 Å ($D^2\Sigma^+ \rightarrow A^2\Sigma^+$), 100~19 900 波数;

O_2 舒曼-龙格带系 ($B^3\Sigma_u^- \rightarrow X^3\Sigma_g^-$), 19 900~55 000 波数;

CN 紫外带 ($B^2\Sigma \rightarrow X^2\Sigma$), 0.36~0.46 μm;

N、O 原子谱线辐射;

N^+、O^+ 连续谱辐射。

(2) 反应和烧蚀组分等多原子分子及异核双原子分子振动-转动跃迁产生的谱带发射,涉及的组分和谱带包括:NO、NO_2、N_2O、CO、CO_2、H_2O、OH、

CH$_4$ 等。

选择 FIRE-Ⅱ飞行试验状态开展表面辐射特性分析,飞行条件为高度 76.4 km、速度 11.4 km/s。图 6.20 给出 FIRE-Ⅱ几何外形示意图,FIRE 是典型大钝头外形,底部半径 0.74 m,因此在其底部必然形成强激波高温压缩流动。

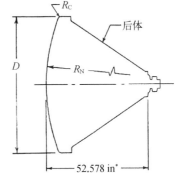

图 6.20　FIRE Ⅱ几何外形示意图

图 6.21 给出流场对称面温度和原子离子组分浓度云图,激波层内温度达到了 10 000 K 左右,空气组分 O$_2$ 和 N$_2$ 均完全分解。N 元素几乎均以原子形态存在,存在大量的原子离子态。

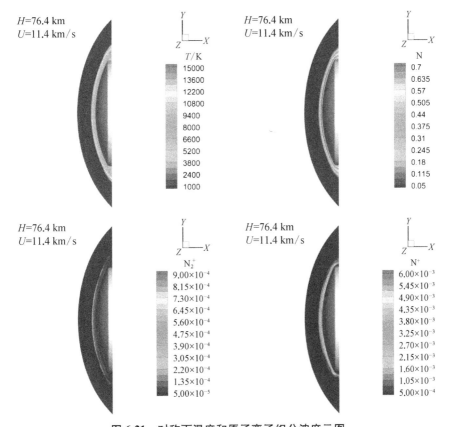

图 6.21　对称面温度和原子离子组分浓度云图

* 1 in = 2.54 cm

6.3 典型临近空间高超声速飞行器高温气体效应

本节选择一个典型临近空间高超声速飞行器分析其高温气体效应的分布特征,该飞行器具有大钝头外形和大升力面特征,在高马赫数大攻角飞行条件下,具有显著的高温气体效应。图 6.22 为典型高超声速飞行器外形示意图。

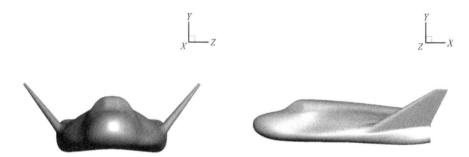

图 6.22　典型高超声速飞行器外形示意图

6.3.1　高温气体效应对气动特性的影响

以 $H = 60\,\text{km}$,$Ma = 20$,攻角 $AOA = 20°$ 为例给出对称面流场参数分布云图(图 6.23),在当前飞行状态下,流动在迎风面形成强压缩,背风面出现显著的气体膨胀,在尾迹区产生强剪切。按照 6.2.1 节分析,该飞行条件下高温气体效应将使得迎风面压缩和背风面膨胀更严重,产生显著的高温气体效应。由于高速

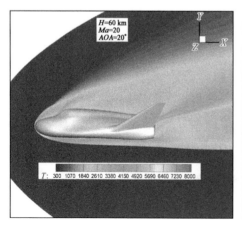

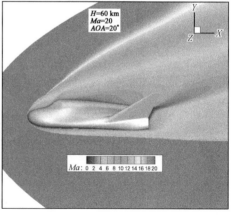

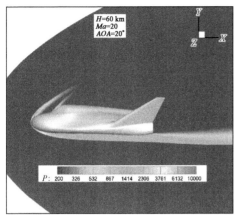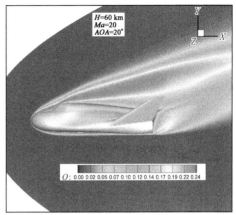

图 6.23　对称面流场参数分布云图(后附彩图)

飞行,气体过激波发生离解,在迎风面和背风面均存在大量离解原子。

6.3.2　高温气体效应对气动热的影响

高温气体效应对气动热的影响主要分析壁面催化效应对气动热的影响,未考虑热力学非平衡效应的影响。按照 6.2.1 节分析,对于上述飞行条件,流动在飞行器周围产生了大量离解原子,预示着该飞行器存在显著的壁面催化效应。图 6.24 和图 6.25 分别给出飞行器表面不同壁面催化条件下热流分布的对比,壁面催化效应在头部驻点区域、迎风面大面积和背风面鼻锥处均较显著,且随着攻角的增加壁面催化效应逐渐增强。但是,对于机翼前缘压缩区域,壁面催化效应

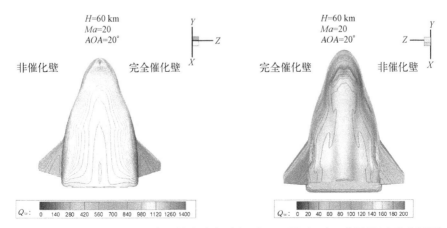

图 6.24　$H=60$ km, $Ma=20$ 表面热流分布对比(左:迎风面　右:背风面)(后附彩图)

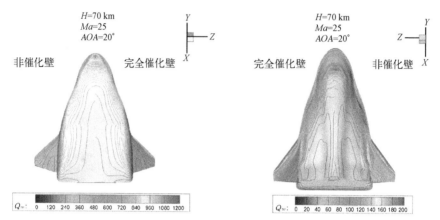

图 6.25 $H=70\ \mathrm{km}$，$Ma=25$ 时表面热流分布对比（左：迎风面 右：背风面）（后附彩图）

不显著，导致这一现象的原因在于该处曲率半径较小，离解气体在该处不易滞留。背风面虽然总体热流较小，但是不同壁面催化条件下所得热流仍存在显著差异，这一差异也随攻角的增加而增加。

6.3.3 等离子体流场分布特性

当飞行器速度足够高时，气体过激波后除了发生离解和复合以外，还出现电离，大量中性粒子电子能被激发，呈现出等离子体绕流特性。认识等离子绕流特性对于通信中断问题、目标特性及等离子体隐身特性研究至关重要。

图 6.26 给出飞行器在 $H=60\ \mathrm{km}$，$Ma=20$，$AOA=20°$ 状态下的等离子体流场分布特性，等离子体峰值区域位于头部驻点区域。在迎风面位置，流动压缩形成

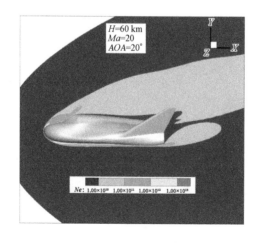

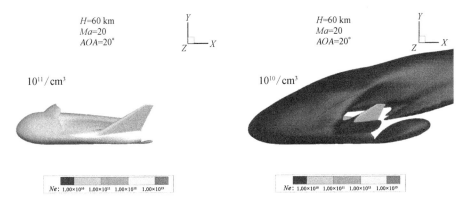

$H=60$ km
$Ma=20$
$AOA=20°$

$10^{11}/cm^3$

$H=60$ km
$Ma=20$
$AOA=20°$

$10^{10}/cm^3$

Ne: $1.00×10^{10}$ $1.00×10^{11}$ $1.00×10^{12}$ $1.00×10^{13}$

Ne: $1.00×10^{10}$ $1.00×10^{11}$ $1.00×10^{12}$ $1.00×10^{13}$

图 6.26 飞行器在 $H=60$ km, $Ma=20$, $AOA=20°$ 状态下的等离子体流场分布特性(后附彩图)

了具有较高等离子体密度的薄等离子层;在背风面位置,流动膨胀形成较厚的等离子体层,并且维持较高等离子体密度。密度为 $1×10^{10}/cm^3$ 的等离子体基本上包覆整个飞行器。

6.4 小结

高温气体效应是临近空间高超声速飞行器领域的重要研究方向,数值模拟与分析是研究高温气体效应的重要手段,经过多年发展已建立了成体系的研究方法。大多数物理模型都是基于理论分析建立的,但是许多关键参数均通过试验或测量手段获得,必然存在一定差异,因此对于某一模型往往存在多个版本,如描述空气组分反应的 Park 模型和 Dunn-Kang 模型。在具体使用过程中,需要根据实际情况对比分析不同模型的适用性,选择合适的模型。本章对化学反应模型的适用性进行了讨论,但是如输运系数模型、热力学非平衡松弛模型等在使用之前都需要对其适用性进行分析和评估。

在分析高温气体效应方面,数值计算手段具有天然的优势,可以获得更精细化的流动结构和参数分布特征,但是要更好地认识其作用机制和分析其作用规律,还需要借助实证的手段。通过地面实验和飞行试验有助于对高温气体效应作用机理的认识,能完善现有预示与分析模型,提升数值计算能力。

参考文献

[1] Sala M D. A review of hypersonics aerodynamics, aerothermodynamics and plasmadynamics

activities within NASA's fundamental aeronautics program. Miami: AIAA-2007-4264, 2007.

[2] Griffith, B J, Maus J R, Majors B M, et al. Addressing the hypersonic simulation problem. Journal of Spacecraft & Rockets, 1987, 24(4): 334-341.

[3] Grumet A A, Anderson J D. The effects of surface catalysis on the hypersonic shock wave/ boundary layer interaction. Colorado Springs: AIAA-1994-2073, 1994.

[4] Bortner M. H. Suggested standard chemical kinetics for flow field calculations-a consensus opinion. AMRC Proceedings, 1966, 14(1): 569-581.

[5] Kang S, Jones W, Dunn M. Theoretical and measured electron-density distributions at high altitudes. Aiaa Journal, 1973, 11(2): 141-149.

[6] Dunn M G, Kang S W. Theoretical and experimental studies of reentry plasmas. NASA-CR-2232, 1973.

[7] Gupta R N, Yos J M, Thompson R A. A preview of reaction rates and thermodynamics and transport properties for the 11-species air model for chemical and thermal non-equilibrium calculations to 30,000 K. NASA-TM-101528, 1990.

[8] Park C. On convergence of computation of chemically reacting flows. Reno: AIAA-1985-0247, 1985.

[9] Gnoffo P A, Gupta R N. Conservation equations and physical models for hypersonic air flows in thermal and chemical nonequilibrium. NASA-TP-2867, 1989.

[10] Park C. Nonequilibrium hypersonic aerothermodynamics. New York: John Wiley & Sons, 1990: 112-115.

[11] Park C, Jaffe R L, Partridge H. Chemical-kinetic parameters of hyperbolic earth entry. Journal of Thermophysics and Heat Transfer, 2001, 15(1): 76-90.

[12] Goulard R. On catalytic recombination rates in hypersonic stagnation heat transfer. Journal of Jet Propulsion, 1958, 28(11): 737-745.

[13] Kemp N H, Riddell F R. Heat transfer to satellite vehicles re-entering the atmosphere. Journal of Jet Propulsion, 1957, 27(2): 132-137.

[14] Fay J A, Riddell F R. Theory of stagnation point heat transfer in dissociated air. Journal of the Aeronautical Sciences, 1958, 25(2): 73-85.

[15] Halpern B, Rosner D E. Chemical energy accommodation at catalyst surfaces. J. Chem Soc, Faraday Trans. I, 1978, 74(8): 1883-1912.

[16] Barbato M, Bruno C. Effects of catalytic boundary conditions accounting for incomplete chemical energy accommodation. Albuquerque: AIAA Paper 1998-101, 1998.

[17] Carleton K L, Marinelli W J. Spacecraft thermal energy accommodation from atomic recombination. Journal of Thermo-physics and Heat Transfer, 1992, 6(4): 650-655.

[18] Daiß V, Frühauf H H. Modeling of catalytic reactions on silica surfaces with consideration of slip effects. New Orleans: AIAA Paper 1996-1903, 1996.

[19] Kurotaki T. On the estimation of aerodynamic heat with surface catalysis while atmospheric reentry. Beijing: WCCM VI in conjunction with APCOM'04, 2004.

第7章

高超声速稀薄气体效应及其计算技术

传统上研究空气动力学问题常采用 N-S 方程进行求解,然而,N-S 方程适用的前提是气体流动呈连续性,而真实环境中气体不完全是连续流动的,但对于通常研究的流动特征尺度在 1 cm 以上的大部分空气流动问题(如常见的低空飞行器流动问题),由于气体分子之间的距离足够小,且飞行器所感受到的气体撞击间隔时间足够小,所以把气体看成连续撞击并不会带来流动物理特性的改变。为了建模方便,连续介质模型在低空区域被采用,从而推导出 N-S 方程的形式。但飞行器什么情况下能感受到间断气体效应呢,即连续介质假设何时不再成立呢? 为了定量研究该问题,需要引入气体分子的平均自由程,即气体分子两次碰撞之间走过的平均距离,该距离随着气体密度的减小而增大。通常情况下地球大气密度随高度的增加不断降低,气体分子平均自由程由海平面的纳米量级增大到 70 km 高度的毫米量级和 110 km 高度的米量级。通常情况下,大多数飞行器在 70 km 以下飞行,其特征尺度相对于气体分子平均自由程较大,难以感受到气体分子的间断效应,此种流动主要采用连续介质模型,当飞行高度在 70 km 以上时,飞行器局部特征尺度较小的区域将首先感受到气体的间断粒子效应,连续介质模型在局部失效,出现了局部稀薄效应,需采用稀薄气体动力学方法进行求解。当飞行高度进一步增加,飞行器流场中连续介质失效的区域不断扩大,最终使得整个飞行器流场都浸没于连续介质假设失效区域。

在稀薄气体领域,为了衡量稀薄程度,引入 Kn,定义为分子平均自由程 λ 与流动特征尺度 L 的比值:$Kn = \lambda/L$。钱学森[1]最先根据稀薄程度将气体流动进行了划分。这些区域为:$Kn < 0.01$,连续流区;$0.01 < Kn < 0.1$,滑移流区;$0.1 < Kn < 10$,过渡流区;$Kn > 10$,自由分子流区。

高空飞行带来的稀薄效应在微观层面表现为分子间及分子与物面间的碰撞不再充分,入射气体分子的动力学行为与物面密切相关。连续介质假设不再成立,许多气体动力学经典理论和假设也不再适用,特别是描述气体与物体之间相互作用的剪切应力和热流不能再由低阶的宏观量(速度、温度)表述。如果流动特征尺度 L 取为流动的某个总体尺度,则 Kn 不能表征流场的细节情况,因此为了描述流场局部细节的稀薄程度,L 一般取为基于局部流场梯度的特征尺度,即 $L=\rho/(\mathrm{d}\rho/\mathrm{d}x)$,此时所得 Kn 称为局部 Kn,可表征流场当地的非连续性程度。

在讨论流动划分时,特征尺度的选取至关重要,对于不同的流动问题特征尺度的取法各不相同,主要取决于计算关注的问题。例如,对于飞行器宏观气动力,取飞行器特征尺度相对合适;对于关心局部加热的气动热问题,取飞行器局部特征尺度或边界层厚度相对合适;对于流场结构的分析,取基于流场梯度的特征尺度更为合适。

受模型及计算效率的限制,现有工程计算分析中没有一种方法能够解决整个空域的流动问题。在连续流区最常用最成熟的数值方法为求解 N-S 方程,然而在稀薄流不同流动区域应采用不同的求解方法,这主要是由不同区域的流动特征及求解方法的适应性决定的。在滑移流区,稀薄效应主要出现在壁面附近,全流场大部分区域仍为连续流区,N-S 方程在大部分区域仍然适用,常采用基于壁面滑移修正的 N-S 方程进行求解。在自由分子流区,常采用理论公式(难以考虑遮挡关系及二次反射等)或 TPMC(test particle Monte Carlo)粒子仿真方法。在过渡流区,最常用的是 DSMC(direct simulation Monte Carlo)方法,但受计算量的约束,某些状态求解较困难。此外,还有基于 BGK 模型方程的数值方法、EPSM(equilibrium particle simulation method)的粒子方法及 N-S/DSMC 的混合算法等。本章主要介绍作者在常用的几种方法研究中的一些进展。

7.1 Knudsen 层与滑移边界条件

7.1.1 Knudsen 层的流动机理

在滑移流领域中,气体在主流场里的流动还可以应用连续介质模型假设,即 N-S 方程仍然适用,但在物体表面附近,由于气体稀薄,气体之间的碰撞不再充分,由分子运动论可知,物体表面附近聚集层的厚度 L 与分子的热运动平均自由程 λ 具有同一量级,气体分子的平均自由程与流动特征尺度相比不能忽略不计,在紧靠壁面、厚度约为分子平均自由程程度的气体层(Knudsen 层)内的动量和能量传输过程必须用分子动理论来处理,从而导出边界速度滑移和温度跳跃条件。在连续流区域,Knudsen 层趋于零,入射分子被物面完全吸附,表现为附着壁和等温壁条件;对滑移流区的流动与传热问题,在主流中心区内仍采用 N-S 方程和 Fourier 定律,边界条件则采用动理论方法导出的壁面处的滑移速度和跳跃温度修正(即滑移边界条件),如图 7.1 所示,这样的求解结果理论上可以满足工程计算的精度要求。

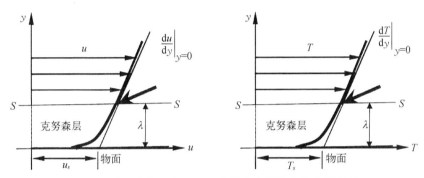

图 7.1　壁面克努森(Knudsen)层速度及温度分布示意图

7.1.2　滑移边界条件和滑移模型

在分子运动学研究中认为分子的切向应力等于入射分子转换给壁面的切向动量,则可得

$$\tau_{\text{w}} = \frac{\sigma}{4}\rho_{\text{w}}\,\overline{c_{\text{w}}}u_\lambda = \mu\left.\frac{\partial u}{\partial n}\right|_0$$

其中,σ 为切向动量调节系数,表征了转化至物面的切向动量所占的比例;$\frac{1}{4}\rho_{\text{w}}\,\overline{c_{\text{w}}}$ 为入射至壁面处的分子总量;u_λ 为距离物面一个分子自由程处的气体宏观切向速度。

由分子动力学可知,分子的平均自由程为 $\lambda = \dfrac{2\mu}{\rho\bar{c}}$,代入切向应力公式中可得 $\sigma u_\lambda = 2\lambda\left.\dfrac{\partial u}{\partial n}\right|_0$,这里 u_λ 采用插值方法求出,即为 Gokcen 滑移模型[2]。

将 u_λ 在物面进行一阶 Tayler 展开,即 $u_\lambda = u_s + \lambda\left.\dfrac{\partial u}{\partial n}\right|_0$,将此式代入 Gokcen 滑移模型中整理可得 Maxwell 滑移模型。Lockerby 等[3]滑移模型在 Maxwell 滑移模型基础之上进行了壁函数修正。为了方便程序的实现,HS 滑移模型与

Maxwell 滑移模型仅在自由程的求法上有所区别。

1. Maxwell 滑移模型

该模型假设 Knudsen 层内速度梯度为线性分布,记为 Type1,其求解形式为

$$u_s = \frac{2-\sigma}{\sigma} \lambda \left.\frac{\partial u}{\partial n}\right|_0$$

$$T_s - T_w = \frac{2-\alpha}{\alpha} \frac{2\gamma}{(\gamma+1)Pr} \lambda \left.\frac{\partial T}{\partial n}\right|_0$$

$$\lambda = \frac{\mu}{\rho} \sqrt{\frac{\pi}{2RT}}$$

其中,μ 为黏性系数。

2. Gokcen 滑移模型

该模型在 Kn 较小时可简化至 Maxwell 模型,对于较大的 Kn,u_λ、T_λ 可采用插值方法进行求解,记为 Type2,求解形式为

$$\sigma u_\lambda = 2\lambda \left.\frac{\partial u}{\partial n}\right|_0$$

$$\alpha(T_\lambda - T_w) = 2 \frac{2\gamma}{(\gamma+1)Pr} \lambda \left.\frac{\partial T}{\partial n}\right|_0$$

$$\lambda = \frac{\mu}{\rho} \sqrt{\frac{\pi}{2RT}}$$

3. Lockerby 滑移模型

该模型参考湍流流动中的壁面函数法,在壁面 Knudsen 层内定义壁面函数,使得 Knudsen 层内本构方程改变以达到矫正速度型的目的,该模型由基于低马赫数、低雷诺数的完全漫反射平板流动推导而来,仅在某些超出该范围的情况下可以给出合理结果。记为 Type3,求解形式为

$$u_s = A \frac{2-\sigma}{\sigma} \lambda \left.\frac{\partial u}{\partial n}\right|_0$$

$$T_s - T_w = \frac{2-\alpha}{\alpha} \frac{2\gamma}{(\gamma+1)Pr} \lambda \left.\frac{\partial T}{\partial n}\right|_0$$

$$\lambda = \frac{\mu}{\rho} \sqrt{\frac{\pi}{2RT}}, \quad \mu = \mu\psi^{-1}$$

其中,

$$\psi\left(\frac{n}{\lambda}\right) = 1 + \frac{7}{10}\left(1 + \frac{n}{\lambda}\right)^{-3}, \quad A = \sqrt{\frac{2}{\pi}}$$

4. HS 模型

为了方便程序的实现,定义了基于硬球模型简化的 Maxwell 模型,记为 Type4,求解形式为

$$u_s = \frac{2 - \sigma}{\sigma}\lambda\frac{\partial u}{\partial n}\bigg|_0$$

$$T_s - T_w = \frac{2 - \alpha}{\alpha}\frac{2\gamma}{(\gamma + 1)Pr}\lambda\frac{\partial T}{\partial n}\bigg|_0$$

$$\lambda = \frac{m}{\sqrt{2}\pi d^2\rho}$$

其中,m 为分子的质量;σ 为动量调节系数;α 为能量调节系数。

5. 非平衡滑移模型

为研究方便起见,非平衡滑移模型采用了 Davis[4] 给出的滑移模型,其形式为

$$u_s = \frac{2 - \sigma}{\sigma}\lambda\frac{\partial u}{\partial n}\bigg|_0$$

$$T_s - T_w = \frac{2 - \alpha}{\alpha}\frac{2 - \gamma}{(\gamma + 1)Pr}\lambda\frac{\partial T}{\partial n}\bigg|_0$$

$$C_{i,s} - C_{i,w} = \frac{2 - \alpha}{\alpha}\sqrt{\frac{\pi}{2RT}}\left(D_i\frac{\partial C_i}{\partial n}\right)\bigg|_0$$

$$\lambda = \frac{\mu}{\rho}\sqrt{\frac{\pi}{2RT}}$$

7.1.3　滑移模型的适应性分析

滑移模型的分析采用文献[5]中圆柱的计算条件。来流气体为氩气,来流马赫数分别为 10、25,来流温度 $T_\infty = 300$ K,圆柱直径 $D = 304.8$ mm,基于直径 D 的 Kn 为 0.002、0.05、0.25。分别采用了 Type1、Type2、Type3、Type4、No_slip 等方法对圆柱绕流进行了计算分析,并与文献[5]中的 DSMC 结果进行对比。

黏性系数计算方法见文献[5],对应于 DSMC 的 VHS 模型。

1. $Ma = 10$, $U = 2\,624$ m/s, $T_W = 500$ K

图 7.2(a)为 $Kn = 0.002$ 时的流场压力云图,滑移流方法与非滑移流方法在近连续流区所得到的流场结构非常一致,滑移流方法能够准确捕捉激波结构和尾涡结构。图 7.2(b)为 $Kn = 0.05$ 时两种方法所得到的流场压力云图和速度型,由于在此 Kn 下存在较弱的稀薄效应,两种方法所得结果存在三点不同:滑移流方法所得的激波厚度比非滑移流方法稍厚;在物面处,滑移流方法所得的物面速度出现明显的滑移速度,使得物面处速度型不同于非滑移流所得结果;在尾部区域,两种方法所得的压力等值线存在明显不同。稀薄效应引起的以上三点不同可能影响物面的热流、压力等分布。为了进行分析,下面给出不同滑移模型、非滑移方法、DSMC 方法的物面气动特性分布。

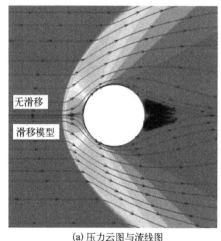
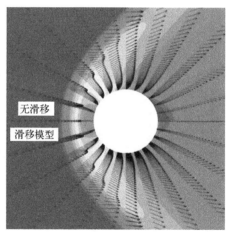

(a) 压力云图与流线图　　　　　　(b) 压力云图与速度型
　　(Kn=0.002)　　　　　　　　　　　(Kn=0.05)

图 7.2　滑移与非滑移下 Ar 的流场结构($Ma = 10$)(后附彩图)

图 7.3 给出了 $Ma = 10$, $Kn = 0.002$、0.05、0.25 时不同滑移模型与 DSMC 方法所得的热流系数分布曲线。在较弱稀薄效应下,即在 $Kn = 0.002$ 时,不同滑移模型所得热流系数分布与 DSMC 结果吻合较好,当增加到 $Kn = 0.05$、0.25 时不同模型所得结果之间的差距开始显现;随着 Kn 的增加,无滑移 N-S 方法所得热流分布都一致地高于滑移方法及 DSMC 方法所得结果,Type2 的滑移模型即使在较大 Kn($Kn = 0.05$、0.25)时也表现出与 DSMC 一致的结果,其他模型所得结果在较大 Kn 下都一致高于 DSMC 方法所得结果。由此可见,Type 2 的滑移模型对较大 Kn 下具有更好的适应性,其他模型的结果都将高估热流从而使得防热设计趋于保守。

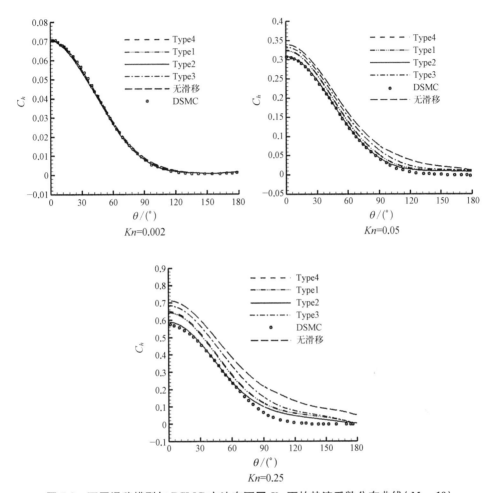

图 7.3　不同滑移模型与 DSMC 方法在不同 Kn 下的热流系数分布曲线($Ma=10$)

图 7.4 给出了 $Kn=0.002$、0.05、0.25 时采用不同滑移模型与 DSMC 方法所得的压力系数分布曲线,当 $Kn=0.002$、0.05 时,不同滑移模型所得表面压力系数分布与 DSMC 所得结果非常一致,当增加至 $Kn=0.25$ 时,各种模型所得压力分布都一致高于 DSMC 方法所得结果,这主要是因为强烈的稀薄效应使得 N-S 方法所得激波结构明显薄于 DSMC 方法所得激波结构,N-S 方法产生的激波压缩性更强,使得波后压力较高。从图 7.3 热流系数分布和图 7.4 压力系数分布对比结果可以看出,相对于热流,压力对稀薄效应敏感性较弱。

2. $Ma=25$,$U=6\ 585\ \mathrm{m/s}$,$T_w=1\ 500\ \mathrm{K}$

图 7.5、图 7.6 分别给出了 $Ma=25$,$Kn=0.002$、0.05、0.25 时采用不同滑移

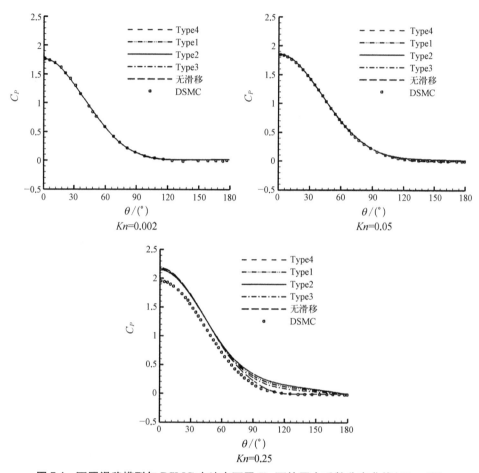

图 7.4 不同滑移模型与 DSMC 方法在不同 *Kn* 下的压力系数分布曲线(*Ma* = 10)

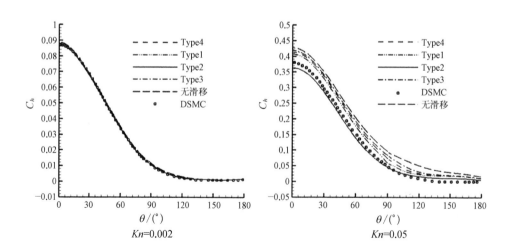

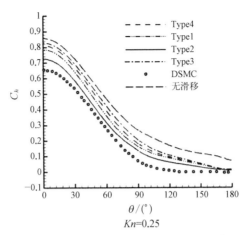

图 7.5　不同滑移模型在不同 *Kn* 下的热流系数分布(*Ma* = 25)

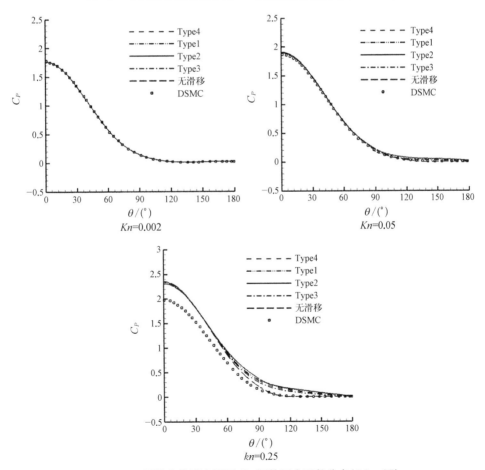

图 7.6　不同滑移模型在不同 *Kn* 下的压力系数分布(*Ma* = 25)

模型所得的热流系数与压力系数分布曲线与 DSMC 方法的结果比较。$Ma = 25$ 时的热流、压力分布规律与 $Ma = 10$ 时的分布规律不同之处仅在于量值上,其他规律与 $Ma = 10$ 时的结果相似,Type2 的滑移模型在较大马赫数下也同样具有较好的适应性。

综合以上计算分析可以得出结论:Type2 的滑移模型适应范围较其他模型更广,它能够在较大 Kn 下取得较为满意的热流结果;在较大 Kn 下,滑移模型所得热流、压力结果都一致高于 DSMC 结果,使得防热设计趋于保守;相对于热流,压力对稀薄效应的敏感性更弱;经过数值模拟还可以发现,Type2 虽然适应性广,但相对于其他模型,其计算较为耗时,收敛性较差,对网格要求较高,如果在飞行器防热设计条件允许下,可以考虑采用其他几种滑移模型。

7.1.4 梯形翼临近空间气动特性的计算分析

由于滑移模型 Type2 在稀薄气动特性预测方面的适应范围更广,预测结果更接近 DSMC 结果,所以针对马赫数 15,飞行高度 50~80 km 的梯形翼采用 Type2 进行稀薄气动特性的计算分析。飞行攻角为 10°,壁温为 500 K,翼前缘直径为 30 mm,翼根弦长 1.96 m,翼尖弦长 0.63 m,翼展长为 0.5 m,前缘后掠角约 20°。

图 7.7 为计算网格示意图及梯形翼不同位置处的截面示意图,其中,$Z = 5$ mm 为梯形翼对称面部位,$Z = 300$ mm 为翼中部位。

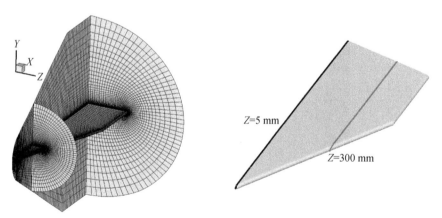

图 7.7 计算网格示意图及梯形翼不同位置处的截面示意图

图 7.8 和图 7.9 分别为攻角 10° 下截面 $Z = 5$ mm、$Z = 300$ mm 处不同方法所得的热流分布及偏差曲线结果,从热流分布结果可以发现,在相对较低的飞行高

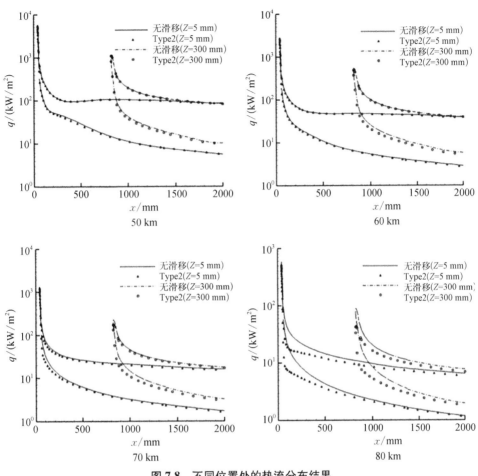

图 7.8　不同位置处的热流分布结果

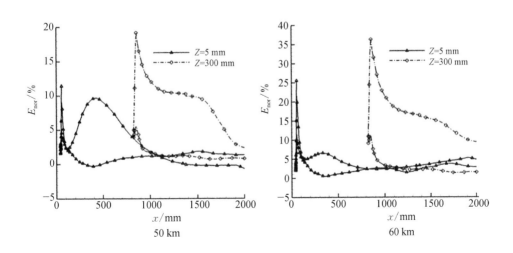

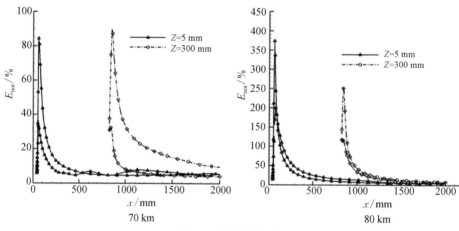

图 7.9 偏差曲线结果

度,滑移方法与无滑移方法所得结果较为一致,随着飞行高度的增加,两种方法所得结果的差距逐渐增大。从图 7.9 偏差曲线图的定量结果可以看出,迎风面气体压缩,背风面气体膨胀,使得滑移的影响首先出现在背风面,故无滑移方法与滑移方法之间的差距在迎风面明显低于背风面,并且随着飞行高度的增加,稀薄效应越明显,滑移方法与非滑移方法所得的热流结果之间的偏差逐渐增大。从图 7.9 中还可发现,此偏差最大值主要发生在翼前缘背风面膨胀区附近,当此种飞行器从 50~80 km 飞行时,在飞行器翼面大面积上的偏差在 5%~15% 变化。

表 7.1 为不同高度下滑移方法和无滑移方法所得气动力特性的结果比较,随着飞行高度的增加,摩阻系数、轴向力系数、法向力系数都有所增加,其中,摩阻系数增加较大,因此可以发现,升阻比随着高度的增加逐渐减小。从不同方法的偏差结果可以看出,随着飞行高度的增加,气体稀薄程度增加,稀薄效应增强,传统无滑移假设下的 N-S 方法已不能正确描述壁面边界条件,因此两种方法所得结果的偏差量逐渐增大。

表 7.1 不同高度下的气动力特性结果

H/km		C_{Af}/ ($\times 100$)	C_A/ ($\times 100$)	C_N/ ($\times 100$)	L/D
50	无滑移	0.449 6	0.741 0	5.339	3.096
	滑移	0.449 3	0.741 0	5.334	3.094
	偏差	0.07%	0.00%	0.09%	0.06%

（续表）

H/km		$C_{Af}/$ $(\times 100)$	$C_A/$ $(\times 100)$	$C_N/$ $(\times 100)$	L/D
60	无滑移	0.850 9	1.150	5.473	2.492
	滑移	0.845 4	1.145	5.423	2.485
	偏差	0.65%	0.44%	0.92%	0.28%
70	无滑移	1.770	2.083	5.757	1.740
	滑移	1.738	2.051	5.448	1.689
	偏差	1.84%	1.56%	5.67%	3.02%
80	无滑移	4.245	4.593	6.342	0.676
	滑移	4.083	4.422	5.382	0.591
	偏差	3.97%	3.87%	17.84%	14.38%

表 7.2 为不同方法所得峰值热流随高度的变化,随着高度的增加,气体密度降低,飞行器前缘的峰值热流降低较快,采用滑移与无滑移两种方法所得的结果偏差则随着高度的增加而增大,这主要是由于高度的增加使得稀薄程度增大,传统连续流假设下的无滑移方法不再有效。

表 7.2　不同方法下的峰值热流结果

$Q/(kW/m^2)$ ⟍ H/km	50	60	70	80
无滑移	5 701.9	2 816.6	1 348.4	594.1
滑　移	5 614.9	2 755.7	1 272.1	518.8
偏　差	1.55%	2.21%	5.99%	14.52%

7.1.5　热化学非平衡滑移效应

选择 Candler 25-55°尖双锥地面实验[6,7]进行稀薄滑移效应的热环境预测验证。来流马赫数 $Ma=11.3$,温度 $T=138.9$ K,密度 $\rho=0.552$ g/m^3,壁面温度 $T_w=300$ K,此时 $Kn=0.001\,5$。

图 7.10 给出对称面位置计算所得压力和流线分布。从图 7.10 中的流线分布可以发现,在分离区形成了明显的分离涡结构,流动在第一锥形成分离,之后再附于第二锥锥面处。从图 7.10 中的激波干扰下的分离涡结构中可以看出,受激波冲

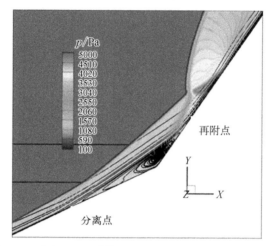

图 7.10 对称面位置计算所得压力和流线分布（后附彩图）

击和流动分离的影响,在再附位置处的流场区域迅速形成了明显的高压区。

图 7.11 给出尖双锥壁面热流分布与实验结果的对比,两者符合较好,分离区和膨胀区引起的热流骤降,分离再附引起的热流快速上升,基本模拟了分离区大小和分离区峰值热流,除了在第一锥身处计算所得热流值略高于实验值,相差在 10%左右,同时,可以观察到滑移使得分离区范围增大,当存在滑移时壁面热流略有降低。

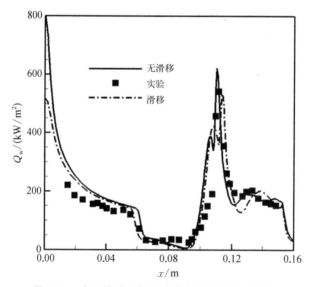

图 7.11 尖双锥壁面热流分布与实验结果的对比

　　按滑移模型的非平衡数值模拟方法对航天飞机 STS-2 飞行试验条件[8]进行验证计算。对比分析高度 H = 92.35 km、速度 U = 7 500 m/s、Kn = 0.028 和高度 H = 77.91 km、速度 U = 7 420 m/s、Kn = 0.002 3两个状态。此时 Kn 较大,进行了滑移边界的完全催化壁和非催化壁计算。图 7.12 给出了计算网格,法向最小网格取 1×10^{-5} m,截取了 STS-2 前段 12 m 长进行了热环境计算。计算时攻角取 $40°$,壁面温度取 300 K,分别选择两个不同的调节因子进行计算,动量调节因子和能量调节因子取同样的值,$\sigma = \alpha$ = 0.5, 1。调节因子表征入射到壁面的气体动量/能量减去被反射的动量/能量与入射动量/能量减去壁面处的动量/能量

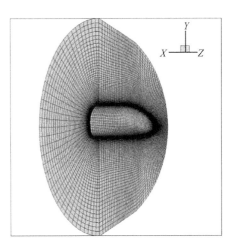

图 7.12　几何及计算网格示意图

之比,是气体在壁面处漫反射程度的一种体现。一般地,滑移程度越高,漫反射程度越弱,调节因子越小。对于调节因子的取值,无法通过理论手段直接给出,利用碰撞试验折算获得,因此存在较大的偏差,一般认为大多数壁面材料常温下的调节因子在 0.4~1,对于稀薄程度较低的状态,往往取为 1。

　　在球锥外形不同 Kn 条件下,进行了不同催化条件受稀薄效应影响的分析。对于不同稀薄程度条件,不同壁面催化条件的热流和近壁流动参数进行了简要分析,计算状态见表 7.3。为了对比,针对 3 个不同的 Kn 状态进行了分析,分别对比了完全催化/非催化及有/无滑移条件。图 7.13 给出 2 个典型状态热流对比,由图可知调节因子降低时热流减小,与飞行试验结果符合更好。对于 Kn 较高的状态,调节因子改变对滑移热流影响更大。对于稀薄程度越高的状态,实际调节因子越偏离 1。选择 3 个典型状态对调节因子的影响规律进行了分析,计算状态设置见表 7.3。

　　此处 Kn 取为来流分子自由程 l 与球头直径 D 之比。

表 7.3　计 算 状 态

状态	球锥半径/m	马赫数	Kn	壁温/K	催化条件	滑移状态	调节因子
1	0.175	20	0.001 85	300	完全催化	有滑移	0.5、0.8、1
2	0.175	20	0.01	300	完全催化	有滑移	0.5、0.8、1
3	0.025	20	0.05	300	完全催化	有滑移	0.5、0.8、1

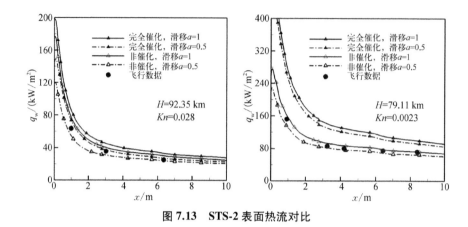

图 7.13 STS-2 表面热流对比

图 7.14 给出 3 个状态不同调节因子对热流温度梯度和组分扩散热流的影响。随着调节因子降低,组分扩散热流增加,热流温度梯度减小。稀薄程度越高,调节因子改变对热流温度梯度和组分扩散热流的影响越明显。这与 STS-2

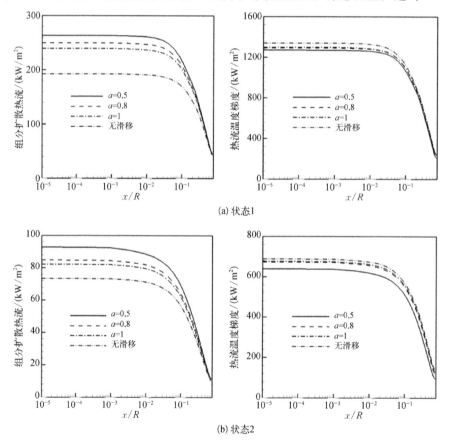

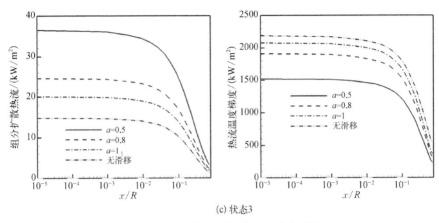

(c) 状态3

图 7.14　表面热流随调节因子改变对比

航天飞机数值预测的结论基本一致。

　　由以上分析可知,减小调节因子相当于间接增强了气体稀薄程度,现针对状态 3 分析此作用机理。图 7.15 给出状态 3 驻点线温度分布及表面滑移温度分布。由图 7.15 可知,当调节因子减小时,表面滑移温度快速升高,降低了近壁温度梯度,虽然壁面温度升高,但是总体体现为热流温度梯度减小。

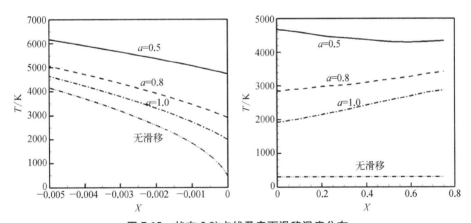

图 7.15　状态 3 驻点线及表面滑移温度分布

7.2　过渡流区的计算方法

7.2.1　引言

在过渡流区,气体分子的平均自由程与流动特征尺度为同一量级,气体分子之间的碰撞和气体分子与物体表面之间的碰撞对气体流动的影响有同等重要的意义,气体的间断粒子效应变得显著。描述介质的本构方程不再由低阶的宏观量表征,即 N-S 方程中的输运系数表达式不再正确,连续介质假设不再成立,连续流的控制方程(N-S 方程)已不再适用,取而代之的是更为复杂高度非线性的玻尔兹曼方程[9]

$$\frac{\partial f}{\partial t} + \boldsymbol{c} \cdot \frac{\partial f}{\partial \boldsymbol{r}} + \boldsymbol{F} \cdot \frac{\partial f}{\partial \boldsymbol{c}} = \int_{-\infty}^{\infty} \int_{0}^{4\pi} (f^* f_1^* - ff_1) c_r \sigma \mathrm{d}\Omega \mathrm{d}c_1 \qquad (7.1)$$

它是一个非线性微分-积分方程,包含控制气体分子分布函数对时间和空间变化率的微分项及非线性的碰撞积分项。由于此非线性微分-积分方程的复杂性,解析求解极其困难,至今仅得到以 Maxwell 平衡分布为代表的少数几个解析解。

方程中未知函数 $f = f(\boldsymbol{c}, \boldsymbol{r}, t)$ 为相空间具有密度意义的分子速度分布函数,$\boldsymbol{F}$ 为外力场。玻尔兹曼方程的求解无论是解析法还是数值法都极其复杂和困难。在非定常情况下,f 成为 7 个自变量的函数,更增加了方程求解的复杂性。方程中的右端项为碰撞积分项,其求解的困难主要集中在碰撞项的计算上。

许多研究者设想出了各种各样的方法[10,11]来求解过渡流领域的问题,主要分为分析方法和数值方法两大类。分析方法往往采用小扰动线性化假设或对分布函数形式进行假设(如矩方程方法)或对碰撞积分本身进行简化(如模型方程方法)。在数值方法方面,主要为玻尔兹曼方程的直接数值求解和对于流动物理进行直接模拟两大类,前者如用 Monte Carlo 方法求解碰撞积分的方法、有决定论的分子动力学方法及间断纵坐标方法;后者如 DSMC 方法,该方法在求解过渡流领域流动问题尤其是非平衡流动问题中的成功得到了众多研究者的关注。与玻尔兹曼方程的其他数值方法不同,该方法在包括复杂的化学反应和辐射的气体流动模拟中更容易实现。当前国际上该领域研究较多的方法有两类:一类为基于模型方程法的各种 BGK 方程形式;另一类为基于粒子模拟方法的 DSMC 仿真形式。本章着重介绍作者在该领域的最新研究进展,包括基于粒子的 DSMC 技术、基于粒子的混合算法等。

7.2.2　DSMC 方法

DSMC 方法的基本思想[12]为:在计算域中用大量仿真分子模拟真实气体分子,并在计算机中存储仿真分子的位置坐标、运动速度和内能,在时间步长 Δt 内将分子的运动与碰撞解耦,在独立的运动与碰撞计算中更新仿真分子的位置坐标、运动速度和内能,最后通过统计网格内分子的运动状态获得流场各点的宏观参数,从而实现对真实气体流动问题的模拟。模拟时间与真实流动中的物理时间等同,所有的计算都是非定常的。定常流是长时间模拟后稳定状态的统计平均结果。

在真实气体流动中,气体分子的运动和碰撞是相互耦合、相互影响的,在计算机中真实再现这一物理现象极为困难。DSMC 方法的成功之处在于: 它认为分子的碰撞是瞬间完成的,而在每个分子的相邻两次碰撞间气体分子做匀速直线运动,由此将仿真分子的运动和碰撞计算解耦,实现对流动的仿真。在 Δt 时间内,所有分子运动一定的距离,并考虑分子与边界的作用,然后计算在 Δt 时间内有代表性的分子间的碰撞。分子间的碰撞,以及分子与边界的作用均为随机过程,依赖均匀随机数的产生。

DSMC 方法基于三方面的假设[13]: ① 二元碰撞假设;② 分子的维数小于分子的平均间距,分子间的作用力仅在碰撞瞬间起作用,分子碰撞前后做匀速直线运动;③ 在气体分子的碰撞计算中,需要通过随机抽样散射角等随机量才能够最后确定碰撞后分子的运动状态,等价于假设分子分布处于混沌状态。

DSMC 方法并不求解玻尔兹曼方程,而是直接模拟玻尔兹曼方程描述的物理过程,在 DSMC 方法中能很容易地引入更真实的模型实现对复杂的物理化学过程的描述。因此,DSMC 方法不仅能够较为容易地仿真复杂物体外形的三维稀薄气体绕流流场,而且能够真实地仿真包括热辐射以及热化学非平衡反应等物理化学过程在内的复杂稀薄气体流动问题。此外,DSMC 方法是统计方法,不存在收敛性问题,只要有足够的样本仿真分子数,就能使计算结果充分逼近真实值。经过近 60 年的研究,DSMC 方法日趋成熟,成为数值求解稀薄气体动力学问题唯一获得巨大成功的方法。

DSMC 方法需要从一个初始流场开始,按照时间步长,进行分子间的碰撞计算;在对流场进行统计后,进入下一个时间步长的计算;反复迭代,直到获得统计意义上的定常结果。具体步骤为:

(1) 常数和初值: 给定网格数并对其进行编号,给定每网格中的分子数、总分子数、分子的质量、直径、自由度、开始取样循环数、总循环数等必要的常量。

(2) 给出所有模拟分子的初始速度与位置: 初始速度为初始宏观速度加上平衡气体分子热运动速度;布置模拟分子在网格中的位置,先将分子按照每网格的分子数分配到各网格中,然后在每一网格中随机布置分子的位置,随机布置分子位置时可按照减少方差的原则进行。

（3）计算模拟分子的运动和在表面的反射：按照匀速直线运动求出各模拟分子以各自速度在 Δt_m 内运动的距离，确定模拟分子新的位置坐标；模拟分子经历迁移后有可能与边界发生相互作用，此时必须进行相应处理。对称边界上模拟分子做镜面发射；固壁表面常用处理方法是基于镜面反射和漫反射及这两种反射模式的组合模拟反射；边界外区域是真空，模拟分子做逸出处理；入口边界需确定 Δt_m 内进入计算区域的模拟分子数目及运动状态。根据模拟分子新的空间位置坐标调整模拟分子所在的网格编号，并对模拟分子进行排序。

（4）计算碰撞：从网格内的模拟分子中随机抽样，选取可能的碰撞对；运用单元内仿真分子对的碰撞概率函数，对其进行取舍法的判断来考虑其是否发生碰撞，中选后运用碰撞模型计算碰撞后的分子速度和内能，直到网格中的碰撞数达到 NTC 方法所确定的碰撞数，再进行下一个网格碰撞的计算。

（5）流动性质取样与流场参量的输出：重复以上循环计算，直到模拟时间间隔 $\sum_{i=1}^{N} \Delta t_{mi}$ 达到抽样时间 Δt_s，如果时间达到抽样时间，则对各网格单元内的模拟分子实施统计计算，求得流场各宏观物理量的值。如果所模拟的流动在宏观上是定常的，则需要判明流动处于定常状态后再进行流场各物理量的统计计算。

1. 权因子预定义方法

由于 DSMC 方法采用有限个仿真分子代替大量的真实分子，其权因子可以看作一个仿真分子所代表的真实分子数，所以每一网格中的仿真分子数与权因子成反比。若在全场每一网格中采用同一权因子，则在模拟过程中局部流场真实分子数较小的地方仿真分子数少。在高超声速流动及羽流场计算中，流场的密度变化可能有几个量级，使得不同单元内仿真分子数配置极端不均匀，以致在不需要较多仿真分子的网格单元分子数过多，而在另一些网格单元中仿真分子数过少，导致过少的仿真分子数单元出现较大的统计涨落而使得宏观物理量失去真实的物理意义，尤其在物面的小尺寸网格中的分子数将严重影响气动特性的计算结果。研究表明[14]，为了保证模拟精度，每个网格中的仿真分子数要尽可能保证一定数量（10～20 个），就需要采用变权因子方法，并且此权因子的全场分布必须在满足模拟精度的前提下保证全场分子的合理分布。然而，权因子需要根据局部流场密度进行定义才能保证仿真分子的模拟条件，这种基于局部密度的权因子在模拟初始是不可能给定的。本小节主要介绍一种由来流参数、网格尺寸等已知量确定的权因子近似求解方法，从而能够在模拟初始提前对权因子的分布特征进行预定义求解。

1) 方法介绍[15]

由于权因子只是对 DSMC 模拟过程中网格分子数的一种控制,采用硬球模型对权因子进行分析不会对 DSMC 模拟结果产生质的影响,仅会在模拟过程中使得每一网格中的仿真粒子数接近而不能完全等于理想的控制个数。因此,为了易于处理,采用硬球模型进行分子自由程的近似分析,可得局部自由程与来流自由程的比值为

$$\lambda_i / \lambda_\infty = (\sqrt{2}\,\pi d^2 n_\infty) / (\sqrt{2}\,\pi d^2 n_i) = n_\infty / n_i \qquad (7.2)$$

定义网格尺寸与三分之一局部自由程的比值为

$$b_i = 3H_i / \lambda_i \qquad (7.3)$$

其中, $H_i = 2 \times \sqrt[3]{(3V_i/4\pi)}$ 为非结构四面体网格的等效特征尺寸。

为了方便近似求解权因子,可将单元中的分子数进行等效,采用准一维近似处理,三维结果可通过适当调节自定义参数 m 近似得到。在分析时可定义每个网格单元计算模拟中需保证的分子数为

$$k_i = b_i \times m \qquad (7.4)$$

其中, m 为每三分之一自由程内需要近似保证的分子数。

在 DSMC 模拟中每个模拟仿真分子所代表的真实分子数,即权因子为

$$W_i = n_i \times V_i / k_i \qquad (7.5)$$

将式(7.2)~式(7.4)式代入式(7.5)式,可得

$$W_i = n_i \lambda_i V_i / (3H_i m) = n_\infty \lambda_\infty V_i / \left[6\,m \sqrt[3]{(3V_i/4\pi)} \right] \qquad (7.6)$$

从式(7.6)的定义可以明显看出,为了保证局部三分之一自由程内的模拟分子数近似为 m ,局部 W_i 的值按照式(7.6)进行预定义取值能够满足要求。更为重要的一点是,式(7.6)中的 W_i 仅与来流数密度、来流自由程、网格体积及 m 值有关,这些变量都能够在 DSMC 模拟开始时已知,并且 m 值可以根据需要人为调节,一般取值约为 10。

以上推导过程中的隐含条件为网格尺寸大于三分之一局部自由程,然而在事先给定的全场每一网格中,满足此种苛刻条件是几乎不可能的。当个别网格尺寸小于三分之一局部自由程时,会使得网格中的模拟分子数小于 m ,需在模

拟过程中对这些网格中的 W_i 值进行自适应修正,使其保证网格中存在一定量的仿真分子数,具体修正为 $W_i^{new} = \bar{n}_i V_i / 10$, $\bar{n}_i = \dfrac{1}{n_s} \sum_{i=1}^{n_s} n_i$ 为 n_s 采样步后的平均数密度, n_s 取值为 1 000。

权因子的引入会导致两方面的问题: ① 当粒子穿越前后两个网格中的权因子值差距较大时,会导致太多的粒子复制与删除操作,影响局部流场的模拟精度,甚至导致计算无法进行,为了解决此问题,在权因子分布更新后,还需判断相邻权因子的比值 R 是否超过设定的区间范围($0.02 \leqslant R \leqslant 50$),对超过此区间的权因子值进行简单的局部平均化光顺处理,采用附近的网格权因子值进行平均;② 由于统计误差,DSMC 方法所有的自适应操作不可避免地会带来局部流场值变化较大的问题,尤其对网格尺寸小于三分之一局部自由程的个别网格的权因子进行自适应更新后,会带来更新前后粒子的过量复制或删减问题,因此还需对更新前后的自适应权因子值进行亚松弛处理或人工强制限制处理。简单的亚松弛处理具体为 $W_i = \sigma W_i^{new} + (1 - \sigma) W_i^{old}$,计算中取 σ 为 0.01,其中,粒子穿越后的处理方法参见文献[16]。

2) 算例验证分析

采用钝锥外形计算分析[17],钝锥头部半径 $R = 2.286$ mm,半锥角为 9°,底部直径为 15.24 mm,如图 7.16 所示, C_{m0} 为绕驻点的俯仰力矩系数。来流气体为氮气,来流速度为 2 478 m/s,来流分子数密度为 1.323×10^{21} m^{-3},壁面温度为 600 K,分别计算了 0°、10°、20°、25° 4 个攻角,力矩参考点取头部顶点

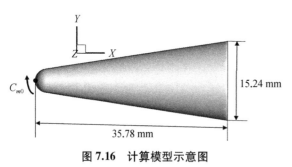

图 7.16 计算模型示意图

(0, 0, 0)m,气动特性参考长度为底部直径,参考面积为底部面积。计算中采用半模计算,全场非结构网格单元数为 171 353。

表 7.4 给出了模拟过程中的主要参数对比,钝锥外形的模拟结果与平板结果类似,即相对于常权因子,采用所发展的变权因子方法能够有效降低全场的模拟分子数、平均模拟分子数及计算时间,从而减少内存,提高计算效率。为了对计算结果进行验证,图 7.17 给出了流场马赫数云图及采用不同权方法所得结果与文献[17]实验结果、Padilla 和 Boyd[17]的 DSMC 代码 Monaco 计算结果的对

比。从马赫数云图可以发现,所发展的方法能够有效捕捉流场的结构特征,激波后的马赫数迅速降低,在离驻点相对较小的区域范围内迅速减小至亚声速,由于攻角的存在,迎风面流场出现了明显的压缩特性。从气动特性对比结果可以发现,计算结果与文献结果吻合较好。综合以上的结果对比也可发现,所发展的方法对于钝锥外形同样能够在保证计算精度的前提下以相对较高的效率取得与其他文献一致的结果。

表 7.4　模拟参数对比($AOA=10°$)

	权　值	全场粒子数	网格平均粒子数	计算机时
常权值	$3×10^{10}$	2 685 097	15.67	$1.5t_0$
变权值	式(7.6)	1 669 253	9.74	t_0

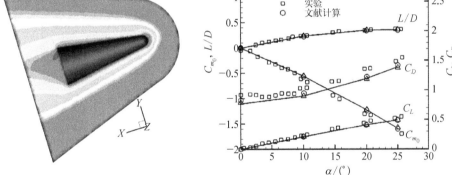

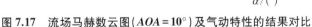

图 7.17　流场马赫数云图($AOA=10°$)及气动特性的结果对比

为了对钝锥流场粒子分布特征进行详细分析,图 7.19 给出了图 7.18所示的 3 个站位点处的流场分子比值及局部自由程分布规律。从头部驻点区域 Slice 1(切线 1)处的分布规律可以看出,对于物面附近驻点高密度区域,局部自由程明显低于远场区域,采用变权因子预定义法能够使得驻点区域网格中的分子比值明显大于常权因子法所得结果,而远场区域明显低于常权因子法所得结果。Slice 2

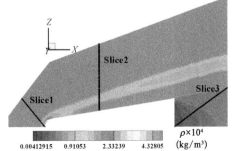

图 7.18　不同站位点示意图($AOA=10°$)

(切线2)和Slice 3(切线3)切面位置处具有同样的分布规律,从尾迹低密度区的切面Slice 3(切线3)的分布规律中还可发现,即使在尾迹物面附近自由程较大的区域内,权因子预定义方法也能保证物面区域分子数的占比优于常权因子方法。研究发现,权因子预定义方法对于钝锥外形同样能够使得流场的分子数在较为关心的物面区域所占比重增加,远场均匀区域相对降低,从而使得仿真分子数分布更为合理。

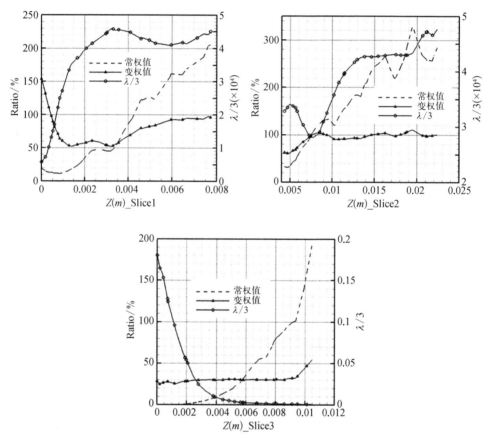

图7.19　分子比值分布特征

2. 动态负载平衡方法

　　并行计算的目的是尽可能缩短应用软件的执行时间,或在同样的约束条件下求解更大、更复杂的问题。在实际并行计算过程中,并行软件执行时间取决于最慢的进程。由于算法、任务分配的不均衡和各节点机性能差异等原因,各并行进程的相对速度并不一致。此外,各并行任务之间需要由同步通信语句保持计算同步,直到运行最慢的节点机完成计算后,所有的节点机才同时进入下一帧的计算,这造成计算资源的严重浪费。在这种情况下,需要调整各节点机的计算负载,使系统负载达到平衡,减少计算资源的浪费,提高并行系统计算效率。负载平衡问题特别是动态负载平衡问题一直是并行计算的热点和难点。DSMC 并行计算中的负载平衡取决于负载初始分配是否均衡和计算过程中的负载变化。由于 DSMC 问题的随机特点和动态特点,DSMC 并行计算中的动态负载平衡问题更具有挑战性。

在基于连续介质的计算流体力学程序并行化中,由于各网格点上的计算量相同,只要各节点机上分配了相同数目的网格点,负载就是平衡的。流场的网格在计算过程中不发生变化,一旦任务分配好,在整个并行计算过程中就不再变动,不必考虑动态平衡问题。

对于稀薄气体的 DSMC 程序,开始也可以在各节点机上分配相同数目的网格单元实现负载均衡。但由于研究对象是分子运动,在整个仿真过程中分子在计算子域间不断迁移,造成并行计算系统各节点机上的负载动态变化,即使是初始负载分配达到平衡,也会在计算过程中逐渐不平衡,需要通过动态负载调整机制对其进行调整,以获得好的并行计算效率。

动态负载平衡方法采用参考文献[18]的方法,以直角网格作为背景网格,将非结构网格及网格中的粒子放置于背景网格中,分别对 3 个不同方向依序扫描背景网格中的粒子数,判断其是否达到全场的平均负载粒子数,依此进行非结构网格的动态分区处理。

1) 基于动态负载平衡的并行程序模式[19]

针对 DSMC 的动态负载平衡特点,设计了 DSMC 的两种并行程序模式,即主从模式和对等模式。

(1) 主从模式。这类方法存在一个单独执行控制程序的主进程(master),负责 DSMC 仿真时全场粒子的收集、并行分区、粒子信息的散发、计算结果的收集输出等,其他若干子进程负责本进程 DSMC 仿真时粒子信息及其他控制参数的接收、仿真过程的模拟计算及流场仿真结果的发送。主进程不进行计算,其他从进程(slave)之间地位平等。主从模式下动态负载平衡的主要过程如图 7.20 所示。其主要步骤如下:

步骤 1　主进程初始化数据,向其他从进程发送初始化的来流参数及控制流程信息,从进程接收初始化信息。

步骤 2　根据全场的粒子信息进行负载平衡下的并行分区(初场真空时可

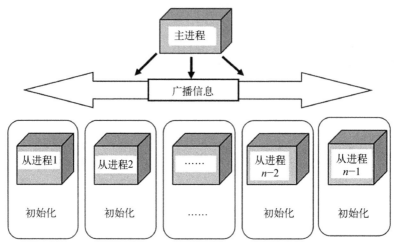

图 7.20　主从模式下的动态负载平衡

根据网格信息进行初步分区),将分区的信息及粒子信息发送(MPI_SEND)至各从进程。

　　步骤 3　从进程接收(MPI_RECV)分区信息及粒子信息,根据分区信息进行子区域仿真分子的排序、运动及碰撞等计算。计算给定循环步后向主进程发送计算实时结果。主进程接收全流场实时的仿真粒子信息,判断循环是否需要进行负载平衡,若需要负载平衡,则转入步骤 2 继续进行计算;若未达到负载平衡周期,则判断是否仿真循环结束,若未结束,则子进程继续进行仿真计算。

　　(2)对等模式。这种方法下的 DSMC 进行仿真时,所有进程执行同一程序,各进程计算各自区域的粒子运动、碰撞及结果输出,每一进程具有同等的通信地位,都可以进行数据流的控制及处理。对等模式下动态负载平衡的主要过程如图 7.21 所示。其主要步骤如下:

　　步骤 1　各进程同时进行数据的初始化处理。

　　步骤 2　任一进程收集粒子的全场分布信息,根据此信息进行负载平衡下的并行分区,将分区信息 $ID(i)$ 采用 MPI_BCAST 函数进行全局广播。

　　步骤 3　其他各进程根据新的分区信息 $ID(i)$ 采用 MPI_SCATTERV 函数进行相互之间的数据交换,数据交换后各进程进行各自区域的粒子仿真计算。计算给定的循环步后判断是否达到负载平衡周期,若需要负载平衡,则转向步骤 2;若不需要,则判断是否仿真循环结束,若未结束,则子进程继续进行仿真

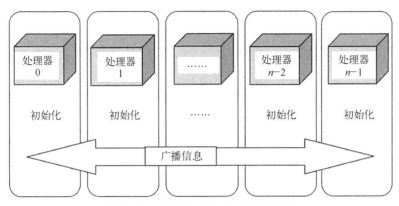

图 7.21　对等模式下的动态负载平衡

计算。

通过对比分析两种程序模式可以得出结论：主从模式采用一主节点进行程序数据的收集、散发等操作，其他节点进行计算操作，其程序的设计相对较复杂，调试、维护困难，采用主从模式对存储量相对较大的非结构网格体系进行 DSMC 计算，主节点在进行数据管理及动态负载平衡时需要收集全场仿真粒子的所有信息，然后根据新的动态分区结果散发所有粒子信息，这使得主节点内存的瞬态需求大大增加，也增加了主节点与其他节点的数据通信量，通信时间较长；采用对等模式，只需要某一节点收集分区相关的极少量的粒子分布特征数组，分区完成之后各子进程根据新的分区信息进行相互之间数据传送的通信操作，不需要与主节点进行大量的数据通信，这样一方面可以降低主从模式下瞬态内存的大容量需求；另一方面可以减少其他节点通过主节点进行数据通信的多余操作，大大降低通信时间。

2）非结构网格对等模式下 DSMC 的数据管理

对等模式下每一子进程都参与了临时文件的输出，然而 DSMC 动态负载平衡的特点决定了负载平衡前后每一进程的粒子信息相关量（每一粒子的位置坐标、速度及能量信息等）及网格相关量（每一网格的累加采样信息等）的排序发生改变，使得临时文件的粒子信息及网格的相关信息在每一次负载平衡前后的输出顺序也完全不同，给临时文件的有序读取带来了很大困难。为了很好地解决此问题，可采用 DSMC 动态负载平衡的分区网格标识方法，主要步骤如下：

步骤 1　各进程按进程号顺序先后分别输出属于本进程的网格单元在总体

单元中的编号 MY_CELL(i) 及每一网格单元的分子数 MY_IC(i)。

步骤 2　待所有进程输出完以上编号及粒子数信息后,各进程按照进程号顺序先后输出网格相关的采样信息及相关的粒子位置坐标、速度及能量信息等。此时,全场的所有信息已按照负载平衡前的网格编号逐一输出。

步骤 3　当下次续算进行临时文件读取时,由某一进程读取文件中的编号值 MY_CELL(i) 及每一网格单元的粒子数 MY_IC(i),根据此数据进行重新负载分区,将分区后的网格标识信息数组 ID(i) 采用 MPI_BCAST 函数进行全局广播。

步骤 4　其他各进程根据分区后的网格标识信息数组 ID(i),读取属于本进程的网格相关的采样信息及粒子相关信息。因为网格文件顺序不变,这种标识做法保证了全场网格排序编号不变,在写临时文件时可以以任意顺序写入网格的相关信息,各进程对网格新的分区信息全部依据数组 ID(i) 进行标识识别,从而只读取属于自己进程的相关信息,实现了信息的有序读写。

3)物面采样信息的处理方法

在对等模式下,每一进程对物面的采样信息同样会由负载平衡使得物面采样信息的归属关系发生改变。为了降低物面采样信息相关量的处理难度,同时考虑到物面的全场网格单元较少而不会带来太大的内存需求,因此每一进程的物面采样信息在读写操作或负载平衡改变前统一采用归约求和函数 MPI_REDUCE 保存于某一节点(0 进程)的全场物面信息数组中,并由此节点负责统一管理,在信息读取或输出时与其他各进程无关,便于物面信息的处理。

4)对等模式下 DSMC 并行算法的总体结构设计

对等模式下并行算法的实现过程为:

(1)初始化 MPI 并行环境,启动 NP 个进程,各进程载入来流参数信息、循环控制信息及整体网格信息。

(2)如果开始新的计算,任一进程(0 进程)根据初场的粒子分布特征进行网格分区,将分区结果标识数组 ID(i) 采用 MPI_BCAST 函数全局广播;若为续算,则任一进程(0 进程)读入全场每一网格中的粒子数信息,根据读入的粒子数信息进行网格的分区,将分区结果标识数组 ID(i) 采用 MPI_BCAST 函数全局广播。

(3)各进程根据分区结果标识数组 ID(i) 分配本进程所需数组变量,若为新的计算,则各进程初始化子区域流场;若为续算,则各进程根据标识信息读取本进程的流场信息及仿真粒子信息。

（4）调用排序子程序执行分子的排序操作。

（5）各进程执行本进程中仿真粒子的运动及边界条件的处理。

（6）对于跨越本进程的仿真分子进行进程间的数据交换。

（7）各进程执行仿真分子的排序操作，同时对本进程网格中的仿真分子进行碰撞计算。

（8）各进程对流场的特征采样。

（9）如果计算循环数达到负载平衡的周期，则任一进程（为 0 进程）接收全场的粒子分布特征信息，根据分布特征信息进行全场网格的重新动态分区，将分区结果标识数组 ID(i) 采用 MPI_BCAST 函数全局广播，各进程根据新的分区信息调用子程序 EXCHANGE( ) 进行进程间的数据交换，执行步骤（4）。

（10）如果计算循环数达到流场输出的周期，则各进程按进程号顺序先后分别向临时文件中输出本进程的所有网格及仿真分子的相关信息，同时将各自的流场结果以非结构网格的多区形式进行结果输出。

（11）判断计算循环数是否结束，未结束执行步骤（5），否则结束整个计算。

5）算例验证与分析

针对钝锥外形进行计算分析[17]，钝锥头部半径 $R = 2.286$ mm，半锥角为 9°，底部直径 15.24 mm。来流气体为氮气，来流速度为 2 478 m/s，来流气体的分子数密度为 $1.323×10^{21}$ m^{-3}，壁面温度为 600 K，计算了 0°、10°、20°、25° 等 4 个攻角，力矩参考点取头部顶点(0, 0, 0) m，气动特性参考长度为底部直径，参考面积为底部面积，采用半模进行计算，全场非结构网格单元数为 171 353。

图 7.22 给出了攻角为 10° 的流场压力云图及当前发展的并行算法所得结果，并与文献[17]实验结果、Boyd 的 DSMC 代码 Monaco 计算的结果对比。从压力云图可以发现，所发展的方法能够有效捕捉流场的结构特征，激波后的压力迅速增加，尾迹区域的膨胀作用使得压力迅速降低，由于攻角的存在，迎风面流场出现了明显的压缩特性。从气动特性对比结果可以发现，计算结果与文献结果吻合较好。综合以上的结果对比可发现，所发展的并行算法能够取得与文献计算、实验一致的结果，并行算法具有一定的可靠性。

为了进行主从模式程序与对等模式程序并行效率的对比分析，针对攻角为 10° 的计算状态分别采用两种并行模式对比计算。图 7.23 为计算机时、并行效率及加速比随 CPU 数的变化规律，对等模式下采用 32 个 CPU 后各处理器的模拟分子数的比较。从计算机时中可以看出，对等模式的并行算法在同样的 CPU 数下花费的计算机时相对较少，并且在处理器个数相对较少的 4 个处理器下对

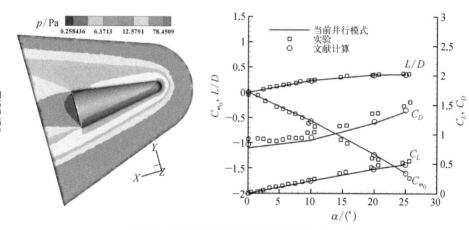

图 7.22　流场压力云图及气动特性的结果对比

等模式节省的计算机时更多,这主要是由于在相对较少的处理器状态,主从模式的主节点与各处理器的通信量相对较大,对等模式的优势更凸显,随着并行处理器数的增加,在两种模式下的计算机时逐渐接近。从并行效率中同样可以发现与计算机时曲线类似的规律,即在相对较少的 4 个处理器下,主节点与各处理器的通信量较大,对等模式并行程序的并行效率更高,随着处理器的个数增加,两者的并行效率逐渐减小并相互靠近。从图 7.24 中的加速比结果可以发现,所发展的并行算法较以往的并行算法具有更大的加速比,计算速度更快。从图 7.24 中各处理器间分子数的比较结果可以发现,对等模式下能够使得各进程间的分子数大致相等,一定程度上保证负载的近似平衡。

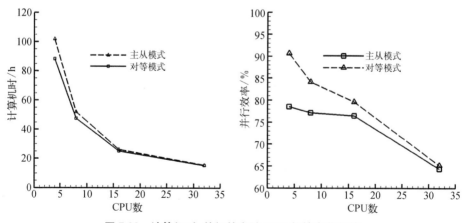

图 7.23　计算机时、并行效率随 CPU 数的变化规律

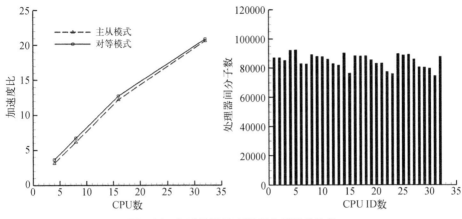

图 7.24　加速比及处理器间分子数的比较

3. DSMC 仿真中四面体网格的自适应技术

为了保证更接近物理的近距离分子碰撞,网格需要在流场变化剧烈的位置加密,自适应加密技术是解决此问题的有效途径,自适应技术需要解决自适应网格的生成方法,针对 DSMC 网格的作用与特点,可基于背景网格局部加密的思想达到四面体网格的任意剖分,即仅对每个网格单元进行剖分,其加密过程不对相邻网格产生影响,大大降低了网格剖分的难度且不影响 DSMC 的整个模拟过程。另外,需要解决四面体任意剖分后的仿真粒子搜索技术的难题,可通过将搜索分为两个步骤解决,先基于原有四面体网格搜索技术在背景网格中进行粒子的搜索定位[18],再在背景网格中的加密网格中基于距离进行归类判断,即与粒子距离最近的自适应网格为粒子所在网格。通过以上两个方面的技术改进,可建立一种基于四面体任意剖分策略的自适应网格方法,减少计算分析中网格的人工干预。

1)四面体网格的自适应加密技术

仿真模拟中自适应技术的具体步骤如下:

步骤 1　对计算域进行背景网格的划分,网格尺寸约为远场来流自由程的量级,采用背景网格进行流场的模拟,获得流场分布参数。

步骤 2　对每个背景网格单元进行循环,计算背景网格单元的局部自由程与网格单元特征尺度的比值 R,判断该比值大小,与预先设定的剖分方式进行比较,并采用数组标记该网格需要剖分的个数,兼顾剖分后的每个网格粒子个数不少于 5 个。处理方式为:当 $1 < R < 3$ 时,将原网格剖分为 2 个单元;当 $3 < R < 8$ 时,将原网格剖分为 4 个单元;当 $8 < R$ 时,将原网格剖分为 8 个单元。对于包

含激波、激波相互干扰等复杂流场的加密判断采用文献[20]中基于流场物理量（选用压力）探测器的阈值判断法直接对网格进行加密处理。

步骤 3 对标记为需要剖分加密的原有网格进行剖分，剖分后对背景网格中的仿真粒子逐一求解其与新网格格心距离，将距离最小的新网格标记为粒子所在的新网格单元。

2）自适应方法中动态负载平衡的并行策略

由于自适应方法中的加密网格主要对当前网格进行，与相邻网格单元无关，并且初始的背景网格为来流自由程的量级，可作为动态分区的最底层细化单元，所以在自适应网格变化后，动态负载平衡的处理可采用背景网格单元，只需要对原有基于对等模式的动态负载平衡方法[15]进行修改即可。其具体操作步骤如下：

步骤 1 各进程同时进行数据的初始化处理。

步骤 2 任一进程收集粒子在背景网格下的全场分布信息（当背景网格中包含多个子网格时，对所有子网格中的粒子数求和），据此进行负载平衡下的并行分区，将分区信息 $ID(i)$ 采用 MPI_BCAST 函数全局广播。

步骤 3 其他各进程根据基于背景网格新的分区信息 $ID(i)$ 确定各自子网格的归属信息，采用 MPI_SCATTERV 函数进行相互之间的数据交换，数据交换后各进程进行各自区域的粒子仿真计算。在计算一定的循环步后判断是否达到负载平衡周期，若需要负载平衡，则转向步骤 2；若不需要，则判断是否仿真循环结束，若未结束，则子进程继续进行仿真计算。

3）边界处理

当来流入口边界网格自适应加密后，需要对原有的边界处理。首先采用背景网格进行粒子进入个数及坐标位置的计算，与原始的 DSMC 计算方法类似；其次对包含加密子网格的单元采用基于距离归类的判断方法对该粒子进入的子网格位置进行确定。

对于物面或对称边界，由于判断每一加密后单元的粒子时都首先在背景网格中采用原有的跟踪判断方法进行确定，并且每一子网格均在原有背景网格中自行剖分，所以物面网格单元的采样信息可以采用原有背景网格下的物面单元累积采样，即在每一子网格单元中的粒子运动后在背景网格中进行判断是否与物面单元相交，相交后则进行物面信息的采样累加，再进行进一步的运动判断，若不相交则直接进行子网格的归属判断。

4）基于自适应技术的 DSMC 并行算法的总体结构设计

通过分析 DSMC 的模拟特点及其动态负载平衡下的并行特征，在原有计算程序并行框架下加入自适应网格技术,通过对并行策略、粒子搜索等方面的改进,设计基于自适应技术的动态负载平衡并行算法。其实现过程如下:

(1) 初始化 MPI 并行环境,启动 NP 个进程,各进程载入来流参数信息、循环控制信息及背景网格信息。

(2) 如果开始新的计算,则任一进程(0 进程)根据初场背景网格的粒子分布特征进行网格分区,将分区结果标识数组 $ID(i)$ 采用 MPI_BCAST 函数全局广播;若为续算,则任一进程(0 进程)读入全场每一背景网格中的粒子数信息(注意,背景网格中的粒子数信息需要累积其所有子网格中的粒子数),根据读入的粒子数信息进行背景网格的区域划分,将背景网格分区结果标识数组 $ID(i)$ 采用 MPI_BCAST 函数全局广播。

(3) 各进程根据背景网格分区结果标识数组 $ID(i)$ 进一步确定各自分配的子网格单元总数,并分配本进程所需数组变量,若为新的计算,则各进程初始化子区域流场;若为续算,则各进程根据标识信息读取本进程的流场信息及仿真粒子信息。

(4) 调用排序子程序执行粒子的排序操作。

(5) 各进程执行本进程中仿真粒子的运动及边界条件的处理,边界的处理需要采用前述的边界处理方式修正。

(6) 对于跨越本进程的仿真分子进行进程间的数据交换。

(7) 各进程执行仿真分子的排序操作,对本进程网格中的仿真分子进行碰撞计算。

(8) 各进程以各子网格为最小单元进行流场性质的采样。

(9) 如果计算循环数达到自适应网格的周期,则任一进程(0 进程)采用前述的网格加密技术对网格自适应加密,将加密后的网格信息采用 MPI_BCAST 函数全局广播,各进程根据新的网格信息进行粒子归属信息判断,执行步骤(4)。

(10) 如果计算循环数达到负载平衡的周期,则任一进程(0 进程)接收全场的粒子分布特征信息,根据分布特征信息进行全场网格的重新动态分区,将分区结果标识数组 $ID(i)$ 采用 MPI_BCAST 函数全局广播,各进程根据新的分区信息调用子程序 EXCHANGE( )进行进程间的数据交换,执行步骤(4)。

(11) 如果计算循环数达到流场输出的周期,则各进程按进程号顺序分别向临时文件输出本进程的所有网格及仿真粒子的信息,同时将各自的流场结果以非结构网格的多区形式进行输出。

(12) 判断计算循环数是否结束,未结束执行步骤(5),否则结束整个计算。

5) 算例验证与分析

针对 Apollo 外形计算分析[21],大底半径为 1.955 8 m,肩部半径为 0.195 6 m。计算结果分析中的参考面积为 12.01 m²,参考长度为 3.912 m。来流速度为 9 600 m/s,飞行高度为 100 km,壁面温度为 1 146 K,攻角-25°,力矩参考点取质心(1.145 5, 0.16, 0.0)m,计算中采用半模计算。

图 7.25 为计算初始的背景网格示意图及采用当前方法所得自适应收敛后网格。其中,初始非结构网格单元数为 593 228,网格未进行自适应加密,自适应加密收敛后的网格单元数为 1 548 053,增加了约 161%。收敛后的网格在钝头体头部激波位置及迎风面物面附近都做到了自适应加密,这对 DSMC 的精确求解至关重要。

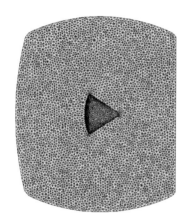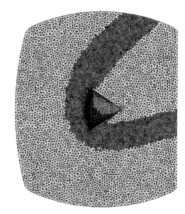

图 7.25　初始背景网格及自适应收敛后网格

图 7.26 给出了流场压力云图及流场 X 向速度等值线。从流场压力云图可以发现,由于高空稀薄效应的影响,与连续流区域不同,头部激波明显增厚,所发展的方法能够有效捕捉流场的结构特征,激波后的压力迅速增加,尾迹区域的膨胀作用使得压力迅速降低,由于攻角的存在,迎风面流场出现了明显的压缩特性,流场网格加密区域主要集中在压力梯度较大的激波区域。X 向速度等值线分布规律受稀薄效应的影响与压力分布规律类似,稀薄效应使得速度云图也与连续流区不同,激波厚度、脱体距离及激波角等增大,流场速度过激波后迅速降低,在壁面附近达到最小。

表 7.5 为当前算法所得结果与 Bird 开发的粒子仿真软件 DS3V 计算结果的对比。从升力系数、阻力系数及绕质心俯仰力矩系数的定量对比可看出,本书所发展的算法能够取得与文献一致的结果,算法具有一定的可靠性。

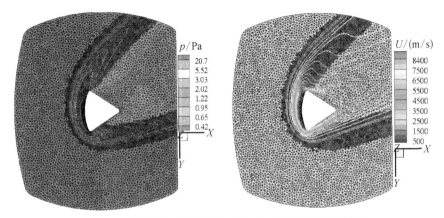

图 7.26　流场压力云图及流场 X 向速度等值线（后附彩图）

表 7.5　本方法与 DS3V 计算结果对比

	C_L	C_D	$C_{m_{cg}}$
本节方法	0.358	1.427	0.031
DS3V	0.359	1.431	0.032

7.2.3　粒子模拟混合算法

粒子模拟混合算法采用 DSMC 方法计算流场中的局部稀薄流区,采用基于 DSMC 方法发展而来的平衡粒子方法计算流场中的局部连续流区。由于在整个计算区域内均采用仿真粒子模拟算法进行数值求解,粒子模拟混合算法具有物理模型清晰、区域边界条件自然、界面信息传递简单等优点。尽管如此,目前针对粒子模拟混合算法所做的研究仍不充分,若要实现广泛的应用,仍需解决诸多难题。本小节针对粒子模拟混合算法的关键技术问题进行研究,建立合理的平衡态失效判据,以及适用于粒子模拟混合算法的自适应时间步长算法,并在混合算法中引入非结构子网格技术。之后,针对 EPSM 建立振动能传能模型和化学反应模型,结合热化学非平衡的 DSMC 方法,将粒子模拟混合算法扩展到热化学非平衡流动,建立改进的粒子模拟混合算法(improved hybrid particle simulation method, IHPSM)的数值计算框架。

1. 平衡态失效判据

在 N-S/DSMC 混合算法中,通常采用连续介质模型假设失效判据来划分 N-S 方程与 DSMC 计算区域。而 EPSM 适用于气体状态达到近平衡态分布时的情况,相当于通过数值模拟仿真分子的运动与碰撞过程求解 Euler 方程,因此 EPSM 的适用条件严苛。在 IHPSM 中,首先通过连续介质假设失效判据来划分局部连续流区和局部稀薄流区,然后在局部连续流区通过"平衡态失效参数"[22] 判断网格内粒子状态是否处于局部平衡态分布,即是否满足 EPSM 的使用条件。

采用的连续介质假设失效判据为当地 Kn[23],定义为

$$Kn_{\text{GLL, max}} = \max\left(\frac{\lambda}{\rho} \mid \nabla\rho \mid, \ \frac{\lambda}{T} \mid \nabla T \mid, \ \frac{\lambda}{a} \mid \nabla u \mid\right) \tag{7.7}$$

其中, λ 为平均分子自由程; ρ 为气体密度; T 为平动温度; u 为速度; a 为声速。当网格内 $Kn_{\text{GLL, max}} > 0.05$ 时,为稀薄流区,采用 DSMC 方法模拟该区域的碰撞过程。当 $Kn_{\text{GLL, max}} < 0.05$ 时,为连续流区,需要继续判断该网格是否达到平衡分布状态。基于 Bird[24] 的研究,选取网格中的分子碰撞数作为判断网格内的流动是否达到平衡态的准则。分子碰撞数 f 的定义为

$$f = \Delta t \cdot \gamma \tag{7.8}$$

其中, Δt 为计算时间步长; γ 为分子碰撞频率。对于 VHS 模型,分子碰撞频率 γ 的表达式为

$$\gamma = 4d_{\text{ref}}^2 n \left(\frac{\pi k T_{\text{ref}}}{m_s}\right)^{\frac{1}{2}} \left(\frac{T}{T_{\text{ref}}}\right)^{1-\omega} \tag{7.9}$$

其中, d_{ref} 为气体分子在参考温度为 0℃时的参考直径; n 为气体分子数密度; k 为玻尔兹曼常量; m_s 为气体分子质量; T_{ref} 为参考温度; ω 为黏性指数。在一个时间步长内,若网格中的平均分子碰撞数 $f \geqslant 10$,则网格内的分子运动达到平衡态,可以采用 EPSM 计算。

2. IHPSM 算法的基本计算步骤

在解决了主要技术难点之后,可以建立 IHPSM 算法的数值计算框架。

(1) 求出初始基准时间步长 Δt,赋予各网格初始时间区 $T_i = 1$,则各网格的初始时间步长均为 Δt;

(2) 在一个时间步长内,求出每个网格中的当地 $Kn_{\text{GLL, max}}$ 和分子碰撞数 f_i,定义碰撞数累计值 $\text{CN}_i = \text{CN}_i + f_i$;

(3) 当 $Kn_{\text{GLL, max}} \geqslant 0.05$ 时,若 $f_i \leqslant 1$,则令网格属性 $\text{ID}_i = 1$;若 $f_i > 1$,则令 $\text{ID}_i = -1$。当 $Kn_{\text{GLL, max}} < 0.05$ 时,若 $f_i \leqslant 1$,则令 $\text{ID}_i = 1$;若 $1 < f_i < 10$,则令 $\text{ID}_i = 2$;若 $f_i \geqslant 10$,则令 $\text{ID}_i = 0$。

对于 $ID_i = 1$ 的网格单元,时间步长 Δt_i 保持为 Δt 不变,使用 DSMC 方法模拟仿真分子的运动和碰撞过程;对于 $ID_i = -1$ 的网格单元,按照 7.1.2 节所述步骤调整时间区 T_i 和时间步长 Δt_i,使用 DSMC 方法以时间步长 Δt_i 进行 T_i 次分子计算过程,直到达到一个基准时间步长。对于 $ID_i = 0$ 的网格单元,时间步长保持不变,采用 EPSM 计算分子碰撞之后的状态。上述网格在进行完运动和碰撞过程之后,令 $CN_i = 0$。对于 $ID_i = 2$ 的网格单元,暂时不做任何处理。

3. EPSM 的化学反应模型

本小节将高温气体化学反应动力学理论与 EPSM 结合,将 EPSM 算法推广到化学反应流动,使之适用于含热力学非平衡及化学反应的过渡区可压缩气体流动。

化学反应的 EPSM 的基本思想及做法如下:

(1)分子移动之后,将网格视为一封闭体系,确定出网格中模拟粒子所代表的各组分真实分子的浓度值及网格中的总热能。

(2)根据化学反应速率方程,给出每一组元的浓度变化率及各化学反应热的表达式。

(3)在满足质量守恒、能量守恒及网格中热能大于等于总的化学反应热的条件下,用数值方法求出一个时间步长内组元浓度的变化值及总的化学反应热的值。总的化学反应热为各反应吸放热的总和,值为正时表示放热,值为负时表示吸热。

(4)根据新的组元浓度值,按照权值确定出对应各组元模拟粒子的数目。

(5)此时,网格中的热能等于原网格中的热能与总的化学反应热之和,根据振动能平衡态分布抽样,将振动能按照前述"舍选抽样"方法,分配到每个模拟粒子中,余下的热能则按自由度均分为平动能和转动能,得到每个模拟分子的速度及转动能。

对于采用的 5 组元(N_2、O_2、N、O、NO)化学反应中,高温空气化学反应如下:

$$O_2 + M_1 \underset{k_{r1}}{\overset{k_{f1}}{\rightleftharpoons}} 2O + M_1 \tag{7.10}$$

$$N_2 + M_2 \underset{k_{r2}}{\overset{k_{f2}}{\rightleftharpoons}} 2N + M_2 \tag{7.11}$$

$$NO + M_3 \underset{k_{r3}}{\overset{k_{f3}}{\rightleftharpoons}} N + O + M_3 \tag{7.12}$$

$$NO + O \underset{k_{r4}}{\overset{k_{f4}}{\rightleftharpoons}} O_2 + N \tag{7.13}$$

$$N_2 + O \underset{k_{r5}}{\overset{k_{f5}}{\rightleftharpoons}} NO + N \tag{7.14}$$

以上反应式中 M 为催化物分子(O_2、O、N_2、N、NO)。由化学反应动力学理论可得

$$\frac{dn_{N_2}}{dt} = -k_{f2} \cdot n_{N_2} \cdot n_{M_2} + k_{r2} \cdot n_N^2 \cdot n_{M_2} \tag{7.15}$$
$$- k_{f5} \cdot n_{N_2} \cdot n_O + k_{r5} \cdot n_{NO} \cdot n_N$$

$$\frac{dn_N}{dt} = 2k_{f2} \cdot n_{N_2} \cdot n_{M_2} - 2k_{r2} \cdot n_N^2 \cdot n_{M_2}$$
$$+ k_{f3} \cdot n_{NO} \cdot n_{M_3} - k_{r3} \cdot n_N \cdot n_O \cdot n_{M_3} \tag{7.16}$$
$$+ k_{f4} \cdot n_{NO} \cdot n_O - k_{r4} \cdot n_{O_2} \cdot n_N$$
$$+ k_{f5} \cdot n_{N_2} \cdot n_O - k_{r5} \cdot n_{NO} \cdot n_N$$

$$\frac{dn_{O_2}}{dt} = -k_{f1} \cdot n_{O_2} \cdot n_{M_1} + k_{r1} \cdot n_O^2 \cdot n_{M_1} \tag{7.17}$$
$$+ k_{f4} \cdot n_{NO} \cdot n_O - k_{r4} \cdot n_{O_2} \cdot n_N$$

$$\frac{dn_O}{dt} = 2k_{f1} \cdot n_{O_2} \cdot n_{M_1} - 2k_{r1} \cdot n_O^2 \cdot n_{M_1}$$
$$+ k_{f3} \cdot n_{NO} \cdot n_{M_3} - k_{r3} \cdot n_N \cdot n_O \cdot n_{M_3} \tag{7.18}$$
$$- k_{f4} \cdot n_{NO} \cdot n_O + k_{r4} \cdot n_{O_2} \cdot n_N$$
$$- k_{f5} \cdot n_{N_2} \cdot n_O + k_{r5} \cdot n_{NO} \cdot n_N$$

$$\frac{dn_{NO}}{dt} = -k_{f3} \cdot n_{NO} \cdot n_{M_3} + k_{b3} \cdot n_N \cdot n_O \cdot n_{M_3}$$
$$- k_{f4} \cdot n_{NO} \cdot n_O + k_{b4} \cdot n_{O_2} \cdot n_N \tag{7.19}$$
$$+ k_{f5} \cdot n_{N_2} \cdot n_O - k_{b5} \cdot n_{NO} \cdot n_N$$

其中,催化物浓度为 $n_{M_j} = \sum_{i=1}^{5} Z_{j,i} n_i (j = 1, 2, 3)$;$Z_{j,i}$ 的具体数值在表 7.6 中给出。正向反应速率系数 k_f 和反向反应速率系数 k_b 的量纲为 $mole/(s \cdot cm^3)$,表达

式为

$$k_{fi} = T^{C_{2i}} \exp(C_{0i} - C_{1i}/T) \tag{7.20}$$

$$k_{ri} = T^{D_{2i}} \exp(D_{0i} - D_{1i}/T) \tag{7.21}$$

其中，C_{0i}、C_{1i}、C_{2i}、D_{0i}、D_{1i}、D_{2i} 分别为对应不同反应式的常数，具体数值在表 7.7 中给出。

表 7.6　高温空气五组元的催化效率

催化	$Z_{j,i}$	O_2 $i=1$	N_2 $i=2$	N $i=3$	O $i=4$	NO $i=5$
M_1	$j=1$	9	2	25	1	1
M_2	2	1	2.5	1	0	1
M_3	3	1	1	20	20	20

表 7.7　化学反应速率常数

反应数	$\exp(C_{0i})$	C_{1i}	C_{2i}	$\exp(D_{0i})$	D_{1i}	D_{2i}
$i=1$	3.61×10^{18}	59 400	-1	3.01×10^{15}	0	-0.5
$i=2$	1.92×10^{17}	113 100	-0.5	1.09×10^{16}	0	-0.5
$i=3$	3.97×10^{20}	75 600	-1.5	1.01×10^{20}	0	-1.5
$i=4$	3.18×10^{9}	19 700	1	9.63×10^{11}	3 600	0.5
$i=5$	6.75×10^{13}	37 500	0	1.5×10^{13}	0	0

网格中组元满足反应前后的质量守恒，即

$$n_{N_2} + n_N + n_{NO} = 2n'_{N_2} + n'_N + n'_{NO} \tag{7.22}$$

$$2n_{O_2} + n_O + n_{NO} = 2n'_{O_2} + n'_O + n'_{NO} \tag{7.23}$$

其中，等式右边为反应后的组元浓度。根据式（7.15）~ 式（7.19），选用 4 步 Runge-Kutta 法，求出一个时间步长 Δt 后的新的组元浓度。

反应后的网格中的热能值为

$$E' = E + \Delta E_{rxn} \tag{7.24}$$

其中，E 为初始时网格中的热能；ΔE_{rxn} 为总的化学反应热。为保证网格中的温度不为零，必须满足 $E' > 0$。记 E_{vib} 为网格中总的振动能，将余下的 $E' - E_{vib}$ 热能按照自由度分到平动能和转动能中。

$$E_{tr} = \frac{3 \times (n_{N_2} + n_{O_2} + n_N + n_O + n_{NO})}{5 \times (n_{N_2} + n_{O_2} + n_{NO}) + 3 \times (n_N + n_O)} \times (E' - E_{vib}) \quad (7.25)$$

$$E_{rot} = \frac{2 \times (n_{N_2} + n_{O_2} + n_{NO})}{5 \times (n_{N_2} + n_{O_2} + n_{NO}) + 3 \times (n_N + n_O)} \times (E' - E_{vib}) \quad (7.26)$$

其中,E_{tr} 为网格中总的平动能;E_{rot} 为网格中总的转动能。

将包含振动能抽样模型和化学反应模型的 EPSM 和热化学非平衡的 DSMC 方法耦合,便形成了可计算热化学非平衡流动的 IHPSM 算法。在判断网格中平衡态失效参数时,需要判断每种组分的参数是否满足要求,选用 EPSM 或者 DSMC 方法进行化学反应流动的计算。

4. Orion 外形的数值计算

为了验证 IHPSM 算法在热化学非平衡流动中的有效性,计算了猎户座飞船 Orion 外形[25]的流动。采用五组分气体反应模型,考虑分子的平动能、转动能和振动能的激发。以 105 km 飞行高度的计算状态为例,分析流场物理量信息。图 7.27 为 $z = 0$ m 截面的马赫数云图、密度云图、温度云图、平动温度云图、转动温度云图和振动温度云图。从图 7.27 中可以看出,流场物理量的变化趋势符合流场的物理机理。表 7.8 给出了飞行高度 105 km 状态下,本计算(IHPSM)结果、文献中 DSMC 计算结果和 CFD 计算结果的对比。结果表明,虽然在 105 km 飞行高度下,来流气体相对于返回舱外形属于滑移流区,但是传统 CFD 计算结果并不理想,已经表现出连续介质假设失效特性。

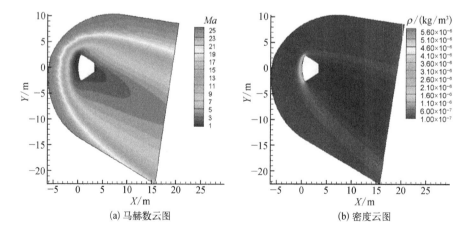

(a) 马赫数云图　　　　　　　　　　(b) 密度云图

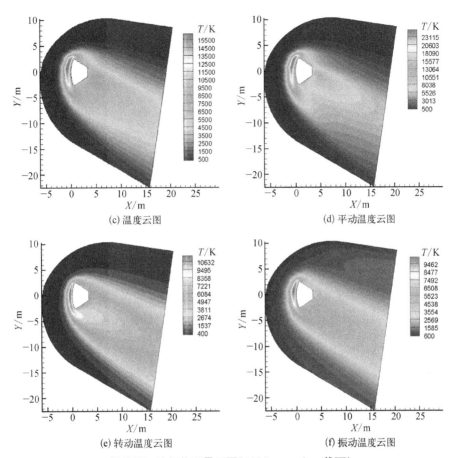

(c) 温度云图　　　　　　　　　　　(d) 平动温度云图

(e) 转动温度云图　　　　　　　　　(f) 振动温度云图

图 7.27　流场物理量云图($105\,\mathrm{km}$, $z=0\,\mathrm{m}$ 截面)

表 7.8　当前计算结果与文献 DSMC 和 CFD 计算结果的对比（$105\,\mathrm{km}$ 飞行高度）

高度/km	方法	C_A	C_N	C_D	C_L	L/D
105	IHPSM	1.567	−0.347	1.561	0.375	0.240
	DSMC	1.465	−0.327	1.460	0.348	0.239
	CFD	1.726	−0.461	1.753	0.342	0.195

7.3　自由分子流区的 TPMC 方法

7.3.1　引言

自由分子流区是稀薄程度最高的区域。随着稀薄程度的不断增加,气体中分子的平均自由程会超过物体特征长度的许多倍,从物体表面散射出来的分子要运动到距离物体很远处才与来流分子发生碰撞。当 $Kn = \lambda/L \to \infty$ 时,可以完全忽略由碰撞引起的气体速度分布函数的变化,在工程实际应用中一般认为 $Kn>10$ 为自由分子流区,仅考虑气体分子与物面之间的相互作用。这是自由分子流理论的基本出发点,有时也称这种流动为无碰撞流动。

自由分子流区求解方法主要包括基于无碰撞假设的理论求解公式和基于粒子模拟的方法。工程方法一般难以考虑粒子在航天器上的多次反射作用,而基于粒子模拟的 TPMC 方法能够很好地解决这一问题。

1960 年,Davis[26] 提出 TPMC 方法,并成功计算分子平均自由程远大于圆管特征尺度条件下的圆管分子流率。该方法适用于 Kn 趋于无穷大的无碰撞流动或者分子间碰撞相对于分子与壁面的碰撞影响很小的近自由分子流动。TPMC 与 DSMC 方法明显区别在于仿真分子是按序而非同时产生的,一次只产生一个试验粒子,因此不会耗费太多的计算时间和存储量,更适用于复杂边界导致的多次表面反射流动问题[27]。Fan 等[28,29]、Guo 和 Liaw[30] 已经将 TPMC 方法成功用于简单航天器表面出气导致的自散射和环境散射返回流污染问题。

与 DSMC 方法一样,TPMC 方法也是一种随机模拟方法,只是忽略了分子之间的碰撞,因此只适用于无碰撞或者近自由分子流动。TPMC 方法的基本思想是:通过逐个跟踪计算域内试验粒子的轨迹来模拟气体流动,假设一个试验粒子代表大量的真实气体分子,通过计算机模拟试验粒子的运动轨迹,并进行试验粒子与物体表面的碰撞,根据指定的气体和表面相互作用模型与物体表面进行动量和能量交换,待试验粒子的采样数量足够大以保证真实物理过程的特征均得到准确模拟后,可统计计算气动力、热等空气动力学宏观量。

7.3.2　TPMC 模拟的主要步骤

TPMC 模拟的主要步骤为[31]:首先,构建一个计算域并在其边界产生一个试验粒子;然后,跟踪和模拟该试验粒子之后的运动轨迹和碰撞过程,直到其飞出计算域或撞到航天器表面,若试验粒子和表面碰撞,计算其与物体表面的动量、能量交换;最后,重复上述过程直至试验粒子数足够大,以保证计算结果收敛,统计计算气动力、热等参数。

(1) 构建计算域。计算域为假想的圆柱体,设 R_{ref} 和 L_{ref} 分别为航天器的特征半径和长度,则计算域的半径 R_c 和长度 L_c 分别为

$$\begin{cases} R_c = K \cdot R_{\text{ref}} \\ L_c = K \cdot L_{\text{ref}} \end{cases} \tag{7.27}$$

其中，K 为足够大的正参数以保证计算结果的稳定。

（2）产生试验粒子并跟踪其运动。此过程包括试验粒子初始位置、速度的取样。试验粒子产生后，以初始速度开始运动，该初始速度取决于初始位置坐标和初始速度矢量，该粒子可能飞出计算域，也可能和物体表面碰撞。若飞出计算域，重新产生新的试验粒子进行计算，否则需要模拟试验粒子和物体表面的相互作用，计算碰撞过程中的动量和能量交换。

（3）分子与表面相互作用。该过程模拟试验粒子和物体表面的碰撞，对反射后试验粒子的速度进行取样。试验粒子和表面碰撞后，以反射后的速度继续运动，该速度取决于碰撞位置和碰撞后的速度，该粒子同样可能飞出计算域或与物体的其他部分碰撞。

（4）统计气动参数。根据试验粒子和表面的相互作用，计算出单次碰撞的动量和能量交换，跟踪足够多的试验粒子后，统计出感兴趣的气动参数，如升力、阻力、俯仰力矩、热等，以及相应的无量纲系数。

根据以上的阐述，给出 TPMC 方法的流程图，如图 7.28 所示。

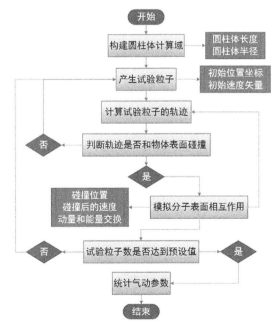

图 7.28 TPMC 方法主要过程及流程图

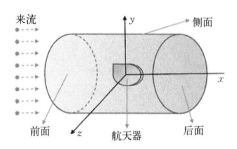

图 7.29　圆柱体计算域和坐标系

7.3.3　主要关键技术

1. 构建计算域

计算域为一个圆柱体,坐标系原点、低轨航天器几何中心和圆柱体几何中心重合,如图 7.29 所示。

2. 试验粒子初始位置取样

试验粒子初始位置取样的理论基础是其在圆柱体计算域表面均匀分布,可用概率分布函数求逆法确定[32]。假设试验粒子初始位置在图 7.29 所示的坐标系中表示为 (x, y, z),由于计算域边界包括圆柱体前面、后面 2 个平面和圆柱体侧面 1 个柱面,所以需要考虑以下 3 种情形。

若试验粒子在计算域前面界面产生,则

$$\begin{cases} x = -L_c/2 \\ y = R_c\sqrt{R_1}\cos(2\pi R_2) \\ z = R_c\sqrt{R_1}\sin(2\pi R_2) \end{cases} \tag{7.28}$$

其中,R_1、R_2 和下面的 $R_i(i \in \mathbf{N}, i \geq 3)$ 均为 $(0, 1)$ 区间均匀分布的随机数。

若试验粒子在计算域后面界面产生,则

$$\begin{cases} x = L_c/2 \\ y = R_c\sqrt{R_1}\cos(2\pi R_2) \\ z = R_c\sqrt{R_1}\sin(2\pi R_2) \end{cases} \tag{7.29}$$

若试验粒子在计算域侧面界面产生,则

$$\begin{cases} x = L_c(R_1 - 1/2) \\ y = R_c\cos(2\pi R_2) \\ z = R_c\sin(2\pi R_2) \end{cases} \tag{7.30}$$

3. 试验粒子初始速度取样

试验粒子初始速度 $\boldsymbol{c}$ 为来流速度 $\boldsymbol{c}_0$ 和分子热运动速度 $\boldsymbol{c}'$ 的向量和。分子热运动速度 $\boldsymbol{c}'$ 服从 Maxwell 分布,即

$$f_0(\boldsymbol{c}') = \pi^{-3/2}c_m^{-3}\exp\left[-c_m^{-2}(u'^2 + v'^2 + w'^2)\right] \tag{7.31}$$

其中，$c_m = \sqrt{2kT_\infty/m}$ 为最可几分子热运动速度；k 为玻尔兹曼常量；T_∞ 为来流气体温度；m 为来流气体分子质量；u'、v' 和 w' 分别为热运动速度 c' 在图 7.29 所示的直角坐标系中的分量。

试验粒子在计算域的 3 个边界面产生。考虑进入某个面元的分子数通量，设某个计算域边界面面元的单位内法向量（指向计算域内部）和来流速度 c_0 的夹角为 φ。定义柱坐标系 (x, r, θ)，它与所示的直角坐标系的转换关系为

$$\begin{cases} x = x \\ y = r\cos\theta \\ z = r\sin\theta \end{cases} \tag{7.32}$$

令无量纲的热运动速度为

$$\boldsymbol{\xi} = \boldsymbol{c}'/c_m \tag{7.33}$$

则试验粒子的初始速度为

$$\boldsymbol{c} = \boldsymbol{c}_0 + c_m\boldsymbol{\xi} \tag{7.34}$$

设无量纲热运动速度 $\boldsymbol{\xi}$ 在式（7.32）所定义的柱坐标系中的分量为 $(\xi_x, \xi_r, \xi_\theta)$，根据分子动理学的相关结论进行推演，容易得到三维随机变量 $(\xi_x, \xi_r, \xi_\theta)$ 的联合概率密度函数为[33]

$$f_{in}(\xi_x, \xi_r, \xi_\theta) = \frac{2\xi_r}{\pi\chi(s\cos\varphi)}(s\cos\varphi + \xi_x)\exp[-(\xi_r^2 + \xi_x^2)] \tag{7.35}$$

其中，来流速度比 s 定义为来流速度大小与最可几分子热运动速度的比值

$$s = |\boldsymbol{c}_0|/c_m \tag{7.36}$$

函数 $\chi(t)$ 定义为

$$\chi(t) = \exp(-t^2) + \sqrt{\pi}t[1 + \mathrm{erf}(t)] \tag{7.37}$$

其中，$\mathrm{erf}(t)$ 为误差函数。

$$\mathrm{erf}(t) = \frac{2}{\sqrt{\pi}}\int_0^t \exp(-\eta^2)\mathrm{d}\eta \tag{7.38}$$

3 个分量的边际概率密度函数可以通过对联合概率密度函数在另外两个分

量的取值范围进行积分[34]，即

$$
\begin{cases}
f_x(\xi_x) = \displaystyle\int_0^\infty \int_0^{2\pi} f_{\mathrm{in}}(\xi_x,\ \xi_r,\ \xi_\theta)\,\mathrm{d}\xi_\theta \mathrm{d}\xi_r \\[2mm]
f_r(\xi_r) = \displaystyle\int_{-s\cos\varphi}^\infty \int_0^{2\pi} f_{\mathrm{in}}(\xi_x,\ \xi_r,\ \xi_\theta)\xi_\theta \mathrm{d}\xi_x \\[2mm]
f_\theta(\xi_\theta) = \displaystyle\int_{-s\cos\varphi}^\infty \int_0^\infty f_{\mathrm{in}}(\xi_x,\ \xi_r,\ \xi_\theta)\,\mathrm{d}\xi_r \mathrm{d}\xi_x
\end{cases}
\tag{7.39}
$$

利用文献[32]和附录 B 的概率积分公式，容易得

$$
\begin{cases}
f_x(\xi_x) = \dfrac{2(\xi_x + s\cos\varphi)}{\chi(s\cos\varphi)}\exp(-\xi_x^2) \\[3mm]
f_r(\xi_r) = 2\xi_r\exp(-\xi_r^2) \\[2mm]
f_\theta(\xi_\theta) = \dfrac{1}{2\pi}
\end{cases}
\tag{7.40}
$$

对应概率分布函数为概率密度函数的积分[34]，即

$$
\begin{cases}
F_x(\xi_x) = \displaystyle\int_{-s\cos\varphi}^{\xi_x} f_x(t)\,\mathrm{d}t \\[3mm]
F_r(\xi_r) = \displaystyle\int_0^{\xi_r} f_r(t)\,\mathrm{d}t \\[3mm]
F_\theta(\xi_\theta) = \displaystyle\int_0^{\xi_\theta} f_\theta(t)\,\mathrm{d}t
\end{cases}
\tag{7.41}
$$

容易积分得三维随机变量 $(\xi_x,\ \xi_r,\ \xi_\theta)$ 的边际概率分布函数为

$$
\begin{cases}
F_x(\xi_x) = \dfrac{\exp(-\xi_x^2) + \sqrt{\pi}\,s\cos\varphi\,[1 - \mathrm{erf}(\xi_x)]}{\chi(s\cos\varphi)} \\[4mm]
F_r(\xi_r) = \exp(-\xi_r^2) \\[2mm]
F_\theta(\xi_\theta) = \dfrac{\xi_\theta}{2\pi}
\end{cases}
\tag{7.42}
$$

再次利用概率分布函数求逆法[32]，令

$$
\dfrac{\exp(-\xi_x^2) + \sqrt{\pi}\,s\cos\varphi\,[1 - \mathrm{erf}(\xi_x)]}{\chi(s\cos\varphi)} = R_3
\tag{7.43}
$$

$$\begin{cases} \exp(-\xi_r^2) = R_4 \\ \xi_\theta/(2\pi) = R_5 \end{cases} \quad (7.44)$$

对于 ξ_r、ξ_θ,直接利用随机数写出其表达式,即

$$\begin{cases} \xi_r = \sqrt{-\ln R_4} \\ \xi_\theta = 2\pi R_5 \end{cases} \quad (7.45)$$

对于第一个分量 ξ_x,可以根据式(7.43)采用取舍法(acceptance-rejection method)[32]给出其随机取样。

4. 力学宏观量统计

某表面气动力、力矩和热量的来源是入射分子在该表面的碰撞和反射,故其计算方法是对大量试验粒子和物体表面的动量和能量交换进行统计。某次气体分子与航天器表面碰撞时的动量和能量交换为

$$\begin{cases} \Delta \boldsymbol{P} = m\boldsymbol{c}_i - m\boldsymbol{c}_r \\ \Delta E = E_i - E_r \end{cases} \quad (7.46)$$

其中,$\boldsymbol{c}_i$ 为入射分子的速度矢量;$\boldsymbol{c}_r$ 为完全漫反射的分子速度向量;E_i 为入射分子的总能;E_r 为反射分子的总能。总能为平动能与内能(包括转动能和振动能)之和,表达式为

$$\begin{cases} E_i = \dfrac{1}{2}m|\boldsymbol{c}_i|^2 + \dfrac{5-3\gamma}{\gamma-1}\dfrac{kT_\infty}{2} \\[3mm] E_r = \dfrac{1}{2}m|\boldsymbol{c}_r|^2 + \dfrac{5-3\gamma}{\gamma-1}\dfrac{kT_w}{2} \end{cases} \quad (7.47)$$

其中,γ 为气体比热比,空气(双原子分子)取值为 1.4;T_w 为航天器表面温度。

设 N 为所有试验粒子与该表面碰撞的总次数,则作用在该表面的气动力、力矩分别为

$$\begin{cases} \boldsymbol{F} = A\displaystyle\sum_{j=1}^{N} \Delta\boldsymbol{P}_j \\[4mm] \boldsymbol{M} = A\displaystyle\sum_{j=1}^{N} (\boldsymbol{r}_j \times \Delta\boldsymbol{P}_j) \\[4mm] Q = A\displaystyle\sum_{j=1}^{N} \Delta E_j \end{cases} \quad (7.48)$$

其中，$\boldsymbol{r}_j$、$\Delta\boldsymbol{P}_j$ 和 ΔE_j 分别为第 j 次碰撞时力矩参考点到碰撞位置的位移向量、动量交换量和能量交换量。A 为一个试验粒子代表的真实气体分子数，表达式为

$$A = n_\infty (Q_f + Q_s + Q_b)/N_{tp} \tag{7.49}$$

其中，n_∞ 为来流分子数密度；N_{tp} 为试验粒子总数。Q_f、Q_s 和 Q_b 分别为来流通过计算域前面、侧面和后面的分子数通量。其表达式分别为

$$\begin{cases} Q_f = \dfrac{n_\infty}{2\sqrt{\pi}} c_m \cdot \chi(s) \\[3mm] Q_s = \dfrac{n_\infty}{2\sqrt{\pi}} c_m \\[3mm] Q_b = \dfrac{n_\infty}{2\sqrt{\pi}} c_m \cdot \chi(s) \end{cases} \tag{7.50}$$

7.3.4 航天器典型构件的多次反射效应分析

考虑航天器典型构件(如航天飞机机身和机翼、机身和舵面)之间的多次反射效应，其简化模型为 2 个相互垂直的平板。2 个平板的长度均为 1 m，宽度均为 0.5 m，厚度均为 0.1 m，坐标系原点为 2 个平板垂直于厚度方向中心线的交点。如图 7.30 所示，左图为简化模型，右图为流动示意图和参考系。参考长度为 1 m，参考面积为 1 m²，力矩参考点为坐标原点，其他条件均和带电池翼卫星算例相同。

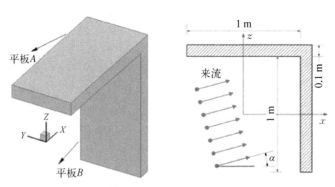

图 7.30　简化航天器构件及其流动示意图

考察垂直双平板阻力、升力系数随来流攻角的变化，攻角的变化范围为 $\alpha \in [0°, 90°]$，即来流从平行于一个平板变化到垂直于该平板。如图 7.31 所示阻

力系数图,随着攻角的增加,阻力系数先增大后减小,在 $\alpha = 45°$ 处取得最大值,且阻力系数相对于攻角的变化曲线关于 $\alpha = 45°$ 对称。对于升力系数,如图 7.31 所示升力系数图,当 $\alpha \in [0°, 45°)$ 时,升力系数取正值;当 $\alpha \in (45°, 90°]$ 时,升力系数取负值;当 $\alpha = 45°$ 时,垂直双平板上下对称,故升力系数为 0。需要注意的是,无论是阻力系数还是升力系数,TPMC 模拟结果和 DSMC 一致,但与自由分子流面元积分方法(free-molecular flow panel integration,FMFPI)方法存在差异,这个差异恰好是多次反射效应的体现,因为 FMFPI 方法忽略了实体之间的多次反射效应。

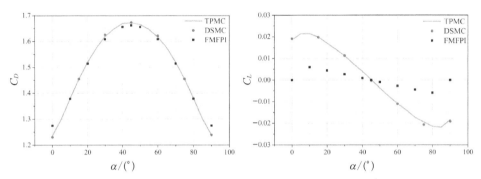

图 7.31　航天器典型构件气动系数随来流攻角的变化

当 $\alpha = 0°$ 时,来流平行于平板 A 而垂直于平板 B,部分来流气体分子与平板 B 碰撞后会再次反射,与平板 A 再次碰撞,这类二次碰撞的结果就是在平板 A 表面产生一个正的升力和负的阻力,故考虑了多次反射效应的 TPMC 和 DSMC 阻力计算结果比 FMFPI 低,而升力系数为一个正值(若不考虑多次反射,0°攻角对应的升力系数为 0),与 0°攻角的情形类似。当 $\alpha = 90°$ 时,来流垂直于平板 A 而平行于平板 B,部分与 A 碰撞后的分子会反射再次与平板 B 碰撞,这类二次碰撞的结果就是在平板 B 表面产生一个负的升力和负的阻力,所以 TPMC 和 DSMC 的阻力计算结果比 FMFPI 的低,升力系数则为一个负值(若不考虑多次反射,90°攻角对应的升力系数为 0)。当 $\alpha \in (0°, 45°)$ 时,第一类二次反射占主导地位,故 TPMC 和 DSMC 计算的升力系数比 FMFPI 的大;当 $\alpha \in (45°, 90°)$ 时,第二类二次反射占主导地位,故 TPMC 和 DSMC 计算的升力系数比 FMFPI 的小。在 $\alpha = 45°$ 附近,根据图 7.31 可知,该攻角区间内 A、B 两个平板之间多次反射的综合效果是使阻力轻微增大。这可以从两个方面解释:从数值方面来说,TPMC 和 DSMC 模拟过程中考虑了多次反射,而 FMFPI 没有考虑多次反射,TPMC 给出的阻力系数和 DSMC 一致,两者都比 FMFPI 的偏大,故多次反射的效果是使阻力增大;从流动物理上来看,当攻角为 45° 时,来流沿着垂直双平板的角平分面入射,在两个平板之间来回反射,由于边界条件为能量完全适应的漫反射,相对于单次入射就飞走的气体分子,经过多次反射之后的气体分子的速率大多比较小,损失的动量更多,产生的阻力更大,因此多次反射的效果是使阻力增大。

以上分析表明,TPMC 方法具备准确模拟复杂航天器实体之间多次反射效应的能力。

7.4 典型临近空间高超声速飞行器稀薄气体效应

本节针对典型临近空间高超声速飞行器的高空稀薄气体效应进行研究,飞行器几何外形与 6.3 节相同。飞行器飞行速度为 7 km/s,攻角为 25°,分别计算了 90 km、100 km、110 km 及 120 km 等 4 个高度,计算结果的参考面积为 1 m²,参考长度为 1 m,力矩参考点为飞行器头部顶点(0, 0, 0)m,飞行器计算坐标系和加密网格如图 7.32 所示。

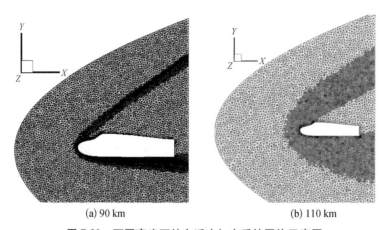

(a) 90 km   (b) 110 km

图 7.32 不同高度下的自适应加密后的网格示意图

在飞行器头部激波位置及迎风面物面附近的网格都做到了自适应加密,与更高空 110 km 相比,90 km 加密区域更为明显地集中于飞行器物面及狭小的激波区域,这主要是由于高空稀薄效应使得压缩性减弱,形成的压缩波系更为弥散,离飞行器更远。

从图 7.33 不同高度下的流场压力云图可清晰看出,在 90 km 处,飞行高度相

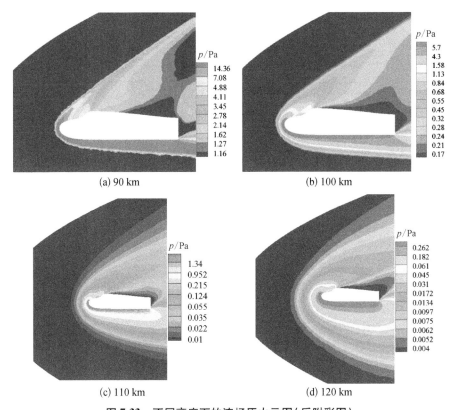

(a) 90 km

(b) 100 km

(c) 110 km

(d) 120 km

图 7.33 不同高度下的流场压力云图(后附彩图)

对较低,流场压缩性相对较强,分别在头部驻点区域、迎风面区域等局部形成了明显的波后高压区,在飞行器尾部背风面由于膨胀波的作用流场压力相对较低,形成了明显的底部低压区。随着飞行高度的增加,流场出现了明显的稀薄气体效应,流场激波厚度逐渐增大,激波角增大,激波脱体距离增大,压缩性逐渐减弱,激波与边界层逐渐逼近,最终融为一体,激波强度减弱,明显的激波结构逐渐消失。此外,高空稀薄气体效应的存在,使得流动在飞行器底部及背风面没有形成明显的分离结构(图 7.34)。

轴向力及法向力系数随着飞行高度的增加变化更为剧烈,其值明显增高,这主要是由来流动压的迅速降低所致。此外,俯仰力矩系数也随高度增加逐渐增大,轴向力系数相对于法向力系数受飞行高度的影响更大(图 7.35)。从物面压力(图 7.36)及热流分布(图 7.37)可知,迎风面明显的压缩效应使得在飞行器头部驻点($P1$ 位置)、驻点下游干扰区($P2$ 位置)、翼尖前缘($P4$ 位置)及飞行器窗口($P5$ 位置)等位置出现了明显的高压高热流区,飞行器背风面气体迅速膨胀,压力

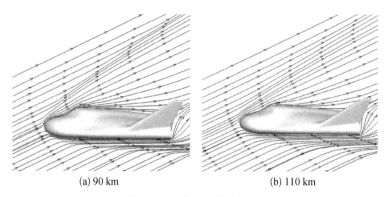

(a) 90 km (b) 110 km

图 7.34　对称面流线分布

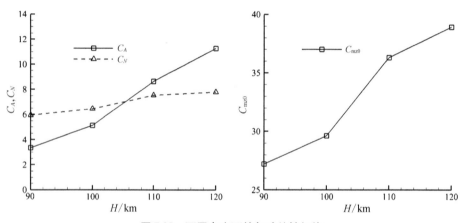

图 7.35　不同高度下的气动特性规律

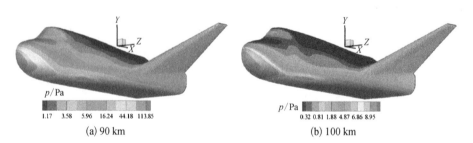

(a) 90 km (b) 100 km

图 7.36　物面压力分布(后附彩图)

热流迅速降低。从定量结果可以发现,飞行高度在 90~100 km 时,$P1$、$P2$、$P3$、$P4$ 及 $P5$ 位置处的热流分别从 353 kW/m^2、89 kW/m^2、28 kW/m^2、100 kW/m^2、10 kW/m^2 降至 76 kW/m^2、22 kW/m^2、8 kW/m^2、20 kW/m^2、3.3 kW/m^2。

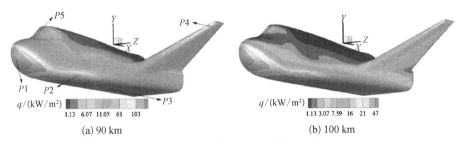

(a) 90 km　　　　　　　　　　　　(b) 100 km

图 7.37　物面热流分布(后附彩图)

7.5　小结

　　本章介绍了近年来稀薄气体效应研究方面取得的主要进展,分别从滑移流、过渡流及自由分子流等稀薄效应研究的三个主要流动区域进行了介绍,所涉及的方法仅为稀薄效应当前主流计算方法中的部分内容。

　　当前,稀薄、高温非平衡等各种物理效应单独存在时的预测能力取得了很大进步,对各种效应下所带来的物理现象有了一定的认知,然而,在高空高马赫数飞行器实际飞行中稀薄效应与非平衡效应往往同时出现,还可能伴随飞行器表面热防护材料烧蚀引射、流失等多种物理现象,多种物理效应又相互耦合。这就需要发展能够模拟多种物理现象的气动预测手段,研究多物理效应的相互竞争机制,分析多种物理耦合效应下的流场特征,认识其相互作用机制,给出多种效应耦合下飞行器的气动特性规律,探索高空高马赫数所带来的新现象、新机理,进一步提升对高空高马赫数耦合效应作用下的高超声速飞行器气动力、气动热特性的认识水平。

参考文献

[1] Tsien H S. Superaerodynamics, mechnaics of rarefied gases. J. Aero. Sci., 1964, 13(12): 653-664.

[2] Gokcen T, MacCormach R W. Nonequilibrium effects for hypersonic transitional flows using continuum approach. Reno: AIAA-1989-0461, 1989.

[3] Lockerby D A, Reese J M, Gallis M A. Capturing the knudsen layer in continuum-fluid models of nonequilibrium gas flows. AIAA Journal, 2005, 43(6): 1391-1393.

[4] Davis R T. Numerical solution of the hypersonic viscous shock-layer equations. AIAA Journal, 1970, 8(5): 843-851.

[5] Lofthouse A J, Scalabrin L C, Boyd I D. Velocity slip and temperature jump in hypersonic

aerothermodynamics. Journal of Thermophysics and Heat Transfer, 2008, 22(1): 38-49.

[6] Candler G V. CFD validation for hypersonic flight: Hypersonic double-cone flow simulations. Reno: AIAA Paper 2002-0581, 2002.

[7] Harvey J K, Holden M S, Wadhams T P. Code validation study of laminar shock/boundary layer and shock/shock interactions in hypersonic flow, part B: Comparison with navier-stokes and dsmc solutions. Reno: AIAA-2001-1031, 2001.

[8] Daiß A, Frühauf H H. Modeling of catalytic reactions on silica surfaces with consideration of slip effects. New Orleans: AIAA Paper 1996-1903, 1996.

[9] Cercignani C, Illner R, Pulvirenti M. The mathematical theory of dilute gases. 北京: 高等教育出版社, 2009.

[10] 陈伟芳, 吴其芬. 玻尔兹曼方程求解方法综述. 国防科技大学学报, 1999, 21(1): 4-7.

[11] Bird G A. Molecular gas dynamics. Oxford: Claredon Press, 1976.

[12] 杜永乐. 稀薄气体 DSMC 方法及其优化研究. 北京: 北京航空航天大学硕士论文, 2005.

[13] 吴其芬, 陈伟芳, 黄琳, 等. 稀薄气体动力学. 长沙: 国防科技大学出版社, 2004.

[14] Bird G A. Molecular gas dynamics and direct simulation of gas flow clarendon. London: Oxford University Press, 1994: 340-344.

[15] 黄飞, 沈清, 程晓丽, 等. 一种 DSMC 分子仿真下的权因子预定义方法. 航空学报, 2014, 35(8): 2174-2181.

[16] Sun Q H, Boyd I D. Drag on a flat plate in low-Reynolds-number gas flows. AIAA Journal, 2004, 42(6): 1066-1072.

[17] Padilla J F, Boyd I D. Assessment of rarefied hypersonic aerodynamics modeling and wind tunnel data. Reston: AIAA-2006-3390, 2006.

[18] 王学德, 伍贻兆, 夏健, 等. 三维非结构网格 DSMC 并行算法及应用研究. 宇航学报, 2007, 28(6): 1500-1505.

[19] 黄飞, 苗文博, 程晓丽, 等. 一种 DSMC 仿真的并行策略. 航空学报, 2014, 35(4): 968-974.

[20] 王学德, 伍贻兆, 夏键, 等. 二维自适应非结构网格 DSMC 并行算法研究. 计算力学学报, 2009, 26(2): 276-281.

[21] Moss J N, Glass C E, Greene F A. DSMC simulation of apollo capsule aerodynamics for hypersonic rarefied conditions. San Francisco: AIAA-2006-3577, 2006.

[22] Jiang T, Xia C, Chen W. An improved hybrid particle scheme for hypersonic rarefied-continuum flow. Vacuum, 2016, 124: 76-84.

[23] Boyd I D. Hybrid particle-continuum methods for nonequilibrium gas and plasma flows. American Institute of Physics Conference Series, 2011, 1333(1): 531-538.

[24] Bird G A. Near continuum impact of an under-expanded jet. Palm Springs: In Proceedings of AIAA Computational Dynamics Conference, 1973.

[25] Moss J N, Boyles K A, Greene F A. Orion aerodynamics for hypersonic free molecular to continuum conditions. Canberra: 14th AIAA international space planes and hypersonic systems and technologies conference, 2006.

[26] Davis D H. Monte Carlo calculation of molecular flow rates through a cylindrical elbow and

pipes of other shapes. Journal of Applied Physics, 1960, 31(11): 69-76.

[27] Bird G A. Monte Carlo simulation of gas flows. Annual Review of Fluid Mechanics, 1978, 10 (8): 11-31.

[28] Fan C, Gee C, Fong M C. Monte Carlo simulation of molecular flux on simple spacecraft surfaces due to self- and ambient-scatter of outgassing molecules. Reston: AIAA-1993 - 2867, 1993.

[29] Fan C, Gee C, Fong M C. Monte Carlo simulation for backscatter of outgassing molecules from simple spacecraft surfaces. Journal of Spacecraft and Rocket, 1994, 31(4): 649-655.

[30] Guo K L, Liaw G S. Outgassing-ambient interaction of a spherical body. Reston: AIAA, 1994.

[31] 靳旭红, 黄飞, 程晓丽, 等. 超低轨航天器气动特性快速预测的试验粒子 Monte Carlo 方法. 航空学报, 2017, 38(5): 105-114.

[32] Bird G A. Molecular gas dynamics and the direct simulation of gas flows. New York: Oxford University Press, 1994: 423-328.

[33] Horton B E, Bowhill S A. Computer simulation of supersonic rarefied gas flow in the transition region about a spherical probe: a Monte Carlo approach with application to Rocket-Borne ion probe experiments. Urbana: University of Illinois, NASA-CR-123315, 1971: 1-109.

[34] 茆诗松, 程依明, 濮小龙. 概率论与数理统计教程. 北京: 高等教育出版社, 2011: 139-161.

第8章

高温边界层流场与烧蚀耦合计算方法

传统的战略导弹在再入大气层的过程中,气体受到压缩和黏性力的阻滞作用,使气体的温度升高(有时甚至高达 10 000 K 以上),气体本身会发生离解与电离反应,而且会使飞行器的表面温度升高,甚至使飞行器表面材料发生复杂的物理化学变化(包括相变、热解、氧化、升华等),即通常所说的高超声速再入过程中的热障问题[1]。解决热障问题最成熟的是烧蚀法,烧蚀材料在加热环境中会产生一系列的物理和化学反应(即熔化、热解,热解气体向边界层内的引射、升华,同相和异相的化学反应等),在这些物理化学反应过程中,一方面消耗了烧蚀材料;另一方面也以不同方式耗散环境给予材料的热量,以保证内部结构在允许的温度下工作,这是烧蚀法防热的基本原理。

烧蚀过程是典型的多物理场耦合过程,包括材料/结构表面气体的传热/传质、气体的离解与电离、材料的相变、材料与气体的化学反应、烧蚀产物的质量引射及结构的传热过程等。早期的烧蚀研究主要是以传统的战略导弹为背景,针对以碳基复合材料、硅基复合材料及热解类复合材料为主的防热材料体系,形成了以考虑元素化学反应动力学、氧气组元的边界层扩散特性与表面化学反应平衡假设下的烧蚀计算方法[2-5]。考虑以材料表面液态层形成、流失与液态层传热过程为主体的硅基材料高温热响应预测方法[6-10],以及考虑材料内部热解及其对传热影响的热解类材料防隔热性能的计算方法[11-14],有效支撑了战略导弹热防护技术的发展和进步。

近年来,航天领域的多种任务需求,如全球到达、机动突防、近空间防御、空间往返运输及深空探测等,促进了航天器的多样化发展,尤其是临近空间飞行器对热防护研究提出了新的需求和挑战。临近空间飞行器具有创新的飞行器构型、非轴对称的复杂外形、多种动力形式推进、大机动变轨、大空域大攻角飞行及超高声速再入/巡飞等,这些也给防热设计提出了新的要求。例如,为了保持高升阻比的气动外形,必须采用低烧蚀/微烧蚀的防热设计,需要研究材料的抗氧化机理[15]及小烧蚀速率条件下烧蚀量的准确预测问题;为保证发动机流场品质,在发动机的尖前缘唇口需采用非烧蚀的防热设计方法,因此需要研究特殊外形下的材料、防止氧化膜脱落的设计方法和内部氧化损伤问题[16];为实现轻质薄层的防热设计,有时需要关注气体的非平衡效应与材料的相互作用机制,并关注有攻角非轴对称条件下的烧蚀外形计算方法等[17]。

与临近空间飞行器防热的设计需求对应,防热材料也呈现多样化、组分复杂化等发展特征,基于碳/碳(C/C)、碳/碳化硅(C/SiC)、超温陶瓷表面与基体的多组分添加使材料的耐高温和抗氧化性能大幅提高[18-21],也增加了材料高温烧蚀行为的复杂度与预测难度。面向新的需求和新的材料发展趋势,本章将以材料高温烧蚀基本理论与模拟方法、新型材料烧蚀特性与计算方法、烧蚀影响飞行器绕流流场特性及边界层流动与烧蚀耦合计算方法 4 个小节进行介绍,给出传统烧蚀的基本概念与模拟方法,介绍新型材料带来的模拟问题和处理方法。

8.1　材料高温烧蚀基本理论与模拟方法

8.1.1　烧蚀的基本现象及其对流场的影响

在严酷的气动加热环境下,材料表面及内部温度升高,引起材料物性发生非线性变化,导致材料表面发生氧化、升华等化学反应,改变了材料表面气体组分浓度和能量分布状态,从而改变材料表面气体边界层的传热传质规律。在材料的烧蚀建模和模拟计算中,首先要确定材料的化学反应特性,区分化学反应的性质。例如,在碳升华模型中就包含了 JANAF 模型(考虑升华组元为 $C_1 \sim C_5$)、Dolton 模型(考虑升华组元为 $C_1 \sim C_{16}$)及 Kratsch 模型(考虑升华组元为 $C_1 \sim C_{36}$)等[1]。不同的化学反应对材料的影响不同,如 SiC 材料化学反应后生成 SiO_2 是一个质量增加的过程,生成 SiO 则是一个质量减少的过程。

高焓气流作用在材料表面会带来结构温度随时间的变化,在传热传质方面,还伴随边界层与烧蚀界面层强烈的耦合特征。根据飞行高度和飞行状态的不同,飞行器表面气体边界层受化学非平衡、稀薄及表面催化等多种因素影响,材料表面的传热传质过程具有多尺度特征,包括烧蚀不均匀造成的粗糙度尺度、工艺缺陷引起的裂纹及孔洞、异步烧蚀引起的纤维束及纤维尺度等。不同尺度的差异使材料表面具有不同的流动特征,如连续流流动、过渡流流动及稀薄气体流动等特征,不同流动特征及复杂的物理化学变化给材料表面的传热传质过程产生不同的影响。

由于边界层气体运动性质与材料内部传热传质过程的强烈耦合作用,研究者均从边界层的气动加热特性与材料表面高温热行为预测结合的手段进行研究。图 8.1 给出了考虑材料中物质的迁移、化学气-气反应和气-固反应的耦合等因素的碳/碳复合材料与高焓来流耦合作用的模型示意图。耦合模型注重分析材料表面和内部碳的损耗及评价碳的氧化过程,以气体扩散过程的模拟来计算材料的质量损失率。

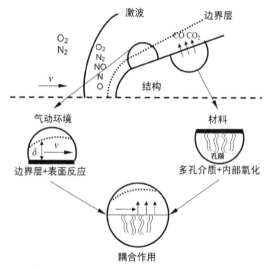

图 8.1　高焓条件下碳/碳复合材料与来流耦合作用示意图

8.1.2　材料烧蚀工程计算的理论基础

热化学平衡烧蚀分析的基本对象是假定在材料表面一个与外界存在质量和热量交换的开放系统。系统内温度足够高,化学反应速率足够快,所有化学反应均近似处于化学平衡状态。这种平衡状态决定了系统内各气体组元的分压关系,也决定了进入和离开材料表面控制体的各化学元素的比例。热化学平衡烧蚀分析的两个基本原理为:控制体内元素质量守恒原理及材料表面控制体内的热化学平衡原理[22-24]。

1. 边界层开放系统组元守恒[24]

如图 8.2 所示,在材料烧蚀表面取控制体,在烧蚀状态下,控制体与外界存在的质量交换包括：① 边界层外缘与控制体之间的气体扩散；② 控制体内气体向边界层外缘引射；③ 材料烧蚀进入控制体；④ 凝聚相（固态、液态）产物流失或剥蚀离开控制体。

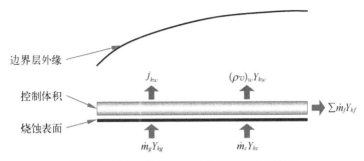

图 8.2　材料烧蚀表面控制体质量交换示意图

在稳态条件下，认为控制体积内没有元素的聚集，元素质量守恒方程为

$$\dot{m}_g Y_{kg} + \dot{m}_c Y_{kc} = j_{kw} + (\rho v)_w Y_{kw} + \sum_f \dot{m}_f Y_{kf} \tag{8.1}$$

其中，$\dot{m}_c$ 为表面凝聚相和引射气体的材料质量烧蚀率；$\dot{m}_f$ 为凝聚相产物质量流失（或剥蚀）速率；j_{kw} 为元素 k 的扩散质量流率；$(\rho v)_w$ 为引射气体质量流率；Y_{kc}，Y_{kw}，Y_{kf} 分别为元素 k 在引射气体、凝聚态烧蚀材料、表面控制体及流失组元中的质量分数。

对 k 元素求和有

$$\dot{m}_g + \dot{m}_c = \sum_k j_{kw} + (\rho v)_w + \sum_f \dot{m}_f \tag{8.2}$$

其中，扩散通量 j_{kw} 由传输势能法得

$$j_{kw} = \rho_e u_e C_M (Z_{kw}^* - Z_{ke}^*) \tag{8.3}$$

其中，Z^* 为位置质量摩尔分数的扩散系数权重平均。对于等扩散系数假设，Y 和 Z 相等。基于上述假设，将式（8.1）代入式（8.3）得

$$\left(1 + \frac{(\rho v)_w}{\rho_e u_e C_M}\right) Y_{kw} = Y_{ke} + B_g' Y_{kg} + B_c' Y_{kc} - \sum_f B_f' Y_{kf} \tag{8.4}$$

其中，$B' = \dot{m}/(\rho u C_M)$。基于式（8.3）的连续性假设，$j_{kw}$ 通量之和应等于零。但是由于元素扩散过程中可能在表面消耗部分气体，该假设并不严格成立。基于连续性假设，式（8.2）可改写为

$$(\rho v)_w = \dot{m}_g + \dot{m}_c - \sum_f \dot{m}_f \tag{8.5}$$

式(8.4)可以改写为

$$Y_{kw} = \frac{Y_{ke} + B'_g Y_{kg} + B'_c Y_{kc} - \sum_f B'_f Y_{kf}}{1 + B'_g + B'_c - \sum_f B'_f} \tag{8.6}$$

由于 Y_{kw} 不可能为负,式(8.6)中限定了 $\sum B'_f$ 的上边界。式(8.6)中 B'_g 和 B'_f 为独立变量,需根据材料特征独立求解确定,B'_c 为方程右边的唯一未知量。

2. 表面热化学与组元浓度求解[24]

根据具体的分析对象,统计得到控制体积内存在元素数量记为 K,气体组元数量记为 I,凝聚态组元数量记为 L。选择含 K 种元素的 K 个气体组元作为基础组元,记为 N_k,其余非基础气体组元 N_j 可以通过基础组元之间的化学反应来表达:

$$\sum_k v_{kj} N_k = N_j \tag{8.7}$$

其中,v_{kj} 为基础组元的化学计量系数。化学反应平衡常数为温度的函数。

$$K_{pj}(T) = p_j \prod_k p_k^{-v_{kj}} \tag{8.8}$$

气体组元的质量分数为

$$Y_{kw} = \frac{M_k}{p\bar{M}} \sum_i c_{ki} p_i \tag{8.9}$$

总压为

$$p = \sum_i p_i \tag{8.10}$$

气相的平均摩尔质量为

$$\bar{M} = \frac{1}{p} \sum_i M_i p_i \tag{8.11}$$

式(8.1)~式(8.11)有 I 种气相组元的分压 p_i,K 个元素的质量分数 Y_{kw},材料无因次质量烧蚀率 B'_c 及平均摩尔分数 $\bar{M}$ 共 $I+K+2$ 个未知量。式(8.8)共有 $I-K$ 个平衡方程,式(8.9)共有 K 个元素壁面质量分数,加上式(8.6)的 K 个元素守恒方程和式(8.10)的 1 个总压方程,共有 $I+K+1$ 个方程,为使方程组封闭,还需要一个方程。

考虑凝聚相的化学平衡反应则可引入额外的化学反应,N_l 代表由气相基础组元反应生成的凝聚相为

$$\sum_k v_{kl}N_k = N_l \tag{8.12}$$

化学反应平衡常数为

$$K_{pl}(T) = \prod_k p_k^{-v_{kl}} \tag{8.13}$$

注意到式(8.13)仅增加了基础组元 p_k 的限定条件而没有引入任何额外的变量。对于凝聚态组元数量 $L=1$ 的情况,方程组已封闭。

但如果存在多个凝聚态组元,在热力学平衡条件下,仅选取单个凝聚相组元不仅存在高度的任意性,而且对于某些包含多种化学元素的复合材料结果可能不合理。但若考虑每个凝聚态组元的化学平衡条件,则将获得多个化学反应平衡方程,方程组将超定。一般的解决途径是允许气相非饱和,式(8.13)可以改写为

$$\prod_k p_k^{-v_{kl}} = A_l K_{pl}^{-1}(T) \tag{8.14}$$

其中,

$$\sum_l A_l = 1 \tag{8.15}$$

面积分数 A_l 表示凝聚态组元在表面反应区域的比例。在理想混合条件下,A_l 与表面凝聚态组元的摩尔分数相关。对于多组元系统,$A_l \in [0, 1]$ 的任何值在物理上都是可能的。

8.2　新型材料烧蚀特性与计算方法

与传统烧蚀材料不同,为了满足临近空间长时间高超声速飞行的防热需求,新型材料多采用低烧蚀、微烧蚀甚至非烧蚀设计,如抗氧化 C/C、C/SiC、SiC/SiC、超高温陶瓷等。此类防热材料一般依靠自身所含或在高温有氧环境下氧化生成的高温难熔氧化物来维持抗氧化性能,如何分析和模拟气动加热

环境下新型材料表面氧化物的形成、演化、损伤或失效过程成为关键。另外，新型材料化学成分、结构及工艺特征等方面相比传统烧蚀材料均有较大改变，因此在分析研究中不仅需要关注材料表面边界层内的气体流动、扩散特性，更要与材料表面或表层的成分分布、细/微观结构等特征结合，关注不同材料局部化学反应、微结构演化及其与边界层环境特性的相互影响，才能获得此类材料的防热特性与规律。

本节以 C/SiC、涂层抗氧化 C/C 两类新型材料为例，介绍新型防热材料在气动加热应用环境下的烧蚀特性与工程计算方法。

8.2.1 碳/碳化硅材料烧蚀特性计算方法

1. 材料抗氧化机制

新型防热材料在高温有氧环境下氧化生成的表面氧化膜或氧化层，能够较大程度地阻隔材料基体与来流的直接接触，减缓材料基体的氧化速率，实现抗氧化的目的。例如，对于 C/SiC 材料，就依赖其在高温有氧环境下在表面氧化生成的氧化膜实现抗氧化性能。

在工程研究中，一般将 C/SiC 材料表面氧化机制分为被动氧化和主动氧化。被动氧化是指 C/SiC 材料在其表面温度低于转换温度条件下，与空气中的氧反应生成二氧化硅（SiO_2）固体薄膜覆盖在材料基体表面，使基体质量产生随时间增加的过程。致密薄膜的存在，阻滞了空气中的氧与 C/SiC 基体的直接接触，薄膜厚度由氧在其中的扩散速率决定，材料基本处于非烧蚀状态。主动氧化是指 C/SiC 材料在其表面温度高于转换温度时，与空气中的氧发生剧烈氧化反应的过程，生成的一氧化硅（SiO）气体直接离开烧蚀表面，使材料基体质量减小。如何判断在一定来流条件下 C/SiC 材料表面的氧化机制，对于材料防热性能评估或防热工程设计尤为重要。

已有学者[25-31]曾采用理论和试验的方法针对纯 SiC 材料的氧化特性的研究。而对于 C/SiC 材料，不失一般性地，将其按组分摩尔比例记为 $C_x SiC_y$，其中，$x+y=1$。在高温有氧环境下，其表面可能发生的主要化学反应有

$$C_x SiC_y + (0.5x+y)O_2 \longleftrightarrow (x+y)CO + ySiO$$

$$C_x SiC_y + (0.5x+1.5y)O_2 \longleftrightarrow (x+y)CO + ySiO_2$$

材料表面浓度边界层内可能发生的主要氧化反应有

$$SiO + 0.5O_2 \longleftrightarrow SiO_2$$

$$CO + 0.5O_2 \longleftrightarrow CO_2$$

假设材料表面浓度边界层始终存在,随着来流氧分压的改变,C/SiC 材料表面氧化机制会经历两次变化,分别对应两个临界来流氧分压。

(1) 主被动氧化转换区下限氧分压: 材料表面浓度边界层开始出现 SiO_2 粉尘时对应的来流氧分压;

(2) 主被动氧化转换区上限氧分压: 材料表面直接生成 SiO_2 时对应的来流氧分压。

以上两个临界分压可用于判断不同来流氧分压和温度条件下材料表面的氧化状态。

基于以上对材料氧化转换机理的分析,可通过对材料表面边界层内气体扩散过程(采用一维扩散假设)、材料表面化学反应(采用热化学平衡假设)等过程综合分析[32,33],推导得到 C/SiC 材料氧化转换氧分压的计算表达式。主被动氧化转换区下限氧分压计算表达式为

$$\left(p_{O_2}^\infty \right)_{\min} = \left[\frac{1 - 0.5x}{0.472\,6\,(1 - x)\,K_3} \right]^{2/3} \tag{8.16}$$

主被动氧化转换区上限氧分压计算表达式为

$$\left(p_{O_2}^\infty \right)_{\min} = \left[0.973 \times 0.44^{1.5-x} \frac{(1 - 0.5x)^{4-2x}}{(1 - x)^{3-2x}} \frac{K_1}{K_3^{2-x}} \right]^{\frac{1}{4-2x}} \tag{8.17}$$

其中,K_1 为 C/SiC 材料主动氧化反应标准平衡常数;K_3 为反应 "$SiO + 0.5O_2 \longleftrightarrow SiO_2$" 的标准平衡常数;$x$ 为 C/SiC 材料中 C 组元含量的摩尔比例。

可以看出,将式(8.16)和式(8.17)中的 x 值取为 0,即可得到纯 SiC 材料的氧化转换氧分压计算式。表 8.1 给出了本书(主被动氧化转换区下限氧分压)计算结果与文献计算结果的对比,计算得到的纯 SiC 材料氧化转换区下限氧分压与文献计算结果基本一致。

表 8.1　SiC 材料主被动氧化转换区下限氧分压计算结果与文献计算结果的对比

	温度/K	2 000	2 200	2 400	2 600
$\log_{10}p_{\min}$/Pa	文献[31]方法	−1.24	1.10	2.12	2.98
	本书计算结果	−1.17	1.10	2.10	2.95

将反应方程式中的氧分子替换为氧原子,可以给出以原子形式存在的离解空气环境来流条件下,C/SiC 材料氧化转换氧分压的计算表达式。计算表明,C/SiC 材料中 C 组元含量越大,材料越容易进入主动氧化状态,且相比氧分子环境,氧原子环境对 C/SiC 材料抗氧化性能更为不利,图 8.3 给出了不同空气来流环境(氧原子/氧分子)对 C/SiC 材料氧化转换氧分压计算结果的影响规律。

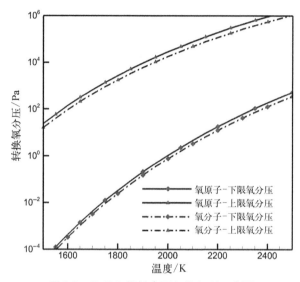

图 8.3 C_xSiC_y 材料表面氧化机制示意图

类似地,可以针对含锆、铪元素等新型材料在气动加热环境下的氧化机制进行分析,为材料工程应用提供理论依据。需要特别指出的是,以上分析结果是在边界层内气体一维扩散假设及材料表面化学反应平衡假设条件下推导获得的,如需对实际工程应用环境下材料的氧化机制进行准确定量分析,还需结合相关基础理论研究,进一步分析边界层气体扩散特性及表面化学反应动力学特性等因素对材料氧化转换机制的影响,并结合研究性试验进行综合分析和确认。

2. 氧化膜演化模拟

在被动氧化条件下,C/SiC 材料表面会氧化形成一层致密的二氧化硅薄膜,阻止来流中的氧与材料基体直接接触,从而抑制材料基体的进一步氧化。因此,被动氧化阶段材料表面形成的氧化膜的厚度是影响其抗氧化性能的重要因素之一。对于该问题,一般以氧化膜中的氧扩散过程为研究对象,通过由化学反应确定的气体扩散通量关系,获得氧化膜厚度的演化规律,如图 8.4 所示。

以 Δ 表示 SiO_2 氧化膜的厚度,SiO_2 的摩尔生成速率与氧气消耗速率 J_{O_2} 存在对应关系:

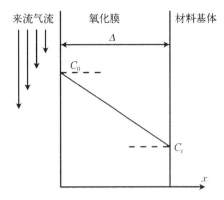

图 8.4　氧化膜演化示意图

$$\frac{\rho_{SiO_2}}{M_{SiO_2}} \frac{\mathrm{d}\Delta}{\mathrm{d}t} = \alpha J_{O_2} \qquad (8.18)$$

其中,α 为在材料表面消耗 1 mol 氧气所能产生的 SiO_2 的摩尔数。对于不同的材料组成,α 的数值也有差异,例如,对于纯 SiC 材料,$\alpha = 2/3$。

采用准定常等摩尔二组元扩散假设,氧化膜内的气体扩散方程可写为

$$D \frac{\mathrm{d}^2 c}{\mathrm{d}x^2} = 0 \qquad (8.19)$$

其中,c 为氧化膜内氧摩尔浓度;x 为材料表面法线方向距离;D 为氧气在二氧化硅薄膜中的扩散系数。该扩散方程在氧化膜底部的边界条件为

$$c_i = -\frac{D}{k_{ox}} \frac{\mathrm{d}c}{\mathrm{d}x} = 0 \qquad (8.20)$$

其中,c_i 为氧化膜与材料基体交界面氧浓度;k_{ox} 为基体氧化反应速率常数。

结合边界条件可给出式(8.19)的通解:

$$c(y) = p_{O_2}^w [1 - k_{ox} y/(D + k_{ox}\Delta_{氧化})]/RT \qquad (8.21)$$

得到界面氧消耗计算式:

$$J_{O_2} = k_{ox} c_{int} = p_{O_2}^w k_{ox} D/RT(D + k_{ox}\Delta_{氧化}) \qquad (8.22)$$

式(8.22)代入式(8.19),进一步整理可得氧化膜增长速率的计算表达式为

$$\frac{\mathrm{d}\Delta}{\mathrm{d}t} = \alpha \frac{M_{SiO_2}}{\rho_{SiO_2}} \frac{c_0 D}{D/k_{ox} + \Delta} \qquad (8.23)$$

使用式(8.23)可以对氧化膜增长速率工程进行估算。试算表明,C/SiC 氧化膜厚度与时间的开方成正比,时间越长,生成的氧化膜厚度越厚;压力和温度越高,氧化膜的生长速率越快。在工程应用研究中,受材料成分、工艺、测试方

法等因素的综合影响,理论扩散系数往往难以准确描述材料表面氧化膜内的气体扩散特性,一般还需根据对象材料的试验数据,对氧在 SiO_2 薄膜中的扩散系数进行工程修正,才能得到较好的模拟计算效果。图 8.5 和图 8.6 分别给出了针对典型 SiC 材料计算得到的不同温度、不同压力下氧化膜的厚度随时间的变化规律。

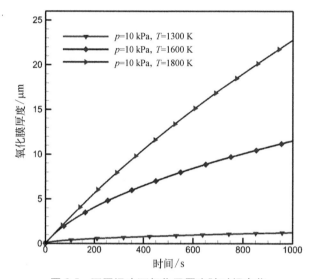

图 8.5　不同温度下氧化层厚度随时间变化

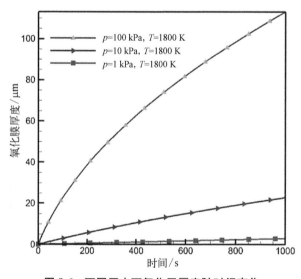

图 8.6　不同压力下氧化层厚度随时间变化

8.2.2　涂层抗氧化碳/碳材料烧蚀特性与局部流动分析

1. 材料抗氧化机制

对于涂层抗氧化碳/碳材料,表面涂层在加工或者飞行应力作用下可能产生涂层缺陷,导致加热环境下基体材料出现氧化烧蚀,形成内部孔洞,这可能导致热防护系统破坏。因此,对其抗氧化机制的研究不仅关注涂层本身的抗氧化特性,还关注由于涂层缝隙损伤等缺陷可能引起的基体氧化行为,如图 8.7 所示。

缝隙宽度0.25 mm

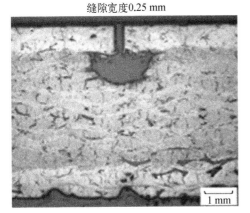

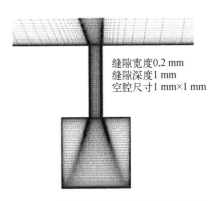

缝隙宽度0.2 mm
缝隙深度1 mm
空腔尺寸1 mm×1 mm

图 8.7　材料涂层底部典型氧化损伤[34]　　图 8.8　材料内部氧化损伤简化模型与
　　　　　　　　　　　　　　　　　　　　　　　　　　网格分布示意图

2. 局部流动特性模拟分析

为了研究涂层抗氧化碳/碳材料的氧化损伤行为规律,需要了解缝隙内部的气体流动规律及组分分布规律,才能为材料氧化损伤工程模型的建立提供理论依据。基于多组分 N-S 方程,求解高超声速气动加热环境下材料表面烧蚀与外部流动化学反应过程相互作用状态下的边界层气体组分构成,是研究材料表面局部流动特性的重要途径。图 8.8 给出了针对涂层抗氧化碳/碳材料内部氧化损伤缝隙结构生成的简化模型与网格分布示意图。

求解的控制方程为不考虑辐射和彻体力影响的多组分 N-S 方程,在求解多组分流场过程中某些组分密度过小,为避免计算舍入误差被放大,对全 N-S 方程进行了无量纲化处理,空间格式为低耗散 AUSM+格式。

图 8.9 给出了缝隙壁面无烧蚀/烧蚀状态时缝隙-空腔内部 CO_2 气体浓度分布云图。当缝隙壁面无烧蚀状态时,缝隙内部 CO_2 气体浓度沿深度变化与文献规律一致,呈现随深度的增加先增大后减小的趋势。

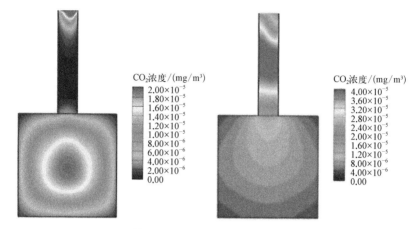

图 8.9 缝隙–空腔内部 CO_2 气体浓度分布云图
（左：缝隙壁面烧蚀 右：缝隙壁面无烧蚀）

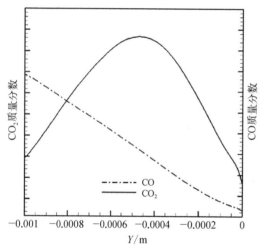

图 8.10 缝隙壁面无烧蚀状态，缝隙内 CO_2 和 CO 气体组分浓度随深度的变化趋势

涂层一般具备较好的抗氧化性能，计算得到的缝隙壁面无烧蚀状态时缝隙–空腔内部 CO_2 气体浓度分布云图应该与实际情况更为接近。

图 8.10 给出缝隙壁面无烧蚀状态缝隙内 CO_2 和 CO 气体组分浓度随深度的变化趋势，可以为涂层底部氧化损伤的建模分析提供更为直接的依据。

3. 缝隙损伤演化模拟

在工程应用中，若针对每个问题都采用数值模拟方法进行计算分析，是十分耗费时间和计算资源的。基于数值分析获得的典型规律，建立描述缝隙内部 C/C 氧化烧蚀的工程简化模型，是实现材料缝隙损伤演化模拟的重要途径。为了模拟 C/C 材料表面抗氧化层存在缝隙损伤的情况，采用以下假设：

（1）材料所处温度环境足够高，缝隙底部化学反应引起的材料质量损失由缝隙内部气体扩散速率决定；

（2）缝隙壁面材料不参与氧化反应；

（3）氧化气体 CO 溢出过程中与 O_2 生成 CO_2 的反应集中在缝隙某一位置 x_f 处完成；

（4）忽略 N_2 对 $CO/O_2/CO_2$ 气体扩散的影响。

根据数值模拟的分析结果，在缝隙内部 O_2 向缝隙内部扩散，扩散至某一位置处与内部反应产生的 CO 气体反应生成 CO_2 气体，CO_2 气体继续向缝隙内部扩散，最终与 C 接触生成 CO 气体，生成的 CO 气体扩散至缝隙内部某一位置处与外界的 O_2 接触生成 CO_2 气体，扩散至缝隙外部。

在材料表面考虑化学反应：

$$C + CO_2 \longleftrightarrow 2CO \tag{8.24}$$

在缝隙内部某一位置处考虑化学反应：

$$2CO + O_2 \longleftrightarrow 2CO_2 \tag{8.25}$$

基本控制方程为有主流流动的扩散控制方程：

$$J_i = D\frac{\partial c_i}{\partial x} + \frac{c_i}{c_T}\sum j_i \tag{8.26}$$

其中，J_i 为气体组元总通量；D 为扩散系数；c_i 为组元摩尔浓度；c_T 为混合气体总摩尔浓度。令 $x_2 = x_f$，$x_1 = L - x_f$，控制方程的边界条件为

$$x = 0,\ c_{CO},\ c_{O_2},\ c_{CO_2}$$

$$x = x_f,\ c_{CO} = 0,\ c_{O_2} = 0,\ c_{CO_2} = c_{CO_2}^*$$

$$x = L,\ c_{CO} = 0,\ c_{O_2} = c_{O_2}^L,\ c_{CO_2} = 0$$

在稳态氧化条件下，O_2 消耗量与 C 消耗量存在对应关系：

$$J_{O_2}^{I} = J_{CO_2}^{I,\ II} = 1/2 J_{CO}^{II} \tag{8.27}$$

在区域 I：

$$\sum J_i = J_{O_2}^{I} - J_{CO_2}^{I,\ II} \tag{8.28}$$

因此，控制方程结合边界条件有

$$J_{O_2}^{I} = D_{O_2}\frac{c_{O_2}^L - c_{O_2}^*}{x_1} = D_{O_2}\frac{c_{O_2}^L}{x_1} \tag{8.29}$$

$$J_{CO_2}^{I} = D_{CO_2}\frac{c_{CO_2}^* - c_{O_2}^L}{x_1} = D_{CO_2}\frac{c_{CO_2}^*}{x_1} \tag{8.30}$$

在区域 II:

$$\sum J_i = J_{CO_2}^{II} - J_{CO}^{II} = \frac{1}{2} J_{CO}^{II} = J_{CO_2}^{II} \tag{8.31}$$

忽略 N_2 对 $CO/O_2/CO_2$ 气体扩散的影响,则有

$$c_T = \sum c_i = c_{CO_2} + c_{CO} \tag{8.32}$$

因此,控制方程结合边界条件,对于 CO_2 气体,有

$$J_{CO_2}^{II} = D_{CO_2} \frac{\partial c_{CO_2}}{\partial x} - \frac{c_{CO_2}}{c_T} \sum J_i \tag{8.33}$$

同样,对于 CO 气体,有

$$J_{CO}^{II} = D_{CO} \frac{\partial c_{CO}}{\partial x} + \frac{c_{CO}}{c_T} \sum J_i \tag{8.34}$$

综合推导可得,对于任意 $x \in [0, x_f]$ 位置,有

$$D_{CO_2} \frac{\partial c_{CO_2}}{\partial x} = 2D_{CO} \frac{\partial c_{CO}}{\partial x} \tag{8.35}$$

将式(8.35)两边沿 x 积分可得

$$D_{CO_2} \Delta c_{CO_2} = D_{CO} \Delta c_{CO} \tag{8.36}$$

式(8.36)对于任意 $x \in [0, x_f]$ 内部区间段成立,因此对于任意 $x \in [0, x_f]$ 位置:

$$\frac{D_{CO_2}}{2D_{CO}} (c_{CO_2}^* - c_{CO_2}) = c_{CO} - c_{CO}^* \tag{8.37}$$

结合边界条件,可得

$$c_{CO} = \frac{D_{CO_2}}{2D_{CO}} (c_{CO_2}^* - c_{CO_2}) \tag{8.38}$$

进一步推导整理可得区域 II 内 CO_2 气体浓度分布关系式:

$$\frac{(2D_{CO} - D_{CO_2}) c_{CO_2} + D_{CO_2} c_{CO_2}^*}{(4D_{CO} - D_{CO_2}) c_{CO_2} + D_{CO_2} c_{CO_2}^*} dC_{CO_2} = \frac{J_{CO_2}^{II}}{2D_{CO_2}} dx \tag{8.39}$$

沿 $0 \rightarrow x$ 积分可得

$$\frac{a_2}{a_1}c_{CO_2} + \left(\frac{b}{a_1} - \frac{a_2 b}{a_1^2}\right)\ln \mid a_1 c_{CO_2} + b \mid + C = \frac{J_{CO_2}^{II}}{D_{CO_2}}x$$

$$a_1 = 4D_{CO} - D_{CO_2}$$

$$a_2 = 2D_{CO} - D_{CO_2} \tag{8.40}$$

$$b = D_{CO_2}c_{CO_2}^*$$

近似取 $x = 0$ 时,有

$$\frac{a_2}{a_1}c_{CO_2} + \frac{2D_{CO}b}{a_1^2}\ln\left|\frac{a_1 c_{CO_2} + b}{b}\right| = \frac{J_{CO_2}^{II}}{D_{CO_2}}x \tag{8.41}$$

式(8.41)即为 CO_2 气体在缝隙内分布规律关系式。

对于 $x = x_f$ 位置,可得

$$\frac{a_2}{a_1}c_{CO_2}^* + \frac{2D_{CO}b}{a_1^2}\ln\left|\frac{a_1 c_{CO_2}^* + b}{b}\right| = \frac{J_{CO_2}^{II}}{D_{CO_2}}x_2 \tag{8.42}$$

将式(8.33)代入式(8.42)可得

$$\frac{x_2}{x_1} = \frac{a_2}{a_1} + \frac{2D_{CO}b}{a_1^2 c_{CO_2}^*}\ln\left|\frac{a_1 c_{CO_2}^* + b}{b}\right| \tag{8.43}$$

将式(8.40)代入整理得

$$\frac{x_2}{x_1} = \frac{2D_{CO} - D_{CO_2}}{4D_{CO} - D_{CO_2}} + \frac{2D_{CO}D_{CO_2}}{(4D_{CO} - D_{CO_2})^2}\ln\left|1 + \frac{4D_{CO} - D_{CO_2}}{D_{CO_2}}\right| \tag{8.44}$$

结合 $x_1 + x_2 = L$ 可求得 x_1、x_2 的具体数值,进而可对当前的氧消耗通量进行计算。

另外,考虑化学反应 $C + CO_2 \longrightarrow CO$,$CO + O_2 \longrightarrow CO_2$,氧的摩尔扩散通量等于 C 摩尔损失率。若取二维圆孔/三维圆柱孔进行分析,则 C 的摩尔质量损失率(mol/s)为

$$\dot{m} \approx \pi r l \frac{\rho_C}{M_C}\frac{dr}{dt} \tag{8.45}$$

其中,l 为缝隙长度;r 为缝隙底部孔洞的等效半径。氧扩散通量(mol/s)为

$$\dot{m}_{O_2} \approx wl J_{O_2}^{I} \tag{8.46}$$

其中，w 为缝隙宽度。

积分整理可得氧化孔半径与时间的关系式为

$$r = \sqrt{\frac{2wM_C J_{O_2}^{I} t}{\pi \rho_C}} \tag{8.47}$$

将 $J_{O_2}^{I} = D_{O_2} c_{O_2}^{L} / x_1$ 代入式(8.47)整理可得

$$r = \sqrt{\left(1 + \frac{x_2}{x_1}\right) \frac{2wM_C D_{O_2} c_{O_2}^{L} t}{\pi \rho_C L}} \tag{8.48}$$

采用式(8.48)可实现对缝隙底部基体氧化损伤孔洞演化规律的计算。在实际应用中，当底部孔洞达到一定尺度后，可能会对缝隙底部气体扩散距离产生影响，将孔洞半径值近似等效计入缝隙长度，氧化孔半径与时间的关系式改写为

$$\frac{dr}{dt} = \left(1 + \frac{x_2}{x_1}\right) \frac{wM_C D_{O_2} c_{O_2}^{L}}{\pi r \rho_C (L + r)} \tag{8.49}$$

需说明的是，若表面温度过高，达到表面氧扩散控制烧蚀状态，则近壁氧浓度接近于0，可认为缝隙内部不会进一步氧化；若表面处于动力学控制状态，则需结合具体环境参数换算出表面氧浓度，作为缝隙氧化模型的输入参数，对缝隙氧化行为进行评估。另外，当缝隙底部氧化进行到一定程度时，CO_2浓度峰值点可能由缝隙转入孔隙内部，导致一维扩散模型的描述偏差可能引起较大的计算误差。

4. 原理性试验验证与模型修正

选择典型抗氧化 C/C 材料样件，在表面预留一定尺寸的缺陷，开展地面静态加热试验，以期获得在不同加热环境下材料缺陷内部氧化烧蚀规律，用于修正计算模型。试验状态的主要技术参数为温度、介质、压力及氧化时间，具体试验状态设定见表 8.2。通过观测试验前后缝隙的形貌变化以及试验前后缝隙的等效半径变化进行分析。

表 8.2 地面加热试验状态

温度/℃	压力/atm	介质	氧化时长/min
800, 1 000, 1 200	1	空气	30,60,90

试验模型共 18 个,模型外形如图 8.11 所示,每个长方体试验件的两个侧面及顶端使用线切割预制 3 种宽度尺寸的缝隙,深度为 1.5 mm,长度为 20 mm,每种宽度的缝隙 2 条。每两个模型为一组,每组模型实际对应 6 种缝隙宽度,分别开展不同温度、时长的氧化损伤模拟试验。

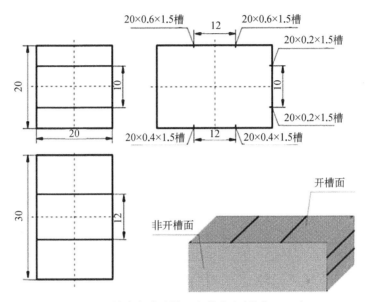

图 8.11　缝隙在试验样品中的分布(单位: mm)

预制缝隙宽度实测统计如表 8.3 所示。

表 8.3　预制缝隙宽度实测统计

缝隙宽度实测统计/mm					
0.576±0.011	0.555±0.036	0.455±0.017	0.322±0.080	0.191±0.014	0.161±0.073

试验采用感应加热等温氧化试验方法进行,先将样品放置于石墨坩埚中,利用感应线圈产生的涡流对石墨坩埚进行加热,温升速率约 100℃/min,当温度达到预定温度时按预定时间等温氧化处理。预定的氧化温度分别为 800℃、1 000℃ 和 1 200℃,等温氧化时间分别为 30 min、60 min 和 90 min,温升曲线见图 8.12,氧化介质为空气,压力为 1 atm。

试算表明,采用经验参数进行理论计算与试验测试结果存在较大偏差。其原因可能为: ① 材料氧化动力学性能差异影响;② CO_2 气体在较高温度不稳定,在缝隙内已经分解为 CO 和 O_2。因此,尝试采用 CO 生成模型对计算模型进行

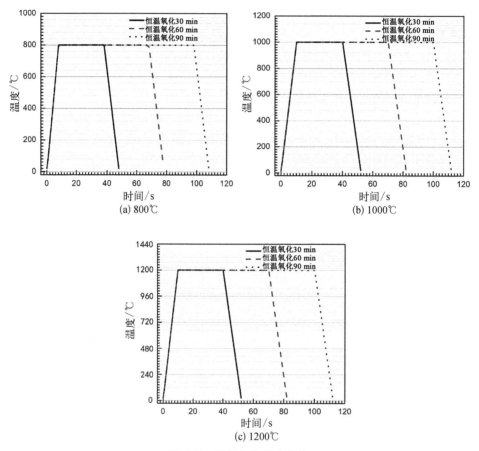

图 8.12 等温氧化温度曲线

修正,即缝隙底部仅发生 C 与 O_2 生成 CO 的反应,不考虑材料表面或缝隙中 CO_2 的生成,再进一步耦合 C 氧化速率及缝隙整体流动对内部气体扩散通量的影响。缝隙内 O_2 的总流率可写为

$$J_{O_2} = D_{O_2} \frac{\mathrm{d}c_{O_2}}{\mathrm{d}x} + \frac{c_{O_2}}{c_T}(-J_{O_2}) \tag{8.50}$$

整理可得

$$J_{O_2} = \frac{c_T D_{O_2}}{c_T + c_{O_2}} \frac{\mathrm{d}c_{O_2}}{\mathrm{d}x} \tag{8.51}$$

两侧积分可得

$$J_{O_2}x = c_T D_{O_2}\ln(c_T + c_{O_2}) + \mathrm{const} \tag{8.52}$$

根据边界条件 $x=0$，$c_{O_2}=c_{O_2}^w$，可得

$$J_{O_2}x = c_T D_{O_2}\ln\left(\frac{c_T + c_{O_2}}{c_T + c_{O_2}^w}\right) \tag{8.53}$$

式(8.53)可给出不同 x 位置处缝隙内 O_2 的总流率的计算表达式，因此对于缝隙底部材料表面，近似取 $x=L+r$，可得

$$J_{O_2} = \frac{c_T D_{O_2}}{L+r}\ln\left(\frac{c_T + c_{O_2}}{c_T + c_{O_2}^w}\right) \tag{8.54}$$

另外，对于底部反应速率控制下的氧消耗率，还可写为

$$J_{O_2} = \frac{\dot{m}_C c_{O_2}^w}{2M_C} \tag{8.55}$$

其中，$\dot{m}_C(c_{O_2}^w)$ 为与缝隙底部材料表面 O_2 浓度相关的反应动力学表达式。上述式(8.54)和式(8.55)包含未知数为 $c_{O_2}^w$ 和 J_{O_2}，可进行联立求解。在求得 J_{O_2} 的基础上，可得不同状态下材料底部缝隙半径扩展速率的计算表达式为

$$\frac{\mathrm{d}r}{\mathrm{d}t} = \frac{\dot{m}_C}{\rho}\frac{w}{\pi r} = \frac{2wM_C c_T D_{O_2}}{\rho\pi r(L+r)}\ln\left(\frac{c_T + c_{O_2}^\infty}{c_T + c_{O_2}^w}\right) \tag{8.56}$$

基于试验数据对计算模型中的氧化动力学参数进行修正后，达到了相对较好的模拟计算效果，图 8.13~图 8.15 分别给出了不同温度加热条件下缝隙内氧化损伤预测模型所得孔隙等效半径与试验测量值的对比。

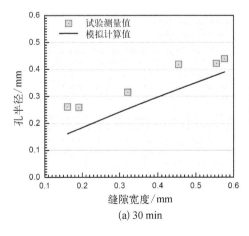

(a) 30 min

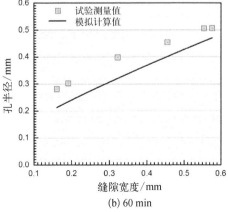

(b) 60 min

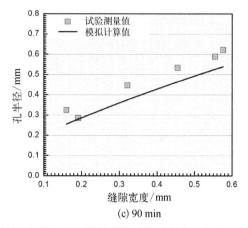

图 8.13　800℃加热条件下计算所得孔隙等效半径与试验测量值对比

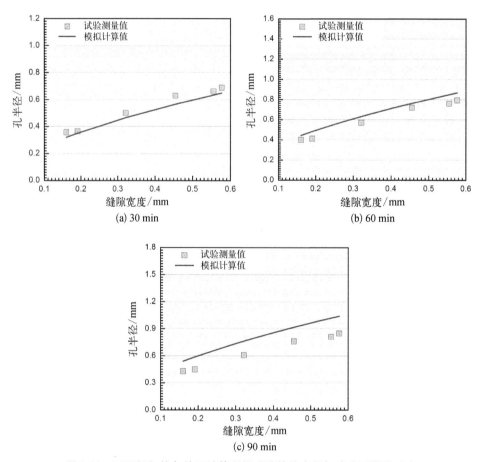

图 8.14　1 000℃加热条件下计算所得孔隙等效半径与试验测量值对比

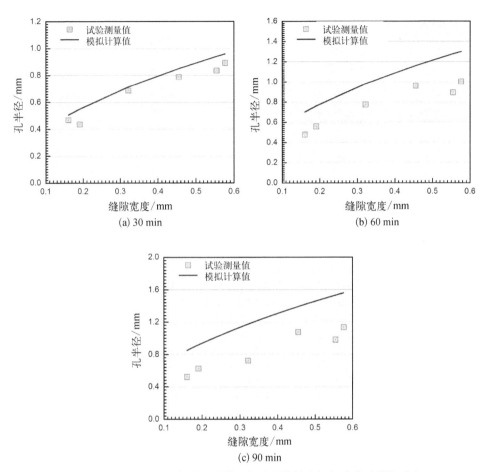

图 8.15　1 200℃加热条件下计算所得孔隙等效半径与试验测量值对比

8.3　烧蚀影响飞行器绕流流场特性

当高超声速飞行器进入大气层或者在大气层长时间飞行时,受气动加热作用,热防护材料会发生烧蚀氧化和热解产生烧蚀引射气体;引射气体进入绕流流场,会改变边界层内的组分分布特征和传热传质特性,对材料表面的气动热环境及飞行器受力产生影响。

一般认为,质量引射影响气动加热的机制包括:① 引射气体进入边界层使边界层变厚,在其他因素不变的情况下,降低气动加热;② 质量引射把低速气体推向高速气体区域,使材料表面附近的速度梯度减小,降低气动加热。

8.3.1   烧蚀引射物面边界模型

在进行考虑表面材料烧蚀的流场模拟时,仍然基于多组分 N-S 方程进行求解。不考虑由表面烧蚀带来的壁面几何后退,假定烧蚀不改变飞行器外形。此时,需要对壁面边界条件进行约束,以模拟材料表面烧蚀情况。连续方程、动量方程及能量方程的壁面边界条件可以直接写为

$$\rho = \frac{p_w}{\bar{R} T_w} \tag{8.57}$$

$$u_\tau = 0, \ u_n = v_j \tag{8.58}$$

$$h = \sum_i c_{iw} \left(\int_{T_0}^{T_w} c_p^i \mathrm{d}T + h_i^0 \right) \tag{8.59}$$

其中,R 为气体常数,由当地混合气体决定;v_j 为壁面混合气体引射速度;p_w 和 T_w 分别为壁面压力和壁面温度。相比于壁面无烧蚀的情况,壁面有烧蚀时由于新的介质进入流场,需要重新确定近壁气体组分浓度和速度。图 8.16 给出壁面处组分质量守恒关系示意图。在壁面处存在边界层气体扩散进入表界面、表界面材料烧蚀气体进入边界层和表界面内部质量扩散三种主要的气体输运过程。边界层内气体以 $-j_{iw}$ 质量流率向壁面扩散,烧蚀气体以 $\dot{m}_w C_{iw}$ 质量流率扩散进入流场,材料内部气体以 $\dot{m}_g C_{ig}$ 质

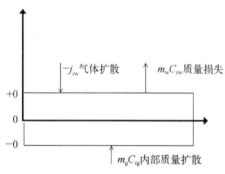

图 8.16   壁面处质量守恒关系示意图

量流率从内部向壁面扩散。$\dot{m}_w$ 为材料壁面质量烧蚀速率,$\dot{m}_g$ 为材料内部引射(热解)出的气体质量速率,C_{ig} 为引射(或热解)气体组元 i 的质量浓度。最终壁面处得到一个净质量流率速度 J_{iw},可以表述为

$$J_{iw} = j_{iw} + (\dot{m}_w c_{iw} - \dot{m}_g c_{ig}) = J_{hi} + J_{gi} \tag{8.60}$$

其中,

$$J_{iw} = \int_{-0}^{+0} \dot{\omega}_i \mathrm{d}y \tag{8.61}$$

$\dot{\omega}_i$ 面上单位时间单位体积内由于烧蚀和化学反应产生的组元 i 的质量生成速率,可以分为壁面处的气相反应 J_{hi} 和固相反应 J_{gi} 两部分。其中,气相反应包

括近壁气体的离解、复合,烧蚀气体产物与外部气体的反应等,固相反应包括材料升华或蒸发等。

扩散质量流率 j_{iw} 由 Fick 定律给出:

$$j_{iw} = -\left(\rho D_{12} \frac{\partial c_i}{\partial \eta}\right)_w \tag{8.62}$$

因此,当壁面发生烧蚀时,若烧蚀气体不与边界层扩散进入材料内部气体发生反应,则 $\dot{m}_w = \dot{m}_g$,如纯 SiO_2 热解,满足这一条件。

结合式(8.60)~式(8.62),最终给出描述壁面处组分浓度的约束公式为

$$\left(\rho D_{12} \frac{\partial c_i}{\partial \eta}\right)_w + J_{hi} + J_{gi} = (\dot{m}_w c_{iw} - \dot{m}_g c_{ig}) \tag{8.63}$$

壁面处速度关系由质量损失率和壁面密度确定,而密度确定又取决于壁面温度和组分浓度分布。

$$v_j = \dot{m}_w / \rho_w \tag{8.64}$$

$$\rho_w = p_w / \bar{R} T_w \tag{8.65}$$

$$\bar{R} = \sum_i \frac{c_i R}{M_i} \tag{8.66}$$

基于准定常烧蚀假设,壁面处能量约束关系满足:

$$q_w - \varepsilon \sigma T_w^4 + \dot{m}_w H_a - \dot{m}_w H_w - k \frac{\partial T}{\partial \eta} = 0 \tag{8.67}$$

其中,q_w 为折算为当前壁温条件下的壁面热流;H_a 为壁面材料的生成焓;H_w 为壁焓;k 为材料热传导系数;ε 为壁面材料辐射系数;σ 为 Stefan-Boltzman 常数,$\sigma = 5.67 \times 10^{-8}$ W/($m^2 \cdot K^4$)。由以上约束关系式最终迭代给出壁面组分浓度、温度及引射速度。

8.3.2 烧蚀引射对气动加热影响

在质量引射边界层问题研究中,一般引入三个引射参数来表征壁面引射情况,分别定义为

$$B = \rho_w v / \rho_e u_e C_M \tag{8.68}$$

$$B_1 = \rho_w v / \rho_e u_e St \qquad (8.69)$$

$$B_1^{\ 0} = \rho_w v / \rho_e u_e St^0 \qquad (8.70)$$

其中,C_M 为传质系数;St 为局部 Stanton 数;St^0 为无引射条件下的 Stanton 数;ρ_w 为引射气体密度;ρ_e、u_e 分别为来流气体密度和速度。

通过边界层理论分析和试验对比,已有大量质量引射对壁面加热影响的分析研究,获得了形式不同但是预示结果基本一致的一系列关系式,见表 8.4。其中,M_1 为引射气体分子量,M_2 为外部气体分子量。据此可以对驻点或平板表面气体引射对热环境的影响进行快速评估。

表 8.4　引射对气动加热的影响

关　系　式	文献来源
$St/St^0 = 1/(1 + B\zeta)$，$\zeta = N(M_2/M_1)^a$，$0.67 \leqslant a \leqslant 0.72$，$0.25 \leqslant a \leqslant 0.4$	[35]
$St/St^0 = 1/(1 + B\zeta)$，$\zeta = 0.72(M_2/M_1)^{1/3}$	[36]
$St/St^0 = 1 - 0.72(M_2/M_1)^{1/4}B_{10} + 0.13(M_2/M_1)^{1/2}B_{10}^2$(驻点) $St/St^0 = 1 - 0.80(M_2/M_1)^{1/4}B_{10} + 0.11(M_2/M_1)^{1/2}B_{10}^2$(平板)	[37]
$St/St^0 = \ln(1 + 1.28B)/1.28B$(石墨烧蚀)	[38]
$St/St^0 = 1 - 0.656B_{10} + 0.017\,9B_{10}^2 + 0.063\,7B_{10}^3 + 0.011\,3B_{10}^4$(石墨烧蚀)	[39]

一般地,表面烧蚀虽然产生了大量的引射气体,但是引射气体对流场结构并无明显影响,引射气体主要影响近壁流动参数分布。如果气体引射量大到影响边界层外缘参数,甚至激波结构,那么这一问题不能用引射边界层的思路进行分析。

数值模拟壁面引射流动可以在获得流场结构的同时给出表面热流、摩擦阻力等数据,通过与无引射条件对比获得质量引射对表面热环境的影响。

选择球头典型模型开展分析,头部半径为 35 mm。引射气体介质是纯空气,质量引射流率分别为 $\dot{m}_g = 0.01$ kg/(m² · s)、0.02 kg/(m² · s)、0.05 kg/(m² · s)。外部来流状态为高度 $H = 60$ km,$Ma = 20$,初始壁面温度 $T_w = 1\,500$ K。

图 8.17 给出球头外形引射前后速度及压力分布,可见,当 $\dot{m}_g = 0.05$ kg/(m² · s) 时,引射对外部主流场结构基本不产生影响。

图 8.18 给出空气引射时不同质量引射流率的驻点线温度和流向速度分布。由图 8.18 可以看到,当存在表面质量引射时,激波脱体距离略有增加,壁面温度

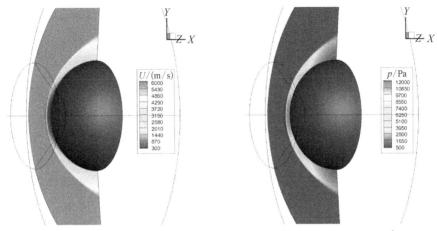

图 8.17　球头外形引射前后速度及压力分布(左：无引射 右：$\dot{m}_g = 0.05\,\mathrm{kg}/(\mathrm{m}^2\cdot\mathrm{s})$)

梯度减小,导致壁面加热能力减弱;主流速度有小幅减弱,动能损失,导致壁面加热能力减小。随着质量引射流率增加,表面质量引射对外部流动的影响更大,引射气体越多,会推动外部流动产生更大的激波脱体距离,导致近壁温度梯度降低更多。对于当前分析状态,表面质量引射不改变外部流动基本流动结构。

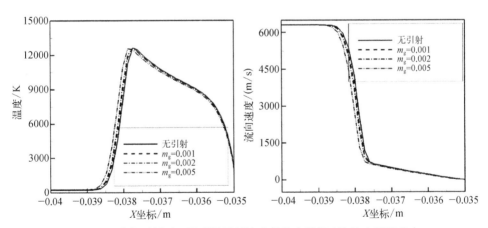

图 8.18　空气引射时不同质量引射流率的驻点线温度和流向速度分布

图 8.19 给出空气介质引射不同质量引射流率条件下表面热流与无引射热流对比,分别给出有量纲热流分布和以无引射条件下驻点热流为基准的无量纲热流分布。由图 8.19 可以看到,随着质量引射流率增加,引射对表面加热环境的减弱作用逐渐增强。对于空气介质引射,当质量引射流率从 $0.01\,\mathrm{kg}/(\mathrm{m}^2\cdot\mathrm{s})$ 增加至 $0.05\,\mathrm{kg}/(\mathrm{m}^2\cdot\mathrm{s})$ 时,驻点位置无量纲热流从 $0.952\,9$ 降至 $0.832\,7$,相比无

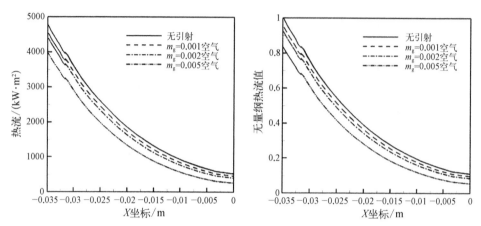

图 8.19 空气介质引射不同质量引射流率条件下表面热流与无引射热流对比

引射条件,驻点热流降幅约17%。从驻点向后发展,质量引射导致的表面热流降幅呈增长趋势。

图 8.20 给出存在质量引射流率条件下表面热流与无引射的对比,分析不同位置表面加热环境受质量引射的影响,这种影响一部分来自当地质量引射,一部分来自上游流动结构的改变。分析表明,随着流动向下游发展,上游质量引射降低了边界层内温度,这种改变将影响下游流动对表面加热产生附加的降低作用。

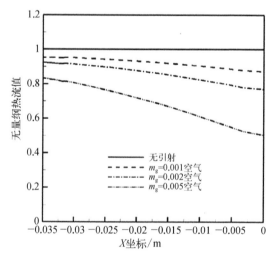

图 8.20 存在质量引射流率条件下表面热流与无引射的对比

表 8.5 给出不同质量引射流率条件下驻点热流与经验关系式对比。由对比可见,对于空气介质引射,数值分析结果与经验关系式基本吻合。

表 8.5　不同质量引射流率条件下驻点热流与经验关系式对比

质量引射流率		空气引射		
		0.01	0.02	0.05
本书计算		0.952 9	0.923 2	0.832 6
工程方法	低值	0.957 5	0.918 4	0.818 2
	高值	0.960 3	0.923 6	0.828 7

8.3.3　烧蚀对等离子体流场影响

烧蚀引射影响等离子体分布存在两个机制:一是烧蚀气体进入边界层,稀释了流场内带电粒子浓度;二是烧蚀产物非空气介质粒子进入流场影响流场内部化学反应过程,改变等离子体密度。壁面材料烧蚀产物若是亲电子的会改变流场等离子体的密度。美国国家宇航局及美国空军与许多宇航承包商协作制订了一系列旨在获取有关再入等离子鞘特性的飞行试验研究计划,其中,在 RAM C 系列飞行试验中曾开展了通过表面引射亲电子材料来降低绕流流场等离子体密度的试验,获得了一定的成效[40]。

针对聚丙烯钝锥模型的地面试验条件,进行烧蚀状态下电子密度预测验证计算。考虑了 26 个组元及 51 个化学反应方程式。26 个组元依次为 O, N, O_2, N_2, NO, NO^+, O^-, O_2^-, C, H, C_2, H_2, C_3, CN, CO, CO_2, OH, H_2O, CH, CH_2, C_2H, C_2H_2, HCO, Na, Na^+, e^-。

壁面温度和烧蚀速率由聚丙烯材料的烧蚀机理给出,烧蚀速率和物面温度由物面热平衡方程及聚丙烯的烧蚀模型联合求解。

图 8.21 为试验条件下聚丙烯模型周围等离子体鞘套的温度等值云图与试验过程中模型周围高温气体的发光照片对比。从图 8.21 中可见,模型周围的等离子体鞘套温度和发光强度都比尾迹强,数值计算再现了模型周围的高温气体厚度及由物面的烧蚀传热而导致的边界层内温度下降的现象。固体比气体有较高的光辐射系数,模型表面的等离子体发光强度较头部以外的其他部位强。随着离模型底部距离的增加,计算和试验结果都显示了尾迹内高温区域渐渐缩小的趋势。在试验照片中,靠近底部的锥面上方光辐射异样是由支架干扰引起的。

图 8.22 为聚丙烯模型尾迹内电子数密度沿轴线变化的对比,实线为无烧蚀时的结果,虚线为纯聚丙烯烧蚀时的结果。尾迹内等离子体密度计算与试验的误差在 1 个量级以内,且聚丙烯烧蚀产生了降低尾迹电子密度的作用。

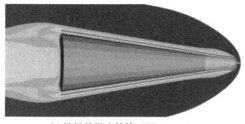 

(a) 流场的温度等值云图   (b) 烧蚀过程照片

图 8.21　聚丙烯模型周围等离子体鞘套温度等值云图与
试验过程中模型周围高温气体的发光照片对比

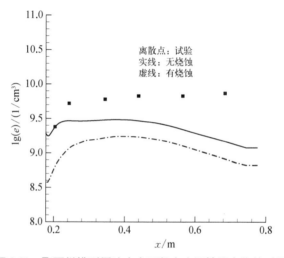

图 8.22　聚丙烯模型尾迹内电子数密度沿轴线变化的对比

8.4　边界层流动与烧蚀耦合计算方法

　　高超声速飞行器,如洲际导弹、宇宙飞船等,从外层空间再入大气层时,烧蚀仍是其防热的主要方案[1]。由于烧蚀,飞行器外形会不断变化,特别是端头部分出现明显的后退和形状变化,会改变飞行器的气动特性,严重影响落点精度。因此,计算飞行器再入过程中外形随时间的变化过程非常重要[41]。当采用烧蚀方案时,烧蚀气体进入流场影响了流动结构,烧蚀造成了气动外形改变,飞行器外形的变化又扰动了流场,二者相互干扰,表现出显著耦合效应。烧蚀形变/流场间的耦合作用呈现出强烈的非线性特征,为求解此类问题带来困难。例如,再入弹头等高超声速飞行器,流场解算的精准度并非其设计成败的决定性因素,因此采用基于准定常假定的解耦或松耦模型即可满足需求。新型高超声速飞行器要求高升阻比,保持气动外形变得极为重要,这要求人们准确把握飞行器在强气动加热作用下引起的烧蚀变形,传统的基于相对粗略数学物理模型的预测手段已明显不足,需要能精细刻画流动的流场数值求解技术与烧蚀预测手段共同实现对烧蚀外形的准确预测。

8.4.1　烧蚀外形计算方法

对于弹头再入的烧蚀分析,通常采用准稳态流场环境模型[42]。物理含义是按时间把弹道分成多节点和若干间隔,各节点对应不同的再入时刻,在这些节点上,来流条件、烧蚀外形都不相同,因此体现了非稳态环境;但是对于某一微小时间间隔 Δt, 则假设具有稳定流场环境,即如果 t_i 时刻的外形已定,那么根据该时刻的来流条件,用定常方法计算出表面压力分布、流场、表面热流、烧蚀速度,根据形变方程得出 t_{i+1} 时刻的新的烧蚀外形,如此循环直至计算结束。为了得到不断变化的烧蚀外形,必须求解含时间变量的热环境和形变方程。热环境的变化可参考相关文献进行求解,这里主要介绍形变方程及其求解方法。

1. 形变方程

如图 8.23 所示,形变方程为

$$\frac{\mathrm{d}x}{\mathrm{d}t} = V_w \sin \theta \qquad (8.71)$$

$$\frac{\mathrm{d}r}{\mathrm{d}t} = -V_w \cos \theta \qquad (8.72)$$

$$\frac{\mathrm{d}\theta}{\mathrm{d}t} = -\cos \theta \frac{\mathrm{d}V_w}{\mathrm{d}x} \qquad (8.73)$$

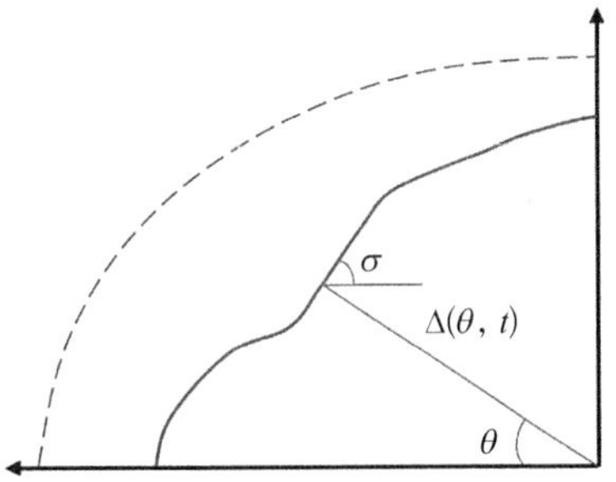

其中,V_w 为表面烧蚀速度;角 θ 如图 8.23 所示。这组方程为物面上一点在烧蚀过程中沿物面法线方向移动的特征线方程。

图 8.23　极坐标系端头外形

轴对称体表面形状随时间变化可表为

$$\phi(r, \theta, t) = r - \Delta(\theta, t) = 0 \qquad (8.74)$$

其中,r 和 θ 为极坐标的坐标变量。

垂直于表面的单位向量为

$$n = \frac{\nabla\phi}{|\nabla\phi|} \tag{8.75}$$

表面向量改变率为

$$V = \frac{\mathrm{d}r}{\mathrm{d}t}e_r + \Delta\frac{\mathrm{d}\theta}{\mathrm{d}t}e_\theta \tag{8.76}$$

其中，e_r 和 e_θ 分别为沿 r 和 θ 方向的单位向量。则垂直于表面的后退率为

$$\dot{S} = V \cdot n = -\frac{\partial\phi}{\partial t}\Big/ |\nabla\phi| \tag{8.77}$$

若物面方程为 $r = \Delta(\theta, t)$，则可导出物面形变可满足的形变方程为

$$\frac{\partial\Delta}{\partial t} = -\dot{S}\xi \tag{8.78}$$

$$\xi = \sqrt{1 + \left(\frac{1}{\Delta}\frac{\partial\Delta}{\partial\theta}\right)^2} \tag{8.79}$$

将方程式(8.78)线性化，可得

$$\frac{\partial\Delta}{\partial t} = \alpha + \beta\left(\frac{\partial\Delta}{\partial\theta}\right)^{i+1} + \nu^i\Delta^{i+1} + \delta\left(\frac{\partial^2\Delta}{\partial\theta^2}\right)^{i+1} \tag{8.80}$$

$$\alpha = -\dot{S}\xi \tag{8.81}$$

$$\beta = -\frac{\dot{S}}{\xi\Delta^2}\frac{\partial\Delta}{\partial\theta} \tag{8.82}$$

$$\gamma = \frac{\dot{S}}{\xi\Delta^2}\left(\frac{\partial\Delta}{\partial\theta}\right)^2 \tag{8.83}$$

$$\delta = (\Delta\theta)\frac{\dot{S}}{2\lambda\Delta^2\xi}\left|\frac{\partial\Delta}{\partial\theta}\right| \tag{8.84}$$

方程式(8.80)中右边最后一项为阻尼项，用于阻尼计算中出现的振荡。

2. 差分离散

取差分格式

$$\frac{\partial \Delta}{\partial t} = (\Delta_j^{i+1} - \Delta_j^i)/\Delta t \tag{8.85}$$

$$\left(\frac{\partial \Delta}{\partial \theta}\right)_l^{i+1} = \frac{\Delta_{j+1}^{i+1} - \Delta_{j-1}^{i+1}}{2(\Delta \theta)}, \; 2 \leqslant j \leqslant jm \tag{8.86}$$

$$\left(\frac{\partial \Delta}{\partial \theta}\right)_{lm}^{i+1} = \frac{3\Delta_{jm}^{i+1} - 4\Delta_{jm-1}^{i+1} + \Delta_{jm-2}^{i+1}}{2(\Delta \theta)}, \; j = jm \tag{8.87}$$

$$\left(\frac{\partial^2 \Delta}{\partial \theta^2}\right)_l^{i+1} = \frac{4\Delta_{j+1}^{i+1} - \Delta_{j+2}^{i+1} + 3\Delta_j^{i+1}}{2(\Delta \theta)^2} = 0, \; j = 1 \tag{8.88}$$

$$\left(\frac{\partial^2 \Delta}{\partial \theta^2}\right)_l^{i+1} = \frac{\Delta_{j+1}^{i+1} - 2\Delta_j^{i+1} + \Delta_{j-1}^{i+1}}{(\Delta \theta)^2}, \; 2 \leqslant j = jm \tag{8.89}$$

将方程式(8.85)~式(8.89)代入方程式(8.80),可得

$$a_{j,j-1}\Delta_{j-1}^{i+1} + a_{j,j}\Delta_j^{i+1} + a_{j,j+1}\Delta_{j+1}^{i+1} = b_j, \; 2 \leqslant j < jm \tag{8.90}$$

其中,

$$a_{j,j-1} = \left[\frac{\beta_j^i}{2\Delta \theta} - \frac{\delta_j^i}{(\Delta \theta)^2}\right]\Delta t$$

$$a_{j,j} = \left[1 - \nu_j^i \Delta t - \frac{2\delta_j^i \Delta t}{(\Delta \theta)^2}\right]\Delta t$$

$$a_{j,j+1} = -\left[\frac{\beta_j^i \Delta t}{2\Delta \theta} + \frac{\delta_j^i \Delta t}{(\Delta \theta)^2}\right]\Delta t$$

$$b_j = \Delta_j^i + \alpha_j^i \Delta t$$

当 $j = jm$ 时

$$a_{jm,jn} - \Delta_{jm}^{i+1} + a_{jm,jn-1}\Delta_{jm-1}^{i+1} - a_{jm,jn}\Delta_{jm}^{i+1} = b_{jm} \tag{8.91}$$

其中,

$$a_{jm,jm-2} = -\beta_{jm}^i \frac{\Delta t}{2(\Delta \theta)}$$

$$a_{jm,jm-1} = 2\beta_{jm}^i \frac{\Delta t}{\Delta \theta} - \delta_{jm}^i \frac{\Delta t}{(\Delta \theta)^2}$$

$$a_{jm,jm} = 1 - \beta_{jm}^u \frac{3\Delta t}{2\Delta\theta} - \nu_{jm}^i \Delta t + \delta_{jm}^i \frac{\Delta t}{(\Delta\theta)^2}$$

$$b_{jm} = \alpha_{jm}^i \Delta t + \Delta_{jm}^i \left(1 + \delta_{jm}^i \frac{\Delta t}{(\Delta\theta)^2}\right) - \delta_{jm}^i \frac{\Delta t}{(\Delta\theta)^2}\Delta_{jm-1}^i$$

当 $j = 1$ 时

$$\Delta_1^{i+1} = \Delta_1^i + \alpha_1^i \Delta t \tag{8.92}$$

方程式(8.90)、式(8.91)及式(8.92)可写成线性代数方程组

$$\boldsymbol{A\Delta} = \boldsymbol{B} \tag{8.93}$$

其中,

$$\boldsymbol{\Delta} = \begin{Bmatrix} \Delta_1^{i+1} \\ \Delta_2^{i+1} \\ \vdots \\ \Delta_{jm}^{i+1} \end{Bmatrix}, \quad \boldsymbol{B} = \begin{Bmatrix} b_1 \\ b_2 \\ \vdots \\ b_{jm} \end{Bmatrix} \tag{8.94}$$

$\boldsymbol{A}$ 为三对角稀疏矩阵,对其最后一项稍做调整,可用追赶法求解。

3. 典型算例

对 NRV 端头的烧蚀外形进行计算。NRV 端头半径为 0.032 m,端头材料为 ATJ-S 石墨。计算采用零攻角弹道,飞行时间为 28.3 s,弹道的高度和速度随飞行时间变化曲线见图 8.24。

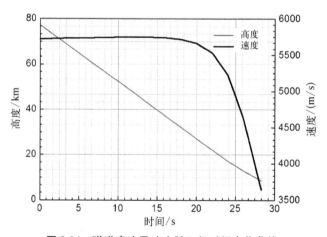

图 8.24 弹道高度及速度随飞行时间变化曲线

在不考虑侵蚀,只计算烧蚀的情况下,驻点的烧蚀后退量随时间的变化曲线如图 8.25 所示,在前 20 s 烧蚀不是很严重,在 20 s 时驻点的烧蚀后退量仅为 1.02 mm。但是从 20 s 开始,驻点的烧蚀速率陡然增加,到弹道结束时驻点的最大烧蚀后退量为 13.78 mm,这主要是由驻点热流从 20 s 以后开始迅速增加所导致的。烧蚀外形变化如图 8.26 所示。

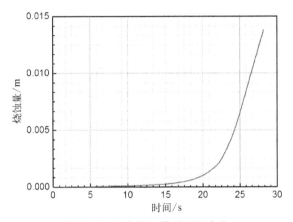

图 8.25　驻点烧蚀量随时间变化

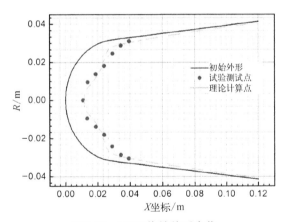

图 8.26　NRV 烧蚀外形变化

8.4.2　CFD 与烧蚀形变的耦合模拟

高温气体动力学与烧蚀的耦合模拟最初是将无黏边界层方法、热传导方程与碳化材料烧蚀预测模型进行耦合求解[43],只能预测相对简单的外形和流场,烧蚀形变使外形的解析性降低,从而对外形的描述变得十分困难甚至难以实现,形变方程的适用性也受到质疑;同时,基于边界层理论和修正牛顿理论、内伏流牛顿理论等解析计算模型的计算精度会降低。随着 CFD 技术的发展和计算机硬件的提升，流场解算采用数值求解 N-S 方程替代了工程方法，CFD 方法对外形的解析性和飞行姿态无任何要求，使得耦合方法较为通用，且能预测相对复杂的外形。

CFD 与烧蚀形变耦合的关键在于对交界面能量和质量守恒的处理，一方面要处理流场边界层与烧蚀界面层的传热、传质现象；另一方面要考虑界面形状烧蚀后退之后对流场造成的影响。耦合的方式有松耦合和紧耦合两种，松耦合假设流场物理量在两个弹道点之间为稳态，计算非稳态的材料热响应与烧蚀，得到壁面的后退量从而获得新的壁面形状，更新流场与固体网格以进行下一弹道点计算[44]。紧耦合则对各种现象同步计算，涉及材料表面、烧蚀产物和气体之间交互的很多复杂信息，需要模拟大量的化学反应，还得加入辐射的模拟，计算量较大。

下面给出一种 CFD 与烧蚀形变松耦合计算的策略及流程（图 8.27）。

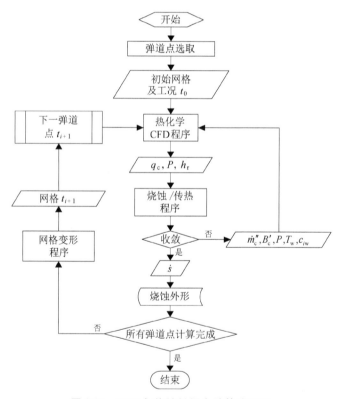

图 8.27 CFD 与烧蚀松耦合计算流程图

（1）基于气动热工程算法，以气动加热变化率为准则选择一定数量的离散弹道点，假设在两个弹道点之间为稳态流场，所选弹道点能基本捕捉到飞行器沿弹道的热环境变化规律；

（2）生成初始计算构型的流场网格与固体网格，用作弹道起始时刻的计算；

（3）采用 CFD 程序计算定常流场，获得壁面对流热流密度 q_c、压力 p 和恢复焓 h_r，通过插值方法传递给固体壁面网格作为烧蚀计算的边界条件；

（4）采用传热/烧蚀程序，计算得到材料烧蚀的单位面积质量流失率 $\dot{m}''_c$、无量纲烧蚀传质速率 B'_c、壁面后退率 $\dot{s}$、界面压强 p，温度 T_w 和组分浓度 c_{iw}，通过插值方法传递给流场壁面网格作为流场计算的边界条件；

迭代计算（3）和（4）步至收敛；

（5）根据材料烧蚀的壁面后退率 $\dot{s}$ 及弹道时间间隔获得材料烧蚀后退之后的界面形状；

（6）采用网格变形程序，根据材料烧蚀后退之后的界面形状更新流场网格及固体网格，用于下一弹道点的计算；

重复以上（3）～（6），直至所有弹道点计算完成。

采用上述策略对球锥进行耦合计算，假设弹道时间为 100 s，初始飞行马赫数为 30、高度为 60 km、攻角为 30°，最终飞行马赫数为 5、高度为 20 km、攻角为 0°，沿弹道的马赫数、高度和攻角均线性变化。防热材料选择碳/碳材料，经过耦合计算，初始外形与最终烧蚀外形的轮廓如图 8.28 和图 8.29 所示。

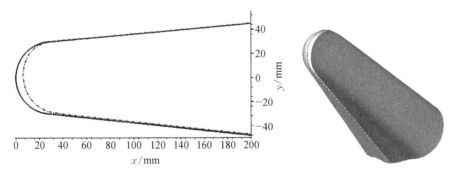

图 8.28　初始外形与烧蚀外形对称面型线对比　　图 8.29　初始外形与烧蚀外形对比

8.5　小结

本章主要关注新型材料在高速流场作用下引起的烧蚀问题及其对扰流流场造成的影响，包括烧蚀建模的基本原理、新型材料新的烧蚀现象、烧蚀产物进入气体边界层对表面热流和电子数密度的影响及烧蚀外形的预测方法等,为新型飞行器防热分析提供了基本的手段和工具。

　　材料在高温气流的作用下温度升高会发生化学反应、热解或升华等复杂的物理化学变化,其质量损失率或防热效果不仅同材料的组分相关,也与材料表面的气体组分和流动特性密切相关,有时会面临气/固/液并存的三相状态,形成一个复杂的传热传质系统,模拟难度很大,目前仍面临很多难题。例如,低温下新型材料组分的化学反应动力学参数确定问题、组分求解的过程中仍在采用化学平衡假设、在模拟维度上主要采用一维假设及在时间尺度上的一些非定常问题等,这些问题的影响仍有待进一步评估和验证。

参考文献

[1] 姜贵庆,刘连元.高速气流传热与烧蚀热防护.北京: 国防工业出版社,2003.

[2] Bartlett E P, Kendall R M, Rindal R A. An analysis of the chemically reacting boundary layer and charring ablator. Part 4: A unified approximation for mixture transport properties for multicomponent boundary-layer applications. Palo Alto: NASA CR-10632, 1968.

[3] Frank S M, Jochen M. Thermochemical ablation model for TPS materials with multiple surface constituents. Colorado Springs: AIAA-1994-2042, 1994.

[4] 姜贵庆,李鸿权.热化学烧蚀理论与应用.北京: 高超声速前沿问题研讨班,2002.

[5] 俞继军,姜贵庆,李仲平.烧蚀条件下氮化硼材料表面的产物分析.宇航材料工艺,2008, 38(4): 18-21.

[6] Adams M C. Recent advance in ablation. A. R. S. Journal, 1959, 29(9): 621-625.

[7] Bethe H A, Adams M C. A theory for the ablation of glassy materials. J. A. S, 1959, 26 (6): 321-328.

[8] Zien T F. Heat transfer in the melt layer of a simple ablation model. Reno: AIAA-1999-0470, 1999.

[9] Wei C Y, Zien T F. Integral calculations of melt-layer heat transfer in aerodynamic ablation. Journal of Thermophysics and Heat Transfer, 2001, 15(1): 116-124.

[10] Yu J J, Luo X G, Deng D Y, et al. Modeling the heat transfer and mass loss of Si_3N_4/SiO_2 composite in arc-jet tunnel environments. Xiamen: AIAA-2017-2361, 2017.

[11] Lachaud J, Cozmuta I, Mansour N N. Multiscale approach to ablation modeling of phenolic impregnated carbon ablators. Journal of Spacecraft and Rockets, 2010, 47(6): 910-921.

[12] 易法军,孟松鹤,梁军,等.防热复合材料高温体积烧蚀模型.哈尔滨工业大学学报, 2001,33(6): 726-728.

[13] 王淑华,张亮,张友华.低密度材料防热机理及热响应数值模拟.宇航材料工艺,2009, (5): 12-15.

[14] 国义军.炭化材料烧蚀防热的理论分析与工程应用.空气动力学学报,1994,12(1): 94-99.

[15] Karlsdottir S N. Oxidation behavior of zirconium diboride-silicon carbide composites at high temperatures. Ann Arbor: University of Michigan, 2007.

[16] David E G. Ceramic matrix composite(CMC) thermal protection systems(TPS) and hot structures for hypersonic vehicles. Dayton: AIAA-2008-2682, 2008.

[17] Chen J, Wei X G, Li J, et al. Ablation test for tailpipe nozzle of solid rocket motor. Journal of Solid Rocket Technology(JSRT), 2010, 33(1): 34-40.

[18] 王俊山,李仲平,敖明,等.掺杂难熔金属碳化物对炭/炭复合材料烧蚀机理的影响.新型炭材料,2005,20(2): 97-102.

[19] 崔红,苏君明,李瑞珍,等.添加难熔金属碳化物提高 C/C 抗烧蚀性能的研究.西北工业大学学报,2000,1(4): 669-673.

[20] 童长青,成来飞,刘永胜,等.2DC/SiC-ZrB2 复合材料的烧蚀性能.航空材料学报,2012, 32(2): 69-74.

[21] 杨飞宇,张幸红,韩杰才,等.ZrB2-SiC 和 Csf/ZrB2-SiC 超高温陶瓷基复合材料烧蚀机理的研究.无机材料学报,2008,23(4): 734-738.

[22] Kendall R M, Bartlett E P, Rindal A R, et al. An analysis of the chemically reacting boundary L. yer and charring ablator. Part 1: Summary report. Palo Alto: NASA CR-1060, 1968.

[23] Kendall R M. An analysis of the chemically reacting boundary layer and charring ablator. Part 5: A general approach to the thermochemical solution of mixed equilibrium-nonequilibrium, homogeneous or heterogeneous systems. Palo Alto: NASA CR-1064, 1968.

[24] Milos F S, Chen Y K. Comprehensive model for multi-component ablation thermochemistry. Reno: AIAA-1997-0141, 1997.

[25] 陈思员,姜贵庆,俞继军,等.碳化硅材料的被动抗氧化机制及转捩温度分析.宇航材料与工艺,2009,39(3): 21-24.

[26] 邓代英,陈思员,俞继军,等.C/SiC 材料主动氧化烧蚀计算研究.空气动力学学报,2011, 29(4): 496-500.

[27] 聂景江,徐永东,张立同,等.三维针刺 C/SiC 在等离子焰中的烧蚀行为.宇航材料与工艺,2009,39(1): 53-57.

[28] 张杰,魏鑫,郑力铭,等.C/SiC 复合材料在空气中的氧化烧蚀.推进技术,2008,29(4): 488-493.

[29] Herdrich G, Auweterkurtz M, Stefan Löhle, et al. Oxidation behavior of sic-based thermal protections system materials using newly developed probe techniques. Portland: AIAA-2004-2173, 2004.

[30] Balat M J H. Determination of the active-to-passive transition in the oxidation of silicon carbide in standard and microwave-excited air. Journal of the European Ceramic Society, 1996, 16(1): 55-62.

[31] Heuer A H, Lou V L K. Volatility diagrams for silica, silicon nitride, and silicon carbide and their application to high-temperature decomposition and oxidation. Journal of the American Ceramic Society, 1990, 73(10): 2789-2803.

[32] Deng D Y, Luo X G, Chen S Y, et al. The active-to-passive oxidation transition mechanism

and engineering prediction method of C/SiC composites. Sci China Tech Sci, 2013, 56(6): 1403-1408.

[33] 邓代英,罗晓光,陈思员,等.C/SiC 材料主被动氧化转换机理及工程预测方法.中国科学:技术科学,2013, 43(7): 801-806.

[34] Milos F S, Marschall J. Thermochemical ablation model for TPS materials with multiple surface constituents. Colorado Springs: AIAA-1994-2042, 1994.

[35] Adams M C. Recent advance in ablation. A. R. S. Journal, 1959, 29(9): 625-632.

[36] Gross J F, Hartnett J P, Masson D J, et al. A review of binary laminar boundary layer characteristics. International Journal of Heat and Mass Tranfer, 1961, 3(3): 198-221.

[37] Marvin J G, Pope R B. Laminar convective heating and ablation in the Mars atmosphere. AIAA Journal, 1967, 5(2): 240-248.

[38] Lundell J H, Dickey R R. Ablation of ATJ graphite at high temperatures. AIAA Journal, 1973, 11(2): 216-222.

[39] Putz K E, Bartlett E P. Heat-transfer and ablation-rate correlations for re-entry heat-shield and nosetip applications. Journal of Spacecraft and Rockets, 1973, 10(1): 15-22.

[40] Schexnayder C J, Evans J S, Huber P W. Comparison of theoretical and experimental electron density for ram c flights in proceedings, the entry plasma sheath and its effects on space vehicle electromagnetic systems vol. I. NASA SP-252, Hampton: NASA Langley Research Center, 1970: 277-303.

[41] 国义军,童福林,桂业伟.烧蚀外形方程差分计算方法研究.空气动力学学报,2009,27(4): 480-484.

[42] Neuner G J, Wool M R, Berry R A. Nosetip analyses using the EROS computer code. U. S. Department of commerce national technical information service, 1975, 18: 74-100.

[43] Kuntz D W, Hassan B, Potter D L. Predictions of ablating hypersonic vehicles using an iterative coupled fluid/thermal approach. Journal of Thermophysics and Heat Transfer, 2001, 15(2): 129-139.

[44] Hassan B, Kuntz D W, Potter D L. Coupled fluid/thermal prediction of ablating hypersonic vehicles. Reno: AIAA-1998-0168, 1998.

彩　　图

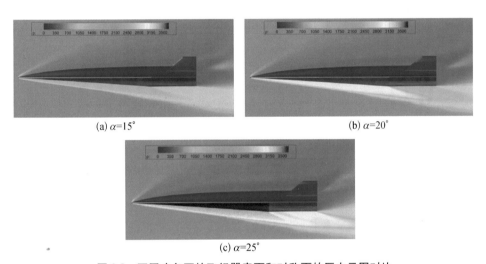

(a) $\alpha=15°$　　　　　　　　　　　　　　(b) $\alpha=20°$

(c) $\alpha=25°$

图 3.8　不同攻角下的飞行器表面和对称面的压力云图对比

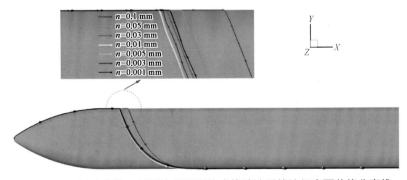

图 4.28　不同法向第一层网格间距下旋成体喷流干扰流场表面前缘分离线

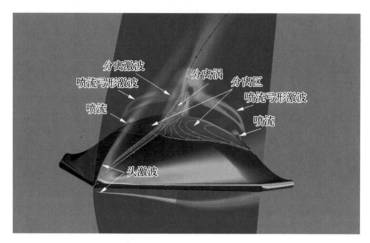

图 4.32　高超声速翼身融合体外形背风面两台 RCS 姿态控制
发动机同时工作时产生的多喷流干扰流场结构

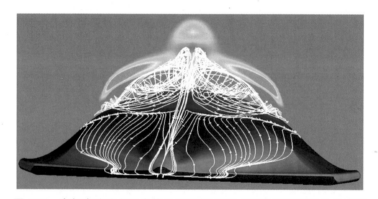

图 4.34　高超声速翼身融合体外形底部 RCS 多喷流干扰诱导的分离涡

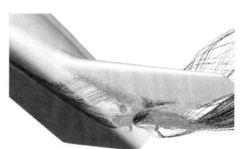

(a) 无喷时舵面迎风侧涡系结构　　　　　　(b) 有喷时舵面迎风侧涡系结构

图 4.35　喷流干扰流场复杂涡系结构

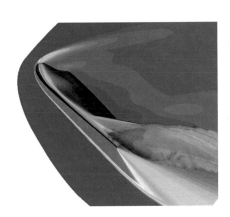

图 4.36　喷流干扰流场有喷与
无喷压力差空间分布

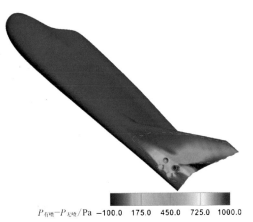

$P_{有喷}-P_{无喷}/\text{Pa}$　−100.0　175.0　450.0　725.0　1000.0

图 4.37　飞行器表面喷流干扰流场有喷与
无喷压力差分布云图

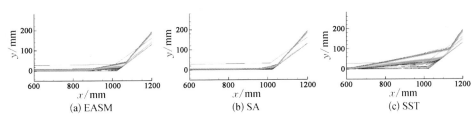

(a) EASM　　　　　　　(b) SA　　　　　　　(c) SST

图 5.16　压缩拐角流动对称面马赫数分布

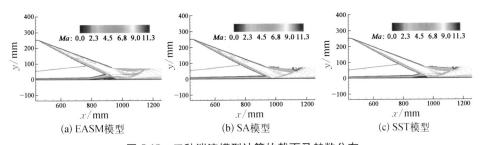

(a) EASM模型　　　　(b) SA模型　　　　(c) SST模型

图 5.18　三种湍流模型计算的截面马赫数分布

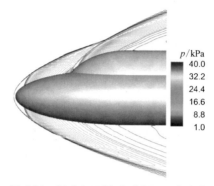

图 5.24 0°攻角双椭球对称面压力分布

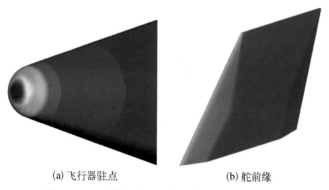

(a) 飞行器驻点   (b) 舵前缘

图 5.26 飞行器驻点/舵前缘典型热流分布特征

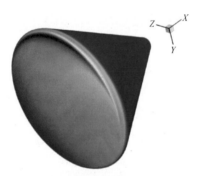

图 5.27 返回舱类外形典型
热流分布特征

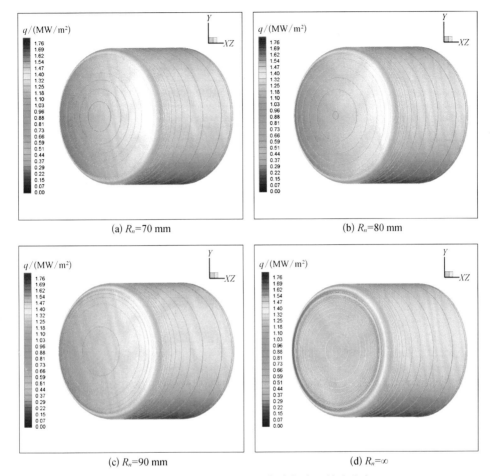

(a) R_n=70 mm

(b) R_n=80 mm

(c) R_n=90 mm

(d) R_n=∞

图 **5.28**　钝球柱外形不同头部半径表面热流分布

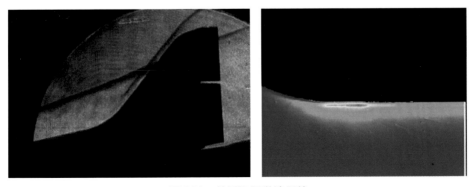

图 **5.30**　航天飞机激波干扰

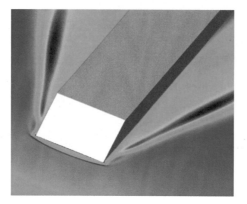

图 5.31 典型局部凸起物附近干扰热流分布

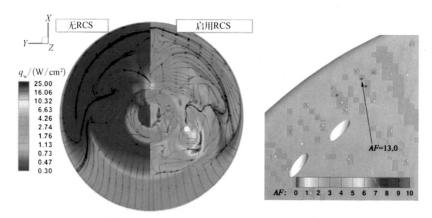

图 5.32 火星科学实验室 RCS 干扰试验

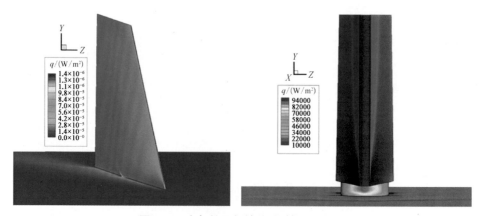

图 5.33 空气舵局部缝隙/舵轴热流分布

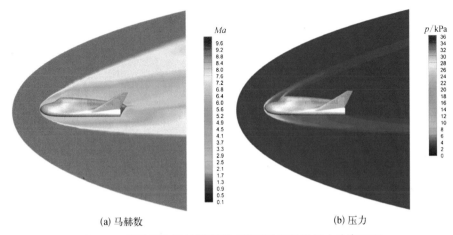

(a) 马赫数　　　　　　　　　　　　　(b) 压力

图 5.36　类航天飞机计算模型对称面马赫数及压力分布云图

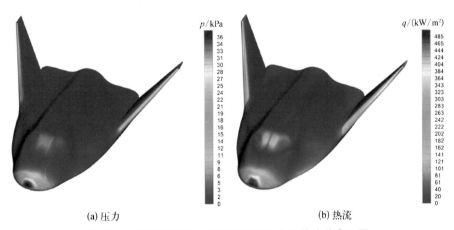

(a) 压力　　　　　　　　　　　　　(b) 热流

图 5.37　类航天飞机计算模型表面压力及热流分布云图

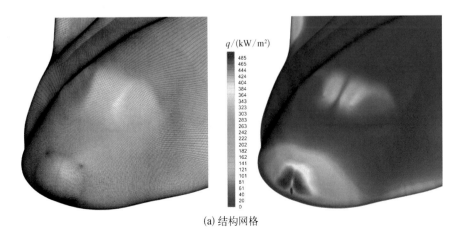

(a) 结构网格

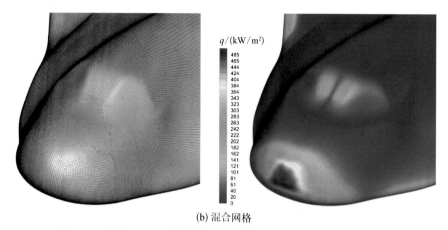

$q/(\text{kW/m}^2)$

485
465
444
424
404
384
364
343
323
303
283
263
242
222
202
182
162
141
121
101
81
61
40
20
0

(b) 混合网格

图 5.38　类航天飞机计算模型不同计算网格驻点区热流结果对比

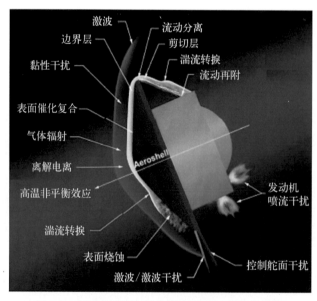

图 6.1　高超声速再入飞行器复杂流动特征示意图

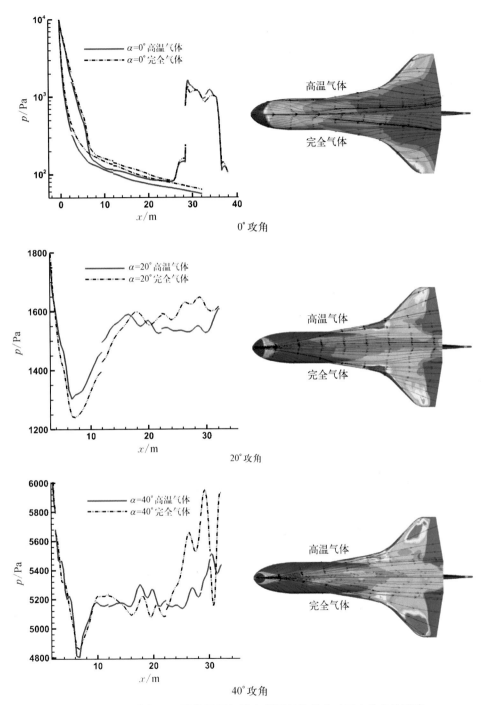

图 6.11　不同攻角迎风及背风子午线上高温气体效应对压力分布的影响

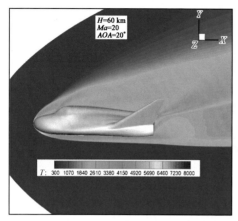 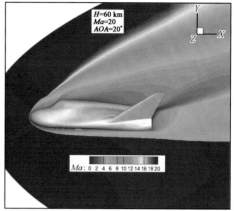

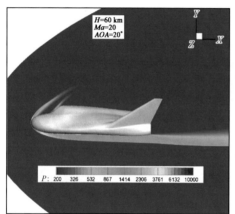 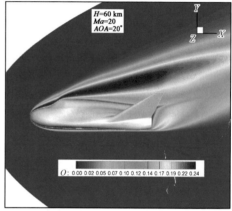

图 6.23　对称面流场参数分布云图

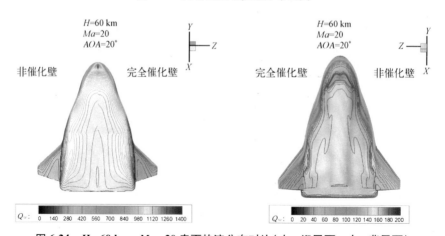

图 6.24　$H=60\,\text{km}$，$Ma=20$ 表面热流分布对比（左：迎风面　右：背风面）

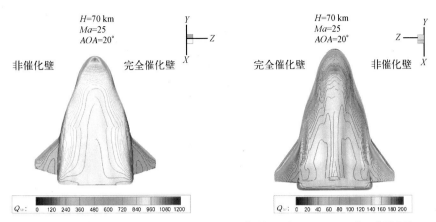

图 6.25　$H = 70\ km$，$Ma = 25$ 时表面热流分布对比（左：迎风面　右：背风面）

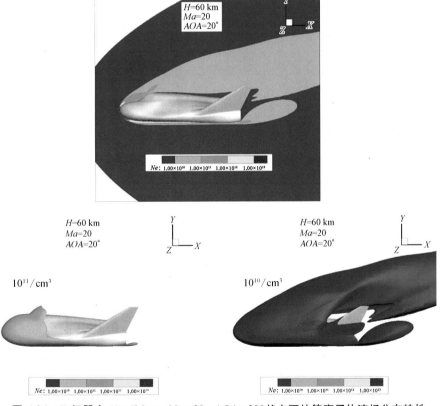

图 6.26　飞行器在 $H = 60\ km$，$Ma = 20$，$AOA = 20°$ 状态下的等离子体流场分布特性

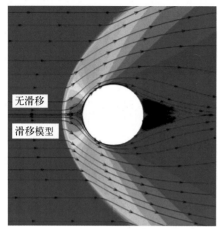
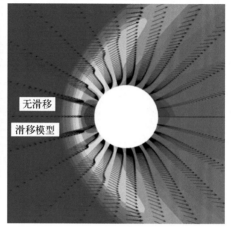

(a) 压力云图与流线图
(Kn=0.002)

(b) 压力云图与速度型
(Kn=0.05)

图 7.2   滑移与非滑移下 Ar 的流场结构($Ma = 10$)

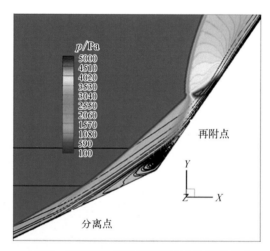

图 7.10   对称面位置计算所得压力和流线分布

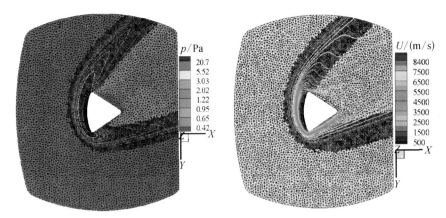

图 **7.26**　流场压力云图及流场 X 向速度等值线

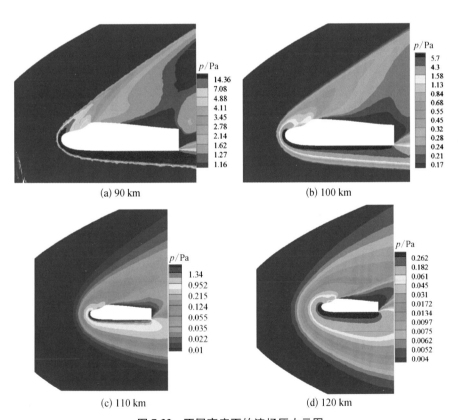

(a) 90 km

(b) 100 km

(c) 110 km

(d) 120 km

图 **7.33**　不同高度下的流场压力云图

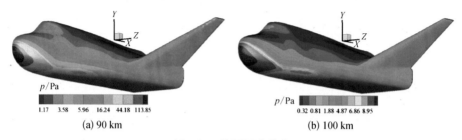

(a) 90 km (b) 100 km

图 7.36 物面压力分布

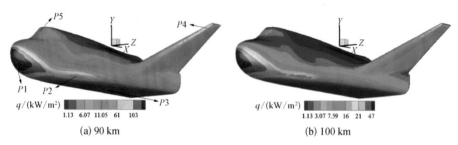

(a) 90 km (b) 100 km

图 7.37 物面热流分布